高等职业教育计算机教育经验汇编

第三集

全国高等院校计算机基础教育研究会

中国铁道出版社
CHINA RAILWAY PUBLISHING HOUSE

内 容 简 介

高等职业教育已经成为我国高等教育的重要组成部分，办学规模得以空前发展。在办学规模快速扩大的同时，深化教育教学改革，提高教学质量，是当前高职教育的重要任务之一。

由于不同学校的办学环境和条件不同，取得的教学改革经验各具特色。本书介绍了根据两种开发规范设计的专业参考方案和课程开发方案。

本书内容共分三大部分：

第一部分为基于岗位分析和学期项目主导的课程体系参考方案。列出了根据该方法开发的“嵌入式技术与应用”等5个专业的参考方案。

第二部分为职业竞争力导向的工作过程—支撑平台系统化课程体系参考方案。列出依据该方法规范，开发出的“计算机信息管理”等4个专业的参考方案。

第三部分为非计算机专业计算机教育中的课程参考方案。根据计算机教育的指导思想，开发了“电子商务应用”等6门课程。

本书的专业课程体系参考方案高职特色鲜明，符合中国国情，具有较强的可实施性和可操作性，可供高职院校领导、系主任、专业负责人、教师和企业界教育人士参考。

图书在版编目（CIP）数据

高等职业教育计算机教育经验汇编．第三集/全国高等院校计算机基础教育研究会编．—北京：中国铁道出版社，2010.5

ISBN 978-7-113-11380-3

Ⅰ.①高… Ⅱ.①全… Ⅲ. ①计算机科学－教学研究—高等学校：技术学校—中国 Ⅳ.①TP3-4

中国版本图书馆 CIP 数据核字（2010）第 074928 号

书　　名： 高等职业教育计算机教育经验汇编（第三集）
作　　者： 全国高等院校计算机基础教育研究会

策划编辑： 严晓舟　秦绪好
责任编辑： 沈　洁　　　**编辑部电话：**（010）63560056
编辑助理： 张爱华　赵　鑫　　　**封面制作：** 白　雪
封面设计： 付　巍　　　**责任印制：** 李　佳
责任校对： 苗　丹

出版发行： 中国铁道出版社（北京市宣武区右安门西街 8 号　　邮政编码：100054）
印　　刷： 北京鑫正大印刷有限公司
版　　次： 2010 年 5 月第 1 版　　2010 年 5 月第 1 次印刷
开　　本： 787mm×960mm　1/16　**印张：** 17.5　**字数：** 350 千
印　　数： 3 000 册
书　　号： ISBN 978-7-113-11380-3
定　　价： 36.00 元

前言

我国高等职业教育快速发展，目前学生人数已占全国高等教育学生人数的半数以上，高等职业教育已经成为我国高等教育的重要组成部分。

为了推动高职计算机教育的深入发展，全国高等院校计算机基础教育研究会和中国铁道出版社合作，于 2007 年发布了《中国高职院校计算机教育课程体系 2007》（简称 CVC2007）和《高职院校计算机教育经验汇编》，在社会上引起了较大的反响，对高职院校的教育教学改革起到了一定的推动作用。随着高等职业教育的发展、教育教学改革的不断推进，尤其是近几年高职示范校取得了许多成功的经验，高等职业教育在计算机教育的理念和指导思想上也获得了较大的进展。在此基础上，全国高等院校计算机基础教育研究会在总结各校经验的基础上，集思广益，在 2010 年发布《中国高等职业教育计算机教育课程体系 2010》（简称 CVC2010）和《高等职业教育计算机教育经验汇编（第三集）》。

在 CVC2010 中，提出了高等职业教育中计算机类专业和非计算机专业计算机教育改革的指导思想，阐述了以下 3 种改革方法和规范：

1．“基于岗位分析和学期项目主导的课程体系开发方法”。该方法建立在对职业岗位分析的基础上，学期项目是配合职业岗位的工作能力要求为每一个学期设计的典型工作任务，课程学习是由学期项目主导，为学期项目做理论和技术的支撑。

2．“职业竞争力导向的工作过程—支撑平台系统化课程模式和开发方法”。其主导思想是：职业竞争力导向，职业分析具有新特点，提出专业课程体系的基本结构，提出科目课程的三种基本类型，把获取职业资格证书融入课程设计，提出各按步伐、共同前进的课程开发实施方针，借鉴各国先进职业教育思想，适应国情，体现中国特色。

3．“非计算机专业计算机教育中的课程开发原则”。随着计算机技术的飞速发展与广泛普及，各种计算机应用系统平台已成为信息社会人们进行工作和生活的基本环境。非计算机专业计算机教育的教学目标已不再局限于解决简单的操作计算机的问题，而是要使学生具备在计算机及网络环境中完成职业工作的能力，全面提升学生的综合信息素质，以适应社会的需求。

为了帮助大家更好地理解 CVC2010 的主要思想，并应用于专业或课程的教学改革，在撰写 CVC2010 的同时，组织了多所高职院校的领导、专业负责人和专业教师，以及多家企业的专家，经过多次会议讨论研究，根据 CVC2010 中阐述的开发方法和规范以及各自学校的办学条件与特点，开发出多个专业和课程的参考方案，从中选出比较有特色的参考方案汇编成册。这些参考方案的主体是根据 CVC2010 的规范开发的，虽然学校条件各不相同，但本参考方案在各自的条件下是可实施的。本参考方案体现了符合中国国情，适应不同条件，各按步伐、共同前进的指导思想，也体现了方法和规范在实际应用中的原则性和灵活性。

《高等职业教育计算机教育经验汇编（第三集）》是 CVC2010 的具体化和实例化，其中一些参考方案已经或正在实施中，并取得了较好的效果。感谢读者使用本书，欢迎对本书内容提出批评和修改建议，如有不当之处，敬请批评指正。

全国高等院校计算机基础教育研究会
2010 年 1 月 11 日

目 录

第一部分　基于岗位分析和学期项目主导的课程体系参考方案

第二部分　职业竞争力导向的工作过程—支撑平台系统化课程体系参考方案

第三部分　非计算机专业计算机教育中的课程参考方案

第一部分

基于岗位分析和学期项目主导的课程体系参考方案

“嵌入式技术与应用”专业课程体系参考方案

天津职业大学　丁桂芝　赵家华　李占昌　张林中　孟庆杰
北京博创兴业科技有限公司　李　泉　刘应杰　乾正光　联同友　赵　宁

一、专业课程体系开发

课程体系是实施人才培养方案的载体，直接关系到培养怎样的合格毕业生的问题。高等职业教育是为区域经济发展培养生产一线高技能人才，专业课程体系设计必须建立在对专业面向的职业岗位分析，专业培养目标确定，明确职业岗位对人才的技能、知识和素质要求的基础上。

1. 专业面向的职业岗位分析

嵌入式技术刚刚兴起，从事嵌入式技术应用的职业岗位在《IT职业分类划分表》中仅有“嵌入式系统开发师”职业岗位，远不能反映嵌入式系统在实际生产中的广泛存在以及嵌入式系统开发、生产、销售和应用对人才的不同需求。培养嵌入式系统高技能人才，需要对嵌入式系统所覆盖的职业岗位进行充分分析。

专业面向的职业岗位分析是由学校提出需求，组织企业相关的人力资源部、生产部、研发部的管理人员和工程师与专业教师共同完成。职业岗位分析所要获得的数据是形成课程开发的基础。

职业岗位分析前先要完成的是职业岗位划分。这里的职业岗位划分是从嵌入式系统开发、产品生产、销售等三个方面分析其工作流程，划分职业岗位。

首先从嵌入式系统层次结构分析入手，如图1所示。

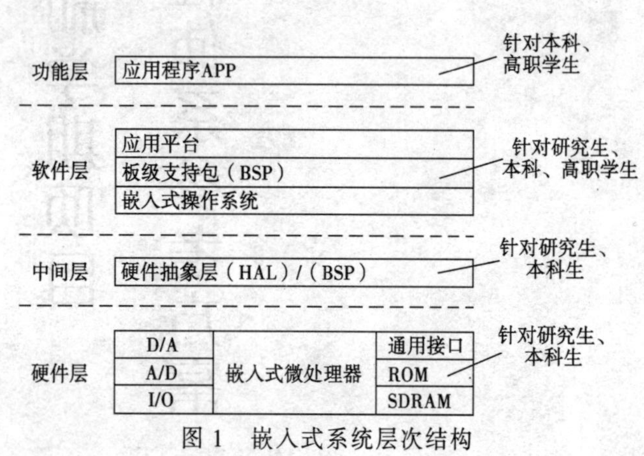

图1　嵌入式系统层次结构

第二步，对嵌入式系统开发流程进行分析，如图2所示。

第三步，对嵌入式产品生产流程进行分析，如图 3 所示。

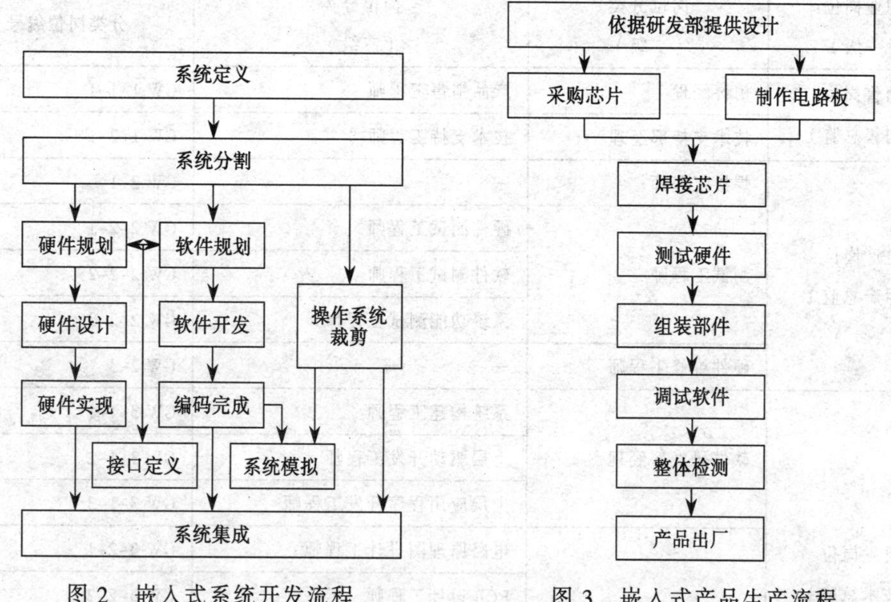

图 2　嵌入式系统开发流程　　　　图 3　嵌入式产品生产流程

第四步，对嵌入式产品销售及技术支持进行分析，如图 4 所示。

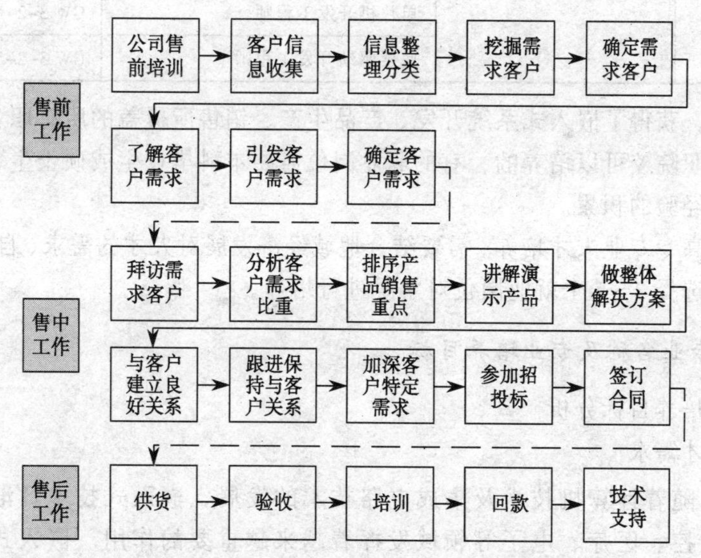

图 4　嵌入式产品销售及技术支持流程

由嵌入式系统开发、产品生产、销售和技术支持工作流程可以划分出嵌入式系统所需要的职业岗位，如表 1 所示。

表 1　职业岗位划分

职业岗位（一级）	岗位分类（二级）	岗位分类（三级）	分类岗位编号
销售岗位（销售总监）	销售经理	产品销售工程师	GW 1-1-1
	技术支持部经理	技术支持工程师	GW 1-2-1
生产岗位（生产总监）	焊接工程师	—	GW 2-1
	测试工程师	硬件测试工程师	GW 2-2-1
		软件测试工程师	GW 2-2-2
		系统功能测试工程师	GW 2-2-3
	硬件维修工程师	—	GW 2-3
研发岗位（技术总监）	软件研发部经理	系统构建工程师	GW 3-1-1
		上层驱动开发工程师	GW 3-1-2
		上层应用程序开发工程师	GW 3-1-3
	硬件研发部经理	电路原理图设计工程师	GW 3-2-1
		PCB 设计工程师	GW 3-2-2
		FPGA 开发工程师	GW 3-2-3
		单片机开发工程师	GW 3-2-4
		底层驱动开发工程师	GW 3-2-5

以上分析，获得了嵌入式系统开发、产品生产、销售所覆盖的所有职业岗位，有的职业岗位是高职院校可以培养的，有的职业岗位需要本科毕业生或硕士生，还有的职业岗位需要工作经验的积累。

作为高职高专专业人才培养，需要结合地域经济发展对人才的需求、自身办学实力、生源情况等，选择 3～5 个就业岗位对学生进行培养。

2. 确定专业名称及专业培养目标

（1）专业培养目标分析

- 地域人才需求

近年来，随着计算机技术及集成电路技术的发展，嵌入式技术日渐普及，在通信、网络、工控、医疗、电子等领域发挥着越来越重要的作用。嵌入式系统无疑成为当前最热门、最有发展前途的 IT 应用领域之一。伴随着巨大的产业需求，我国嵌入式系统产业的人才需求量也一路高涨，嵌入式开发将成为未来几年最热门、最受欢迎的职业之一。

嵌入式技术已经无处不在，从随身携带的mp3、语言复读机、手机、PDA到家庭之中的智能电视、智能冰箱、机顶盒，再到工业生产、娱乐中的机器人，无不采用嵌入式技术。各大跨国公司及国内家电巨头，如Intel、TI、SONY、三星、TCL、联想和康佳等都面临着嵌入式人才严重短缺的问题。

嵌入式技术在天津的产业发展中同样发挥着巨大的作用，而走在全国发展前列的安防企业就是典型的嵌入式企业。天津目前重要的安防企业有：天地伟业、亚安、嘉杰、天下数码、亿世茂、嘉安、恩普、唯成等。其对高技能人才的迫切需求是专业建设的基础。

• 自身办学实力

天津职业大学电信学院有计算机应用、计算机网络技术、计算机多媒体技术、软件技术、通信技术、应用电子技术共6个专业，集聚了计算机、电子、通信等多方面的专业教师。

学院现有实验室14个，主要包括电子技术实验室、电子综合实训室、电视与高频实验室、通信技术实验室、手机维修实习工厂、计算机技术实验室、软件开发综合实训中心、软件产品测试中心、网络工程实训中心、多媒体制作中心、创新制作室、项目开发室、校企联合研究中心等。因此，具有从嵌入式系统层级开设专业的基础和实力。

• 学制与招生对象

学制三年，招生对象为普通高中生和三校生。

• 学生就业岗位选择

天津职业大学结合自身教学资源，瞄准天津安防企业嵌入式系统应用，选择上层应用程序开发工程师、测试工程师、技术支持工程师和销售工程师职业岗位。

（2）专业名称

专业名称：嵌入式技术与应用

专业代码：590121

（3）专业培养目标描述

• 专业培养目标描述要素（见表2）

表2　专业培养目标描述要素

专业名称	嵌入式技术
职业面向领域	家用电器、通信设备、工业、仪器仪表、导航控制、商业和金融、办公设备、交通运输、建筑、医疗等领域
职业岗位	上层应用程序开发工程师；测试工程师；技术支持工程师；产品销售工程师；

续表

专业名称	嵌　入　式　技　术
职业岗位简要说明	上层应用程序开发工程师： ① 系统安装、软件安装；② 理解产品及项目需要；③ 编写嵌入式系统下的应用程序；④ 调试应用程序，生成可执行文件；⑤ 编写规范软件开发文档 测试工程师： ① 分析电子电路原理；② 使用万用表、示波器进行检测；③ 使用焊接工具进行焊接；④ 搭建测试环境，使用专业工具进行软硬件测试；⑤ 编写测试文档 技术支持工程师： ① 协同销售工程师做售前技术支持；② 行产品演示和讲解；③ 产品验收培训；④ 解答使用者提出的各种技术问题 销售工程师： ① 挖掘潜在客户；② 确定客户需求；③ 与客户建立良好的关系；④ 做解决方案、标书；⑤ 参加招投标；⑥ 签订合同；⑦ 供货、验收；⑧ 项目回款

• 专业培养目标描述

培养德、智、体、美全面发展，具有与本专业方向相适应的文化知识，有良好的职业道德和创新精神，了解嵌入式系统知识体系及技术发展趋势，具有嵌入式系统工程学基本理念，初步掌握嵌入式系统构架设计基本知识，熟悉嵌入式软/硬件模块设计基本方法，熟练掌握嵌入式软件实现技能、嵌入式硬件实现与调试技能、嵌入式系统测试技能，具有嵌入式产品营销及技术支持能力，具有较强事业心和团队合作精神的高素质技能型人才。

3. 学期项目主导的课程体系开发

学期项目主导的课程体系开发思想是基于职业岗位对高素质技能型人才上岗快的要求。学期项目按照企业上岗人员完成任务的难易程度，分为入门→独立接受简单任务→独立接受复杂任务→独立顶岗几个阶段，每学期选取至少一个典型的独立工作任务，学期课程全部是围绕学期项目所需要的技能、相关知识和素质要求组织教学。

（1）专业面向的职业岗位对上岗人员素质、技能、相关知识和评价标准要求的分析

天津职业大学“嵌入式技术与应用”专业面向的职业岗位为上层应用程序开发工程师、测试工程师、销售工程师和技术支持工程师，其对上岗人员的素质、技能、相关知识和评价标准要求分析是为了形成学期项目或课程教学元素。这里，着重分析的是“嵌入式技术与应用”专业培养的毕业生上岗应该具备的素质、技能、相关知识和工作完成情况的评价标准，具体分析如表 3 所示。

表3　职业岗位对专业人才的素质、技能、相关知识要求及评价标准

职业岗位	工作任务	工作内容	素质要求	技能要求	相关知识	评价标准
产品销售工程师	售前工作	1. 挖掘潜在客户 2. 分析潜在客户 3. 确定客户需求 4. 为客户演示产品 5. 与客户建立良好的关系	① 职业核心素质：大局观、踏实、抗挫抗压能力、应变能力、理解能力、主动性、诚信、问题解决能力、责任感、学习能力、团队合作、沟通能力 ② 岗位核心素质：口头表达能力、组织能力、顾客导向、情绪控制与调适、亲和力、乐群性	1. 能用清楚、流利的中文与客户沟通，用英文表达专业术语	IT 英语	客户资源及客户关系
				2. 能用数学工具和信息处理工具（Excel）分析潜在客户	市场调研与分析（市场营销、消费者行为学、经济学）；计算机综合应用能力（MOS）	
				3. 能用信息处理工具（PPT）给客户演示产品	计算机综合应用能力（MOS）	
				4. 能操作实际产品给客户演示	1. 计算机综合应用能力（MOS） 2. Linux、WinCE、uC/OS-II 等各种软件开发环境应用及配套仿真工具	
	售中工作	6. 做解决方案 7. 制作标书 8. 参加招/投标 9. 签定合同		5. 能遵循行业规范用信息处理工具制作规范的解决方案和标书	1. 计算机综合应用能力（MOS） 2. 行业规范条例和行业背景知识 3. 标书书写规范（案例说明） 4. 产品性能指标（具备研发工程师专业理论知识）	标书质量及签订合同情况
				6. 按照招投标规则参加招投标（含答辩）	1. 行业规范条例和行业背景知识 2. 产品性能指标（具备研发工程师专业理论知识）	
				7. 依据法律规则签定合同	合同法、合同制定规范（经济法）	
	回款工作	10. 供货、验收 11. 项目回款		8. 依据合同供货、验收	营销策略	汇款数目及时间
				9. 依据合同回款	营销策略、合同法	
	售前技术支持	1. 协同销售工程师做售前技术支持 2. 进行产品演示和讲解		1. 能有效地与客户沟通	—	签订合同情况
				2. 能用信息处理工具（PPT）给客户演示产品	计算机综合应用能力（MOS）	

续表

职业岗位	工作任务	工作内容	素质要求	技能要求	相关知识	评价标准
产品销售工程师	产品验收培训	3. 产品验收培训		3. 能操作实际产品给客户演示；能利用信息处理工具和产品实物对客户进行产品使用培训	1. 计算机综合应用能力（MOS） 2. Linux、WinCE、uC/OS-II 等各种软件开发环境应用及配套仿真工具 3. 微处理器体系结构 4. 单片机、ARM 体系结构 5. 嵌入式芯片定义 6. Linux、WinCE、uC/OS-II 等嵌入式操作系统工作原理、开发、移植、应用 7. 设备驱动、内存管理和文件系统 8. RTOS 内核定制与裁减 9. C 语言、汇编语言	培训反馈效果
	售后服务	4. 解答使用者提出的各种技术问题		4. 能对客户的产品进行维修；解决客户使用过程中遇到的技术问题	1. 微处理器体系结构 2. 单片机、ARM 体系结构 3. 嵌入式芯片定义 4. Linux、WinCE、uC/OS-II 等嵌入式操作系统工作原理、开发、移植、应用 5. 设备驱动、内存管理和文件系统 6. RTOS 内核定制与裁减 7. C 语言、汇编语言	问题解决进度及客户反馈效果
	辅助研发工作	5. 校验使用说明文档 6. 对新产品进行功能测试		5. 能对产品使用说明文档进行校验并用信息处理工具写出规范的书面修改意见	1. IT 英语 2. 计算机综合应用能力	提交修改意见数量及用户说明书质量

续表

职业岗位	工作任务	工作内容	素质要求	技能要求	相关知识	评价标准
产品销售工程师				6. 对产品的全功能使用进行测试，用信息处理工具写出规范的测试报告并提出冗余裁减建议	1. 计算机综合应用能力 2. 微处理器体系结构 3. 单片机、ARM 体系结构 4. 嵌入式芯片定义 5. Linux、WinCE、uC/OS-II 等嵌入式操作系统工作原理、开发、移植、应用 6. 设备驱动、内存管理和文件系统 7. RTOS 内核定制与裁减 8. C 语言、汇编语言	
硬件测试工程师	测试主板、芯片以及硬件接口	1. 看电路原理图 2. 分析电子电路原理 3. 使用万用表进行检测 4. 使用示波器 5. 使用焊接工具进行焊接 6. 阅读简单的英文资料 7. 使用专业工具进行硬件测试	① 职业核心素质：大局观、踏实、抗挫抗压能力、应变能力、理解能力、主动性、诚信、问题解决能力、责任感、学习能力、团队合作、沟通能力 ② 岗位核心素质：逻辑思维能力、时间管理、态度严谨、成就导向、口头表达能力、创新性、注重细节、计划性	1. 能识读电路原理图	1. 模拟电子线路、数字电路 2. 微机组成原理、单片机	发现和解决问题的数量、质量和进度
				2. 能分析电子电路原理图	1. 模拟电子线路、数字电路 2. 微机组成原理、单片机	
				3. 能使用万用表测试主板	1. 模拟电子线路、数字电路 2. 微机组成原理、单片机	
				4. 能使用示波器测试主板	1. 模拟电子线路、数字电路 2. 微机组成原理、单片机	
				5. 能使用焊接工具进行主板、芯片的焊接	1. 模拟电子线路、数字电路 2. 微机组成原理、单片机	
				6. 对测试结果书写出规范的测试报告	计算机综合应用能力	

续表

职业岗位	工作任务	工作内容	素质要求	技能要求	相关知识	评价标准
	辅助研发工程师制定测试策略和测试方案	8. 辅助研发工程师对现有硬件测试规范、流程、方法、技术进行改进，编写测试文档		7. 能使用专业仿真工具进行硬件测试	Linux、WinCE、uC/OS-II 等各种软件开发环境应用及配套仿真工具	提交改进方案数量及测试文档质量
				8. 对测试结果书写规范的测试报告	计算机综合应用能力	
软件测试工程师	测试启动程序	1. 阅读简单的英文资料 2. 分析产品需求，建立测试环境 3. 测试启动程序	① 职业核心素质：大局观、踏实、抗挫抗压能力、应变能力、理解能力、主动性、诚信、问题解决能力、责任感、学习能力、团队合作、沟通能力 ② 岗位核心素质：逻辑思维能力、时间管理、态度严谨、成就导向、口头表达能力、创新性、注重细节、计划性	1. 能阅读测试启动程序、测试接口驱动、测试领域内的新软件的英文资料	IT 英语阅读；软件测试技术、计算机综合应用能力（MOS）；微机组成原理、单片机、ARM 体系结构	发现和解决问题的数量、质量和进度
	测试驱动程序	4. 测试驱动程序		2. 能运用嵌入式软件测试工具对产品的驱动程序进行测试	汇编语言；C 语言或 C++/C#语言；接口驱动程序设计原理；启动程序设计原理；专业的嵌入式软件测试工具	发现和解决问题的数量、质量和进度
	提交测试报告	5. 编写规范的测试报告		3. 能使用信息处理工具写出规范的软件测试报告	计算机综合应用能力（MOS）	测试报告质量
	搭建测试环境	1. 系统安装 2. 软件安装		1. 能完成 Linux、Windows 操作系统安装 2. 能够完成仿真开发环境的安装	Linux、WinCE、uC/OS-II 等嵌入式操作系统的仿真开发工具	搭建环境质量
	测试应用程序	3. 应用程序的功能测试		3. 能够利用仿真开发环境和硬件仿真工具对应用程序的功能进行测试	汇编语言阅读；C 语言，特别是嵌入式工程实践中常用的库函数；Linux、WinCE、uC/OS-II 等嵌入式操作系统工作原理、开发、移植、应用；TCP/IP 协议的软件测试	发现和解决问题的数量、质量和进度

续表

职业岗位	工作任务	工作内容	素质要求	技能要求	相关知识	评价标准
	提交测试报告	4. 编写规范的测试报告		4. 能使用信息处理工具写出规范的软件测试报告	计算机综合应用能力（MOS）	测试报告质量
上层应用程序开发工程师	搭建环境	1. 系统安装 2. 软件安装	① 职业核心素质：大局观、踏实、抗挫抗压能力、应变能力、理解能力、主动性、诚信、问题解决能力、责任感、学习能力、团队合作、沟通能力 ② 岗位核心素质：逻辑思维能力、时间管理、态度严谨、成就导向、口头表达能力、创新性、注重细节、计划性	1. 能完成 Linux、Windows 操作系统安装 2 能够完成仿真开发环境的安装	Linux、WinCE、uC/OS-II 等嵌入式操作系统的仿真开发工具	搭建环境质量
	应用软件开发	3. 理解产品及项目需要 4. 编写嵌入式系统下应用程序 5. 调试应用程序，生成可执行文件		3. 能读中英文系统构建文档，理解产品及项目需求	IT 英语阅读；软件工程	软件质量
				4. 能按照项目需求，使用 C 及 ARM 汇编指令集，编写嵌入式系统下的应用程序	C 语言；汇编语言；数据结构；网络编程；GUI 软件；多任务编程；ARM 体系结构；嵌入式系统库函数；TCP/IP 协议	
				5. 能使用数据结构进行代码优化	数据结构	
				6. 能使用嵌入式系统的软件调试工具，软件编译工具对应用程序在操作系统中的编译调试跟踪并生成可执行文件	C 语言；汇编语言；Linux、WinCE、uC/OS-II 等嵌入式操作系统的仿真开发工具	文档质量
	编写软件开发文档	6. 编写规范软件开发文档		7. 能规范的编写软件开发文档	计算机综合应用能力（MOS）	

（2）学期项目的形成（见表4）

表4　学期项目形成表

<table>
<tr><th>学期</th><th colspan="2">素质、技能、知识元素</th><th>整 合 课 程</th><th>学期项目</th></tr>
<tr><td rowspan="3">一</td><td>职业素质</td><td>踏实、抗挫抗压能力、理解能力、主动性、诚信、解决问题能力、学习能力</td><td rowspan="3">1. 计算机综合应用能力
2. 嵌入式系统导论
3. 模数电
4. C语言与数据结构
5. 职业素质（1）</td><td rowspan="3">识读PMP软/硬件系统</td></tr>
<tr><td>技能</td><td>1. Word、Excel、PowerPoint、Internet应用能力
2. 能识读电路原理图
3. 能分析电子电路原理图
4. 能对客户进行产品使用培训
5. 能提出冗余裁减建议
6. 能用C语言编写简单的程序</td></tr>
<tr><td>知识</td><td>1. 计算机综合应用能力
2. 嵌入式芯片定义
3. 模拟电子线路、数字电路
4. C语言、数据结构</td></tr>
<tr><td rowspan="3">二</td><td>职业素质</td><td>踏实、抗挫抗压能力、理解能力、主动性、诚信、解决问题能力、学习能力</td><td rowspan="3">1. IT英语
2. 单片机组成原理与应用
3. Linux操作系统
4. 职业素质（2）</td><td rowspan="3">实现数字电子时钟/LED屏（用单片机）</td></tr>
<tr><td>技能</td><td>1. 能阅读IT英文资料
2. 能使用万用表测试主板
3. 能使用示波器测试主板
4. 能使用焊接工具进行主板、芯片的焊接
5. 能按照项目需求，使用C语言及汇编指令集，编写应用程序
6. 能使用数据结构进行代码优化</td></tr>
<tr><td>知识</td><td>1. IT英语
2. 微处理器体系结构，微机组成原理，单片机，汇编语言
3. 设备驱动、内存管理和文件系统</td></tr>
<tr><td rowspan="2">三</td><td>职业素质</td><td>踏实、抗挫抗压能力、应变能力、理解能力、主动性、诚信、解决问题能力、责任感、学习能力、团队合作、沟通能力</td><td rowspan="2">1. 软件测试技术
2. 基于Linux的C语言程序设计（1）
3. ARM体系结构及应用
4. 软件工程</td><td rowspan="2">调试机器人</td></tr>
<tr><td>技能</td><td>1. 能阅读测试启动程序、测试接口驱动、测试领域内的新软件的英文资料
2. 能使用专业仿真工具进行硬件测试
3. 能读中/英文系统构建文档，理解产品及项目需求
4. 能按照项目需求，使用C语言及ARM汇编指令集，编写应用程序
5. 能使用软件调试工具、软件编译工具对应用程序进行编译、调试、跟踪并生成可执行文件</td></tr>
</table>

续表

<table>
<tr><th>学期</th><th colspan="2">素质、技能、知识元素</th><th>整 合 课 程</th><th>学期项目</th></tr>
<tr><td>三</td><td>知识</td><td>1. 软件测试技术
2. ARM 体系结构，汇编语言
3. Linux、WinCE、uC/OS-II 等各种软件开发环境应用及配套仿真工具
4. 软件工程</td><td></td><td></td></tr>
<tr><td rowspan="3">四</td><td>职业素质</td><td>大局观、踏实、抗挫抗压能力、应变能力、理解能力、主动性、诚信、解决问题能力、责任感、学习能力、团队合作、沟通能力</td><td rowspan="3">1. TCP/IP 协议
2. 嵌入式操作系统
3. 基于 Linux 的 C 语言程序设计（2）</td><td rowspan="3">实现 Web 远程监控（用嵌入式系统）</td></tr>
<tr><td>技能</td><td>1. 能完成 Linux、Windows 操作系统安装
2. 能够完成仿真开发环境的安装
3. 能按照项目需求，使用 C 语言及 ARM 汇编指令集，编写嵌入式系统下的应用程序
4. 能使用嵌入式系统的软件调试工具、软件编译工具对应用程序进行编译、调试、跟踪并生成可执行文件</td></tr>
<tr><td>知识</td><td>1. TCP/IP 协议；
2. Linux、WinCE、uC/OS-II 等嵌入式操作系统工作原理、开发、移植、应用
3. 网络编程；GUI 软件；多任务编程</td></tr>
<tr><td rowspan="2">五</td><td colspan="3">开发岗位核心素质：
逻辑思维能力、时间管理、态度严谨、成就导向、口头表达能力、创新性、注重细节、计划性
开发职业岗位核心能力：
① 系统安装；② 软件安装；③ 理解产品及项目需要；④ 编写嵌入式系统下应用程序；⑤ 调试应用程序，生成可执行文件；⑥ 编写规范软件开发文档
加强的知识
1. C 语言，特别是嵌入式工程实践中常用的库函数
2. RTOS 内核定制与裁减
3. Linux、WinCE、uC/OS-II 等嵌入式操作系统的仿真开发工具
4. 嵌入式系统库函数</td><td>HMI 应用开发</td></tr>
<tr><td colspan="3">测试岗位核心素质：
态度随和、成就导向、耐心、口头表达能力、注重细节、计划性、逻辑思维能力、时间管理
测试职业岗位核心能力：
① 阅读简单的英文资料；② 看电路原理图；③ 分析电子电路原理；④ 使用万用表进行检测；⑤ 使用示波器进行检测；⑥ 使用焊接工具进行焊接；⑦ 使用专业工具进行硬件测试；⑧ 建立软件测试环境；⑨ 测试启动程序，测试驱动程序；⑩ 应用程序</td><td>智能酒店客房控制系统测试</td></tr>
</table>

续表

学期	素质、技能、知识元素	整合课程	学期项目
	的功能测试；⑪ 编写测试文档；⑫ 辅助研发工程师对现有硬件测试规范、流程、方法、技术进行改进 加强的知识： 1. 专业的嵌入式软件测试工具 2. TCP/IP 协议的软件测试 3. 接口驱动程序设计原理，启动程序设计原理		
五	销售岗位核心素质： 口头表达能力、组织能力、顾客导向、情绪控制与调适、亲和力、乐群性 销售职业岗位核心能力： ① 挖掘潜在客户；② 分析潜在客户；③ 确定客户需求；④ 给客户演示产品；⑤ 与客户建立良好的关系；⑥ 做解决方案；⑦ 制作标书；⑧ 参加招投标；⑨ 签订合同；⑩ 供货、验收；⑪ 项目回款 加强的知识： 1. 市场调研与分析（市场营销、消费者行为学、经济学） 2. 合同法、合同制定规范（经济法）		PMP 产品销售
六	1. 养成岗位核心素质 2. 形成通用能力，主要包括：自我学习能力、与人交流能力、信息处理能力、与人合作能力、数字应用能力、解决问题能力和创新能力		顶岗实习(学生选择一个岗位实习)

二、专业课程体系

1. 专业课程体系链路（见图 5）

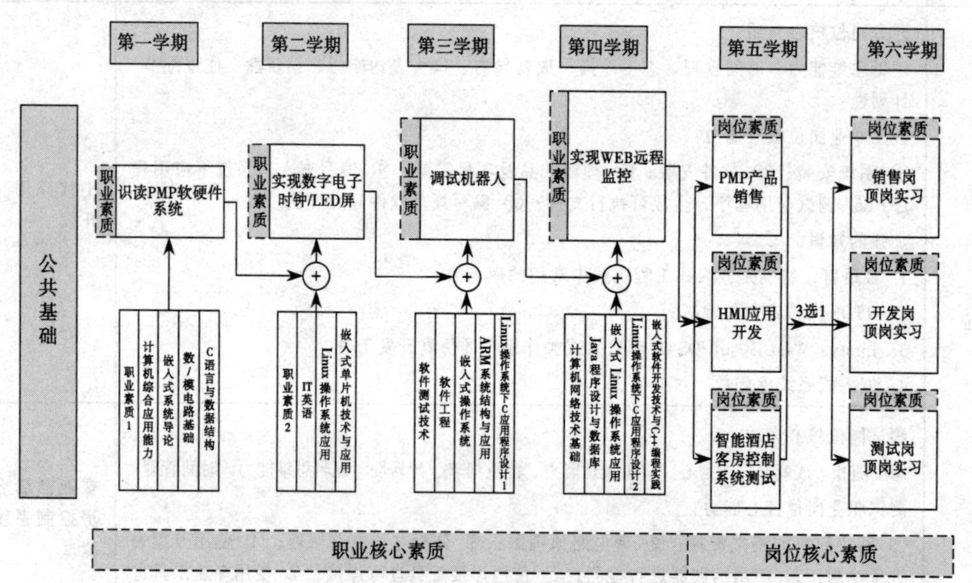

图 5　嵌入式技术与应用专业课程体系框图

2. 专业课程体系链路描述

（1）通用能力培养体系描述

其是三年中对学生的培养所要形成的职业核心竞争力，主要包括：自我学习能力、与人交流能力、信息处理能力、与人合作能力、数字应用能力、解决问题能力和创新能力。

（2）职业基本能力培养体系描述

职业基本能力体系由支撑学期项目的课程构成，如表5所示。

表5 职业基本能力培养体系

学 期	技术基础课程	技术技能课程
一	1. 计算机综合应用能力 2. 嵌入式系统导论 3. 数/模电路基础 4. C语言与数据结构 5. 职业素质（1）	（无）
二	1. IT英语 2. Linux操作系统 3. 职业素质（2）	嵌入式单片机技术与应用
三	1. 软件测试技术 2. 软件工程	1. 基于Linux的C语言程序设计（1） 2. ARM体系结构及应用 3. 嵌入式操作系统（μC/OS-II）与应用
四	1. 计算机网络技术基础 2. Java程序设计与数据库	1. 嵌入式Linux操作系统应用 2. 基于Linux的C语言程序设计（2） 3. 嵌入式软件开发技术与C/C++编程

（3）职业核心能力培养体系描述（见表6）

表6 职业核心能力培养体系

学 期	学期项目	
一	识读PMP软/硬件系统	
二	实现数字电子时钟/LED屏（用单片机）	
三	调试机器人	
四	实现Web远程监控（用嵌入式系统）	
五	按岗位培养	HMI应用开发
		智能酒店客房控制系统测试
		PMP产品销售
六	顶岗实习	

三、专业课程体系实施条件

1. 实训基地

（1）实训基地建设结构（见图 6）

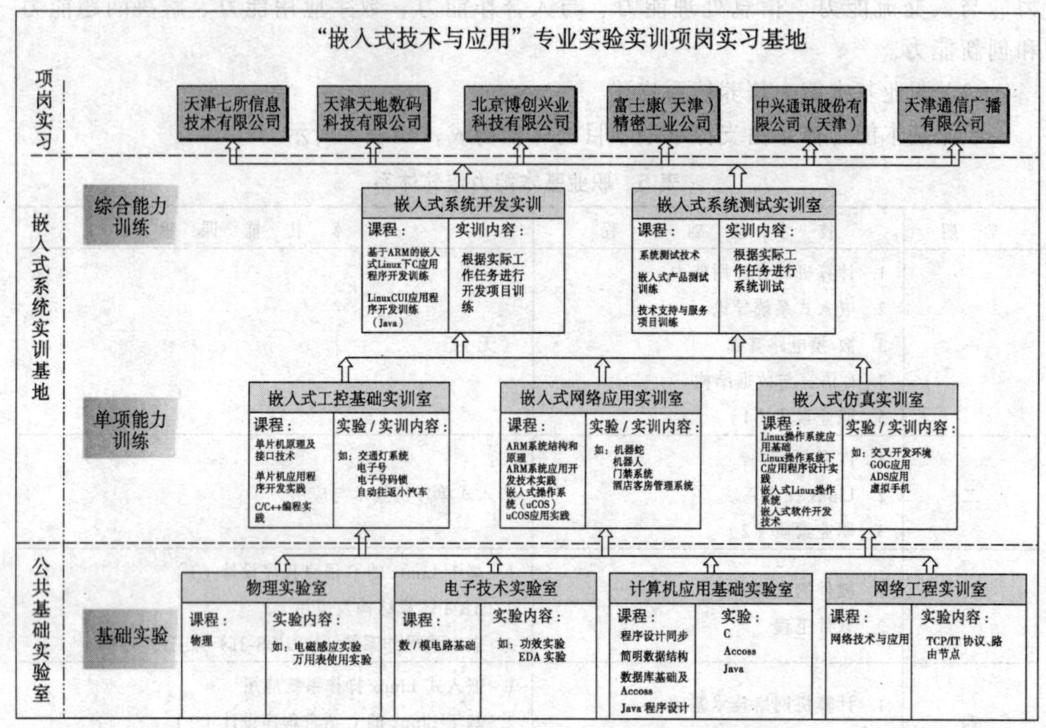

图 6　“嵌入式技术与应用”专业实训基地建设结构

（2）实训基地简要说明

• 公共基础实训室

公共基础实训室完成计算机综合应用基础、电子技术等基础性实验，实训基地与其他专业共享。

• 嵌入式系统实训室

嵌入式系统实训室以“嵌入式技术与应用”专业的学生应用为主。

基地功能：融技能点选练、单项能力训练、综合能力训练、职业技能鉴定、科技开发、学生科技创新、社会服务于一体，服务区域经济，辐射周边地区。

基地规模：建成 5 个能够分别容纳 40 名学生的实训室，包括单项能力训练实训室 3 个，职业岗位综合能力训练实训室 2 个，其中单项能力训练实训室包括嵌入式仿真实训室、嵌入式工控基础实训室、嵌入式网络应用实训室；综合能力训练实训室包括嵌入式系统开发实训室和嵌入式系统测试实训室。

基地教学形式：课程实验属技能点训练，主要是针对课程实验实训项目的实践训练；单项能力实训属操作性训练，目的是运用所掌握的操作技能，单项能力训练通常在仿真工作现场的环境下，进行任务式大作业操作，训练内容可借鉴大学生电子设计竞赛；综合能力实训室属工作性训练，目的是通过实训操作提升工作经验，通常在真实工作现场环境下，进行分步骤、全流程、综合性操作，训练内容可借鉴企业实际工作岗位的工作项目。

• 校外实训基地

校外实训基地主要为学生提供企业参观实习（大一，认识性实习）、企业工位实习（大二，单元性实习）、就业顶岗实习（大三，综合性实习）。校外实训基地建设受制约的因素较多，需要企业与学校的积极配合，在可能的情况下尽量多地安排学生到企业参加实训。

2. 师资队伍

（1）双师结构

1～2位专业带头人要能够站在专业领域发展前沿，熟悉行业企业最新技术动态，把握专业技术改革方向，4～6 位专业教学骨干要能够根据行业企业岗位群的需要开发课程，及时更新教学内容。4～6位相对稳定的兼职教师应该既是能工巧匠，又有培训机构讲师或高校任教经历。

（2）双师素质

专职教师需要具有网络工程师、网络管理员或网站设计师的职业素质，兼职教师需要具有高职院校教师的基本素质。

四、“嵌入式单片机技术与应用”课程教学大纲参考案例

1. 课程的性质与任务

（1）课程的性质

“嵌入式单片机技术与应用”课程是“嵌入式技术与应用”专业核心课程，对形成专业面向的上层应用程序开发工程师、测试工程师和销售工程师职业岗位所需要的技能、知识和素质起支撑作用，是进一步学习“ARM系统结构及接口应用”课程的重要基础。

（2）课程的任务

将前期学过的专业知识与本课程进行有机地结合，使课程的设置具有连贯性。让学生通过动手制作，学习简单的嵌入式产品的制作流程，为后续课程打下良好的基础。

2. 前导课程

模/数电路基础、C语言程序设计。

3. 后续课程

ARM 体系与应用、ARM 开发应用等课程。

4. 课程知识和技能培养目标

课程总目标是使学生具有单片机系统编程和设计的知识与技能，具备较高的职业素质，具有调试单片机系统程序和设计最小单片机系统的能力，能解决程序调试和系统设计中遇到的问题，能胜任单片机产品调试员、单片机产品技术支持、单片机软件开发师、单片机硬件开发师和单片机设计师等岗位工作。

（1）知识

掌握单片机基本组成及原理、相应编程和接口电路分析与设计的知识，并能在实践岗位熟练进行单片机程序和系统电路的调试；掌握各种接口电路的分析方法理论知识。

（2）技能

能熟练进行单片机程序和系统电路的调试，并能独立设计单片机系统电路，编写相应程序，同时还可以对以单片机为核心的设备进行维护。

（3）素质

通过项目实践，能爱岗敬业、热情主动地工作，养成遵守操作规程，工作有序，养成珍惜仪器设备的良好实验习惯，能认真负责、实事求是、坚持原则、一丝不苟地依据标准进行编程和设计，并在工作实践中遵守劳动纪律，注意安全，具备良好的敬业精神和协作精神，坚持努力学习，不断提高自身可持续发展的基础理论水平和操作技能，形成良好的职业素养和勤奋工作的基本素质。

5. 课程的教学内容与学时分配（见表 7）

表 7 教学内容与学时分配

序号	单 元	学 习 目 标	主 要 内 容		学时
1	单片机最小系统应用	专业能力目标： 1. 能够掌握 AT89S52 单片机体系结构 2. 能够灵活应用单片机的存储系统 3. 常用检测仪器的使用 4. 能够正确识别电路原理图 5. 能够正确焊接与测试电路 其他能力目标： 1. 能够与其他成员进行合作 2. 能够对工作进行合理规划 3. 能够及时解决工作中出现的问题	理论教学	1. AT89S52 单片机引脚功能与内部结构 2. 发光二极管工作原理 3. 51 汇编指令 4. 程序设计方法 5. 软延时程序设计方法 6. 电路焊接基本方法 7. PROTEUS 与 KEIL 软件的使用方法 8. AT89S52 下载线的使用方法 9. 单片机产品开发流程	10

续表

序号	单　元	学　习　目　标	主　要　内　容		学时
1	单片机最小系统应用	4. 能够有良好的安全意识 5. 注重工作环境的整洁	实训项目	简易信号灯制作	
2	静态显示应用	专业能力目标： 1. 能够正确运用汇编指令编写程序 2. 会根据任务要求绘制程序流程图 3. 能够根据引导文学习并正确使用所需要的汇编指令 4. 会使用 PROTEUS 与 KEIL 软件对程序进行联合调试 其他能力目标： 1. 能够与其他成员进行合作 2. 能够对工作进行合理规划 3. 能够及时解决工作中出现的问题 4. 会使用现有的条件查找资料	理论教学	1. AT89S52 单片机引脚功能与内部结构 2. 数码管静态显示的基本方法 3. 51 汇编指令 4. 程序设计方法 5. PROTEUS 与 KEIL 软件的使用方法	14
			实训项目	1. 简易时钟的秒个位显示的实现 2. 秒显示的实现 3. 分和秒显示的实现	
3	定时器与动态显示应用	专业能力目标： 1. 能够针对产品功能要求选择合理的显示形式 2. 能够正确地识别器件引脚 3. 会使用工具根据电路图焊接电路 4. 能够正确运用汇编指令编写程序 5. 会根据任务要求绘制程序流程图 6. 能够根据引导文学习并正确使用所需要的汇编指令 7. 会使用 PROTEUS 与 KEIL 软件对程序进行联合调试 其他能力目标： 1. 能够与其他成员进行合作 2. 能够对工作进行合理规划 3. 能够及时解决工作中出现的问题 4. 会使用现有的条件查找资料 5. 具有良好的安全意识	理论教学	1. 数码管动态显示的电路连接方法和编程方法 2. 定时器查询方式的基本知识和应用方法 3. 51 汇编指令 4. 程序设计方法 5. PROTEUS 与 KEIL 软件的使用方法 6. 电路焊接和检测方法	16
			实训项目	1. 简易时钟计时方案改进 2. 简易时钟显示方案改进	

续表

序号	单　元	学　习　目　标	主　要　内　容		学时
4	定时器中断应用	专业能力目标： 1. 会正确运用单片机的中断功能 2. 能够正确运用汇编指令编写程序 3. 会根据任务要求绘制程序流程图 4. 能够根据引导文学习并正确使用所需要的汇编指令 5. 会使用 PROTEUS 与 KEIL 软件对程序进行联合调试 其他能力目标： 1. 能够与其他成员进行合作 2. 能够对工作进行合理规划 3. 能够及时解决工作中出现的问题 4. 会使用现有的条件查找资料	理论教学	1. 中断的基本概念及使用方法 2. 定时器中断方式的使用方法 3. 51 汇编指令 4. 程序设计方法 5. PROTEUS 与 KEIL 软件的使用方法	4
			实训项目	简易时钟计时、显示改进方案 2	
5	按键与外部中断应用	专业能力目标： 1. 能够根据单片机产品的设计流程完成单片机产品的设计 2. 能够读懂芯片的 datasheet 3. 能够使用 PROTEL 软件绘制电路原理图和 PCB 图 4. 能够根据电路原理图正确地焊接电路 5. 会使用常用仪器检测电路焊接的正确性 6. 会根据任务要求绘制程序流程图 7. 能够正确编写 C51 程序 8. 会使用 PROTEUS 与 KEIL 软件对程序进行联合调试 9. 会使用下载线下载单片机程序 其他能力目标： 1. 会使用现有的条件查找资料 2. 能够与其他成员进行分工合作 3. 能够制定合理的工作计划 4. 能够及时解决工作中出现的问题 5. 具有良好的安全意识	理论教学	1. 按键的种类和电路连接方式 2. PROTEL 软件的使用方法 3. 电路焊接和检测方法 4. 常用仪器的使用方法 5. 中断的基本概念及使用方法 6. 定时器中断方式的使用方法 7. 51 汇编指令 8. 程序设计方法 9. PROTEUS 与 KEIL 软件的使用方法 10. AT89S52 程序下载方法 11. C51 程序设计基本知识	10
			实训项目	可调电子时钟的制作	

续表

<table>
<tr><th>序号</th><th>单元</th><th>学习目标</th><th colspan="2">主要内容</th><th>学时</th></tr>
<tr><td rowspan="2">6</td><td rowspan="2">A/D 转换器的应用</td><td rowspan="2">专业能力目标：
1. 能够根据单片机产品的设计流程完成单片机产品的设计
2. 能够使用 PROTEL 软件绘制电路原理图
3. 能够读懂芯片资料
4. 能够根据电路原理图正确地焊接电路
5. 会使用常用仪器检测电路焊接的正确性
6. 会根据任务要求绘制程序流程图
7. 能够正确运用汇编指令编写程序
8. 能够使用 C51 编写程序
9. 会使用 PROTEUS 与 KEIL 软件对程序进行联合调试
10. 会使用下载线下载单片机程序
其他能力目标：
1. 会使用现有的条件查找资料
2. 能够与其他成员进行分工合作
3. 能够制定合理的工作计划
4. 能够及时解决工作中出现的问题
5. 具有良好的安全意识
6. 保持环境的整洁</td><td>理论教学</td><td>1. A/D 转换器的选择和使用方法
2. PROTEL 软件的使用方法
3. 电路焊接和检测方法
4. 常用仪器的使用方法
5. PCB 板制作的基本方法
6. C51 基本知识
7. PROTEUS 与 KEIL 软件的使用方法
8. AT89S52 程序下载方法</td><td rowspan="2">30</td></tr>
<tr><td>实训项目</td><td>电子电压表的制作</td></tr>
<tr><td>7</td><td>串行通信应用</td><td>专业能力目标：
1. 能够根据单片机产品的设计流程完成单片机产品的设计
2. 能够使用 PROTEL 软件绘制电路原理图
3. 能够根据电路原理图正确地焊接电路
4. 会使用常用仪器检测电路焊接的正确性
5. 会根据任务要求绘制程序流程图</td><td>理论教学</td><td>1. A/D 转换器的选择和使用方法
2. PROTEL 软件的使用方法
3. 电路焊接和检测方法
4. 常用仪器的使用方法
5. PCB 板制作的基本方法
6. C51 基本知识
7. PROTEUS 与 KEIL 软件的使用方法</td><td>12</td></tr>
</table>

续表

序号	单　元	学　习　目　标	主　要　内　容		学时
7	串行通信应用	6. 能够正确编写 C51 程序 7. 能够根据引导文学习并正确使用所需要的汇编指令 8. 会使用 PROTEUS 与 KEIL 软件对程序进行联合调试 9. 会使用下载线下载单片机程序 其他能力目标： 1. 会使用现有的条件查找资料 2. 能够与其他成员进行分工合作 3. 能够制定合理的工作计划 4. 能够及时解决工作中出现的问题 5. 具有良好的安全意识	理论教学	8. AT89S52 程序下载方法	12
			实训项目	远程测电压的电子时钟的制作	
学时合计					96

6. 课程教学条件

本课程的授课在实训室进行，实训室应该具备多媒体教学的条件、硬件焊接调试条件、软件调试条件。

其基本设施有投影仪、多媒体教学系统、教师用计算机和学生用计算机、电烙铁、万用表、示波器、实训套件等。

7. 课程师资要求

授课教师应该具备一定的单片机开发经验，能够指导学生设计并完成每个实训项目，各个操作应符合行业要求规范。

8. 教学方法与手段

用引导文教学法、演示教学法、软件仿真法、工作过程教学法等启发、引导学生对技能、知识和职业素质的理解。

（1）项目演示教学方法

在项目教学中通过使用相应软件对所设计的项目进行整机调试。学生通过跟着教师一起操作，体会项目设计的精髓。

（2）项目仿真

采用 PROTEUS 软件对项目进行仿真。

（3）过程教学

每个项目的讲解和操作都依据企业中产品设计的真实过程，体现由底向上的设计思路。

（4）案例教学法

选取典型的单片机应用产品，从用户需求分析、硬件电路设计与制作、软件设计与调试、系统调试、验收等方面，提供完整工作过程。

9. 考核方式及评分方法

总评成绩=平时成绩×30%+情境学习总成绩×40%+期末成绩×30%

平时成绩=作业成绩×30%+课堂回答问题成绩×30%+学习总结演示×10%+出勤成绩×30%

情境学习总成绩为各个学习情境成绩的综合，其中学习情境成绩来源于小组成员考核表。

情境学习总成绩=情境 1 成绩×15%+情境 2 成绩×10%+情境 3 成绩×5%+情境 4 成绩×10%+情境 5 成绩×15%+情境 6 成绩×30%+情境 7 成绩×15%

期末考试采用上机抽题的形式进行考核。

10. 教材及参考资料

课程以项目为引导进行。为了培养学生解决问题和自我学习的能力，建议教材作为参考书使用，学生根据各个项目所涉及的知识点自己在教材中寻找并复习。

"计算机网络技术"专业课程体系参考方案

北京电子科技职业学院　何　兵　于　京　杨洪雪

北京水木青青科技有限公司　礼　平

一、专业课程体系开发

课程体系是实施人才培养方案的载体，直接关系到培养怎样的合格毕业生的问题。高等职业教育是为区域经济发展培养生产一线的高技能人才，专业课程体系设计必须建立在对专业面向的职业岗位分析，专业培养目标确定，明确职业岗位对人才的技能、知识和素质要求的基础上。

1. 专业面向的职业岗位分析

计算机网络技术是高速发展的 IT 产业的一个重要组成部分，已成为经济发展的重点和热点。随着网络技术的飞速发展，对岗位的要求不断变化，对适应岗位人才的职业能力和素质不断提出新的、更高的要求。培养网络技术高技能人才，需要对网络技术所覆盖的职业岗位进行充分分析。专业面向的职业岗位分析是由学校提出需求，组织企业相关的人力资源部、生产部、研发部的管理人员和工程师与专业教师共同完成。职业岗位分析所要获得的数据是要形成课程开发的基础。

（1）职业岗位划分

计算机系统集成行业是计算机网络技术专业人才主要的就业领域。

第一步，计算机系统集成行业组织机构分析，计算机网络专业技术人员主要分布在系统集成部、研发部、客户服务部等业务部门。

第二步，对计算机系统集成工作流程进行分析。

第三步，计算机集成行业网络方向职业岗位分析。

根据国家人力资源与社会保障部颁布的《IT 职业分类方案》中，将 IT 职业分成"IT 主体职业"、"IT 应用职业"、"IT 相关职业"3 个小类，在小类下分别分出"软件类"等 13 个职业群，41 个职业（细类）。

根据计算机网络技术专业人才需求调研结果，结合计算机系统集成行业工作流程分析，在 41 个职业细类中选定 4 个细类，作为计算机网络行业的职业岗位（一级）的分析基础。它们分别是：网络系统设计师、计算机网络管理员、网络建设工程师和网站开发师，具体划分如表 1 所示。

表 1　职业岗位划分

<table>
<tr><th>职业岗位
（一级）</th><th>岗位分类
（二级）</th><th>岗位分类
（三级）</th><th>分类岗位编号</th></tr>
<tr><td>网络系统设计师</td><td>网络系统设计师</td><td>网络系统设计师</td><td>w-1-1</td></tr>
<tr><td rowspan="4">网络建设工程师</td><td rowspan="2">综合布线工程师</td><td>布线设计工程师</td><td>w-2-1</td></tr>
<tr><td>布线现场工程师</td><td>w-2-2</td></tr>
<tr><td rowspan="2">实施工程师</td><td>网络实施工程师</td><td>w-2-3</td></tr>
<tr><td>服务器实施工程师</td><td>w-2-4</td></tr>
<tr><td rowspan="4">计算机网络管理员</td><td rowspan="2">网络维护工程师</td><td>网络运维工程师</td><td>w-3-1</td></tr>
<tr><td>系统运维工程师</td><td>w-3-2</td></tr>
<tr><td rowspan="2">安全工程师</td><td>网络安全工程师</td><td>w-3-3</td></tr>
<tr><td>系统安全工程师</td><td>w-3-4</td></tr>
<tr><td rowspan="3">网站开发师</td><td>Web 前端工程师</td><td>Web 前端工程师</td><td>w-4-1</td></tr>
<tr><td rowspan="2">Web 工程师</td><td>Web 架构工程师</td><td>w-4-2</td></tr>
<tr><td>Web 开发工程师</td><td>w-4-3</td></tr>
</table>

（2）职业岗位基本要求分析

计算机网络技术是综合性很强的技术，不同工作岗位对工作环境及人员有不同的要求，基本要求中的职业环境要求和职业能力特征要求可以形成对学生职业素质培养的依据，如表 2 所示。

表 2　计算机网络技术职业领域职业岗位基本要求分析表

<table>
<tr><th rowspan="2">序号</th><th rowspan="2">岗位名称</th><th colspan="3">基　本　要　求</th><th rowspan="2">职业资格要求</th><th rowspan="2">经历要求</th></tr>
<tr><th>职业环境要求</th><th>从业基本特征</th><th>基本文化程度</th></tr>
<tr><td>1</td><td>网络设计工程师</td><td>室内、常温</td><td>具备优良的逻辑分析、研究和计算能力，良好的抽象能力和空间想象力，良好的沟通能力、语言表达能力和文字表达能力</td><td>本科</td><td>网络系统设计师</td><td>三年以上</td></tr>
<tr><td>2</td><td>网络实施工程师</td><td>室内、常温</td><td>良好的学习能力、沟通能力、语言表达能力，富有耐心和责任心，具备良好的协调能力</td><td>高职</td><td>网络建设工程师</td><td>三年以上</td></tr>
</table>

序号	岗位名称	基本要求			职业资格要求	经历要求
		职业环境要求	从业基本特征	基本文化程度		
3	服务器实施工程师	室内、常温	良好的学习能力、沟通能力、语言表达能力，富有耐心和责任心，具备良好的协调能力	高职	网络建设工程师	三年以上
4	网络维护工程师	室内、常温	良好的学习能力、沟通能力、语言表达能力，富有耐心和责任心，具备良好的协调能力	高职	计算机网络管理员	一年以上
5	系统运维工程师	室内、常温	良好的学习能力、沟通能力、语言表达能力，富有耐心和责任心，具备良好的协调能力	高职	计算机网络管理员	一年以上
6	网络安全工程师	室内、常温	具备优良的逻辑分析、研究和计算能力，敏锐的洞察力，细心和责任心，良好的学习能力和沟通能力	高职	计算机网络管理员	一年以上
7	系统安全工程师	室内、常温	良好的学习能力、沟通能力、语言表达能力，富有耐心和责任心，具备良好的协调能力	高职	计算机网络管理员	一年以上
8	Web前端工程师	室内、常温	具备良好的学习能力、沟通能力、语言表达能力，良好的艺术想象力和美感	高职	网站开发师	一年以上
9	系统架构工程师	室内、常温	具备优良的逻辑分析、研究和计算能力，良好的抽象能力和空间想象力，良好的学习能力和沟通能力	高职	网站开发师	三年以上
10	Web开发工程师	室内、常温	具备优良的逻辑分析、研究和计算能力，良好的沟通能力、语言和文字表达能力	高职	网站开发师	一年以上

（3）职业岗位工作任务分析

职业岗位工作任务是上岗人员履行职责和义务的依据，也是对上岗人员进行资格认定的依据。表3~表6对前面的4个一级职业岗位工作进行了分析。

表3 网络系统设计师职业岗位工作任务分析表

序号	任务名称（工作任务）	任务要求（工作内容）
1	网络需求分析	现有网络结构的评估
		网络设计目标的评估
		网络系统需求分析报告

续表

序号	任务名称（工作任务）	任务要求（工作内容）
2	网络系统整体架构设计	网络拓扑结构的设计
		系统配置设计
		网络备份设计
		网络安全设计
		网络系统性能优化设计
		网络地址空间规划设计
3	工程计划编制	网络工程计划和技术重点

表 4　网络建设工程师职业岗位工作任务分析表

序号	任务名称（工作任务）	任务要求（工作内容）
1	根据建筑及建筑群的特点规划布线方案	严格按照设计方案实施布线工作
		安排各个子系统施工顺序
		管理现场施工人员
		管理施工现场的设备出入库
		成品保护工作
		与建筑单位和装修单位的协调工作
		作好施工现场的安全管理工作（电、火、高空作业等）
		施工过程中产生的变更及时汇报
		参加工程现场的各个施工单位协调会
		作好每天工作日志
		光纤的熔接
		信息端口的标记
		采用测试仪器逐点对线路测试（包括光纤）
		对指标不合格的线路找出原因，并配合布线设计工程师提出据测试报告
2	在施工过程中贯彻布线设计方案	对建筑及建筑群做布线系统整体分析
		选择布线系统材料的技术等级
		配合网络设计师规划网络结构
		画布线系统图
		画各个信息点点位图

续表

序号	任务名称（工作任务）	任务要求（工作内容）
2	在施工过程中贯彻布线设计方案	布线系统施工概算
		各个子系统的验收标准
		施工过程中的变更设计
		完成最终的交工图纸
3	在现有网络中安装新的设备或建设新的网络系统	建立项目实施计划
		机房准备标准和设备安装现场环境标准
		产品的到货和开箱验收
		设备安装具体技术步骤
		系统的验收和开通
		网络项目中设备安装、调试出现故障时的具体应急方案
4	服务器硬件的现场安装和调试	安装和维护网络外部打印服务器/网络内置打印服务器，包括使用网络打印机管理工具进行密码恢复和网络打印设置
		安装和配置企业和互联网服务器，包括邮件服务器（Exchang）、文件服务器（FTP）、网站服务器（IIS）以及 DNS/DDNS、活动目录（AD）和 DHCP 服务器
		DNS 和 IIS 服务器的安装和配置
		安装 VPN 服务器，为用户端提供安全的远程访问服务

表 5　计算机网络管理员职业岗位工作任务分析表

序号	任务名称（工作任务）	任务要求（工作内容）
1	维护网络设备	网络及其设备的维护、管理、故障排除等
		监控异常流量，制定应急预案，并采取措施
		针对网络应用，实施网络控制策略
		无线网络部署
		对网络拓展、设备的更新、升级提出建议
2	维护服务器设备	主机系统日常的监控、故障排除、数据备份、系统优化等
		管理主机运行日志，及时发现问题并采取措施
		对设备的更新、升级提出建议
		对设备的更新、升级提出建议
		UPS 电源管理
		用户机的系统安装及网络连接和安全设置

续表

序号	任务名称（工作任务）	任务要求（工作内容）
2	维护服务器设备	用户机的简单硬件维修、维护
		用户的基本使用功能培训
3	规划并维护网络安全	及时维护入侵检测系统，发现异常采取措施
		对网络安全系统的日常评测
		维护防火墙的安全规约
		对设备的更新、升级提出建议
4	规划并维护系统安全	防病毒系统的管理及病毒包的及时升级
		备份系统的正常维护
		系统补丁定期升级
		登录密码管理
		证书管理

表 6　网站开发师职业岗位工作任务分析表

序号	任务名称（工作任务）	任务要求（工作内容）
1	设计并实现最终用户界面	设计界面风格
		开发界面
		制作网页特效
2	设计和规划网站的整体架构	项目可行性分析与确认
		编写项目需求分析报告
		网站架构整体设计和详细设计
		组织网站的技术实施与过程控制
		对网站系统的过程评审和验收
		对网站系统进行评价和提出改进意见
3	开发并实现网站后台逻辑功能	网站后台功能实现
		编写程序的配套文档与说明
		网站完整功能运行调试
		网站功能维护

（4）职业岗位人员要求分析

职业岗位对工作人员的要求是从职业素质、技能、相关知识、学历、工作经历方面提出具体要求。这些要求为学校衡量自身办学条件、选择专业面向的就业岗位提供了依据。详细描述如表 7～表 10 所示。

表 7　网络系统设计师 职业岗位群人员要求分析

职业岗位	工作任务	工 作 内 容	工作人员要求				
			素 质 要 求	技 能 要 求	相 关 知 识	学历要求	工作经历要求
网络系统设计师	设计规划网络系统的整体架构	1. 网络系统需求分析报告 2. 网络设计目标的评估和目前网络结构的评估 3. 网络拓扑结构的设计 4. 系统配置设计 5. 网络备份设计 6. 工程计划和技术重点 7. 网络安全设计 8. 网络地址空间规划 9. 网络系统性能优化设计	专业知识全面、沟通能力强，良好的表达能力。形象及衣着较好	1. 华为认证网络专家（HCIE）或CISCO认证网络专家(CCIE) 2. 深刻理解网络基本概念，例如，ISO/OSI、TCP/IP、VLAN，各种 LAN、WAN 协议、各种路由协议、NAT 3. 熟悉 Cisco 产品线 4. 熟悉华为 3com 产品线	1. 了解服务器的基本知识，例如各种 RAID、各种外设、SCSI 卡等 2. 了解 IBM P 系列产品 3. 了解 IBM I 系列产品 4. 了解 HP-UNIX 5. 了解 SUN 服务器 6. 了解 EMC IBM HDS 存储设备 7. 了解双机热备解决方案	高职以上	相关行业五年以上经验

表 8　网络建设工程师 职业岗位群人员需求分析

职业岗位	工作任务	工 作 内 容	工作人员要求				
			素质要求	技 能 要 求	相 关 知 识	学历要求	工作经历要求
布线设计工程师	根据建筑及建筑群的特点规划布线方案	1. 对建筑及建筑群作布线系统整体分析 2. 选择布线系统材料的技术等级 3. 配合网络设计师规划网络结构 4. 画布线系统图 5. 画各个信息点点位图 6. 布线系统施工概算 7. 各个子系统的验收标准 8. 施工过程中的变更设计 9. 完成最终的交工图纸	部门、人员之间配合能力	1. 对建筑设计有一定基本知识，可以看懂建筑设计图纸中相关部分 2. 精通布线材料的电气性能 3. 对网络设备及网络结构要有一定的理解能力 4. 熟练使用绘图软件 5. 建筑行业取费标准	1. Auto CAD 绘图软件 2. Visio 绘图软件 3. AMP、IBDN 等主要厂家布线设备性能指标 4. 相关建筑施工工艺 5. 相关装修施工工艺 6. 智能建筑的其他系统知识（CATV、门禁、消防等）	高职	相关行业经验，10 个工程项目

续表

职业岗位	工作任务	工作内容	工作人员要求				
			素质要求	技能要求	相关知识	学历要求	工作经历要求
布线现场工程师	在施工过程中贯彻布线设计方案	1. 严格按照设计方案实施布线工作 2. 安排各个子系统施工顺序 3. 管理现场施工人员 4. 管理施工现场的设备出入库 5. 成品保护工作 6. 与建筑单位和装修单位的协调工作 7. 作好施工现场的安全管理工作（电、火、高空作业等） 8. 施工过程中产生的变更及时汇报 9. 参加工程现场的各个施工单位协调会 10. 作好每天工作日志 11. 光纤的熔接 12. 信息端口的标记 13. 采用测试仪器逐点对线路测试（包括光纤） 14. 对指标不合格的线路找出原因，并配合布线设计工程师提出改进方案 15. 出具测试报告	公司、业主、施工人员之间配合协调能力	1. 理解网络结构 2. 看懂施工图纸 3. 现场应变能力 4. 系统验收标准	1. AMP、IBDN 等主要厂家布线设备物理性能指标（承受拉力、拐弯半径、防潮防雷、线径等） 2. TIA/EIA568A、568B 打线规则 3. 网络设备基本知识 4. 相关建筑施工工艺 5. 相关装修施工工艺 6. 智能建筑的其他系统知识（CATV、门禁、消防等） 7. 光纤的熔接设备的使用方法 8. 标签打印机的使用 9. 五类、超五类、六类等线缆的测试标准 10. 单模/多模光纤在各个波段允许衰减极限 11. 网络性能对布线系统的要求 12. FLUKE、IDEAL 等测试仪器的使用方法	高职	相关行业经验，10 个项目以上

续表

职业岗位	工作任务	工作内容	工作人员要求				
			素质要求	技能要求	相关知识	学历要求	工作经历要求
网络实施工程师	在现有网络中安装新的设备或建设新的网络系统	1. 建立项目实施计划 5. 机房准备标准和设备安装现场环境标准 3. 产品的到货和开箱验收 4. 设备安装具体技术步骤 5. 系统的验收和开通 6. 网络项目中设备安装、调试出现故障时的具体应急方案	1. 头脑灵活，心灵手巧 2. 工作认真，不浮躁，有责任心	1. 能够安装网络安全产品 2. 能够安装、配置和维护DHCP服务器、DNS服务器、FTP服务器和WWW服务器 3. 能够按照网络管理的需求划分IP子网 4. 能够配置路由器、交换机 5. 掌握主流防火墙、RRAS服务器和VPN服务器安装技术以及在完整网络环境下的实际应用 6. 安装和配置微软ISA / Cisco PIX防火墙和HTTP、FTP、POP3、SMTP等协议在防火墙设置中的实际应用，掌握动态过滤、邮件/FTP过滤、Web访问、SQL数据过滤等技术 7. 能够安装、配置和维护小型防火墙软件	1. 熟悉各种网络协议 2. 熟悉网桥、交换机的原理与虚拟局域网（VLAN）的使用 3. 熟悉TCP/IP协议与应用服务的实现 4. 了解路由器原理与路由协议 5. 熟悉Cisco产品线 6. 熟悉华为3com产品线	高/中职	相关产品三年以上现场维护经验
服务器实施工程师	服务器硬件的现场安装和调试	1. 安装和维护网络外部打印服务器/网络内置打印服务器，包括使用网络打印机管理工具进行密码恢复和网络打印设置	1. 头脑灵活，心灵手巧 2. 工作认真，不浮躁，有责任心	1. 能够对Windows XP进行安装、使用、配置 2. 能够对Linux操作系统进行安装、配置与管理 3. 能够安装其他相关网管软件	1. 了解服务器的基本知识，例如各种RAID、各种外设、SCSI卡等 2. 熟悉Cisco产品线 3. 熟悉Huawei-3com产品线 4. 熟悉计算机系统的基础知识 5. 熟悉网络操作系统的基础知识	中/高职	相关产品三年以上现场维护经验

续表

职业岗位	工作任务	工作内容	工作人员要求				
			素质要求	技能要求	相关知识	学历要求	工作经历要求
		2. 安装、配置企业和互联网服务器，包括邮件服务器（Exchang），文件服务器（FTP）、网站服务器（IIS），以及DNS/DDNS、活动目录（AD）和DHC P服务器 3. DNS和IIS服务器的安装和配置 4. 安装VPN服务器，为用户端提供安全的远程访问服务					

表9　网络管理员职业岗位群人员需求分析

职业岗位	工作任务	工作内容	工作人员要求				
			素质要求	技能要求	相关知识	学历要求	工作经历要求
网络运维工程师	维护网络设备	1. 网络及其设备的维护、管理、故障排除等 2. 监控异常流量，制定应急预案，并采取措施 3. 针对网络应用，实施网络控制策略 4. 无线网络部署 5. 对网络拓展、设备的更新、升级提出建议	学习能力、工作认真	1. 能对路由器、交换机进行配置、备份、恢复 2. 能熟练掌握各种网络测试命令，快速分析故障原因、定位故障点 3. 全面的网络硬测试件知识，对网络布线系统有一定了解 4. 对无线网络的配置使用（访问点部署、桥接、加密）	1. 掌握思科、华为等主流路由器、交换机的配置调试方法 2. 了解TCP/IP协议 3. 了解无线网络协议 4. 掌握相关网管软件		

续表

职业岗位	工作任务	工作内容	工作人员要求				
			素质要求	技能要求	相关知识	学历要求	工作经历要求
系统运维工程师	维护服务器设备	1. 主机系统日常的监控、故障排除、数据备份、系统优化等 2、管理主机运行日志，及时发现问题并采取措施 3. 对设备的更新、升级提出建议 4. UPS电源管理 5. 用户机的系统安装及网络连接和安全设置 6. 用户机的简单硬件维修、维护 7. 用户的基本使用功能培训	学习能力、工作认真、清楚的表达能力	1. 掌握主流服务器硬件技术（主机性能、磁盘阵列原理） 2. 主流服务器系统：Win2000/2003、Linux等 3. MAIL、DNS、WINS、IIS、FTP等常用服务的应用配置 4. 对系统的定期备份及灾难恢复 5. 服务器系统升级及安全迁移 6. UPS电源定期检测 7. 能解决系统的个性问题	1. TCP/IP协议 2. 桌面远程管理 3. 数据库：ORALCE、SQL Server等 4. 服务器集群配置 5. 了解UPS电源参数		
网路安全工程师	规划并维护网络安全	1. 及时维护入侵检测系统，发现异常采取措施 2. 对网络安全系统的日常评测 3. 维护防火墙的安全规约 4. 对设备的更新、升级提出建议	学习能力、工作认真、英文阅读能力	1. 能规划局域网安全系统 2. 能安装及调试安全系统硬件及软件 3. 能制定网络安全应急预案	1. 黑客常用的攻击手法及预防机制 2. 病毒的基本原理和处理方式 3. 防火墙安全防范的机制 4. 网络硬件知识（计算机、服务器、防火墙、路由器、交换机、安全设备等）		

续表

职业岗位	工作任务	工作内容	工作人员要求				
			素质要求	技能要求	相关知识	学历要求	工作经历要求
系统安全工程师	规划并维护系统安全	1. 防病毒系统的管理及病毒包的及时升级 2. 备份系统的正常维护 3. 系统补丁定期升级 4. 登录密码管理 5. 证书管理	学习能力、工作认真、英文阅读能力	1. 能规划系统安全策略并实施 2. 能采用专用工具查杀特定病毒 3. 能制定备份和恢复系统方案	1. 掌握网路端口知识 2. 熟练阵列及 RAID 设置 3. 操作系统安全策略		

表 10 网站开发师职业岗位群人员需求分析

职业岗位	工作任务	工作内容	工作人员要求				
			素质要求	技能要求	相关知识	学历要求	工作经历要求
Web 前端工程师	设计并实现最终用户界面	1. 设计界面风格 2. 开发界面 3. 制作网页特效	具有团队合作精神及良好的口头与书面的表达能力	1. 能使用 HTML/XHTML、CSS、JavaScript、XML 等网页相关技术，进行页面架构设计和布局 2. 能制作符合 Web 标准的页面 3. 够熟练使用 CoreIDRAW /Tllustrators /InDesign 等平面设计软件能 4. 能够实现网站特效的制作，如 flash 动画、视频播放等	1. 了解互联网及其相关技术 2. 熟悉 HTML、CSS 样式开发 3. 熟悉 JaveScript 应用 4. 了解 Web 标准 5. 对表现与数据分离，HTML 语义化等有一定概念 6. 熟悉 Dreamweaver，Photoshop，Lireworks 等工具	高职高专	一年以上工作经验

续表

职业岗位	工作任务	工作内容	工作人员要求				
			素质要求	技能要求	相关知识	学历要求	工作经历要求
Web 架构工程师	设计和规划网站的整体架构	1. 项目可行性分析与确认 2. 编写项目需求分析报告 3. 网站架构整体设计和详细设计 4. 组织网站的技术实施与过程控制 5. 对网站系统的过程评审和验收 6. 对网站系统进行评价和改进		1. 精通 TCP/IP 协议及编程，熟悉互联网应用协议，熟悉数据库技术 2. 有大容量、高性能、分布式系统的设计开发经验 3. 有全面的软件知识结构（操作系统、软件工程、设计模式、数据结构、数据库系统、网络安全） 4. 有较强的技术文档撰写能力，包括需求分析报告、概要设计报告、详细设计报告等文档	1. 熟悉网站开发技术（Java 或 MS.NET 等技术） 2. 了解操作系统 3. 熟悉软件工程和过程控制相关知识 4. 了解设计模式、数据结构、数据库系统 5. 了解网络安全知识 6. 了解质量管理规范和标准	本科	三年以上网站开发经验
Web 开发工程师	开发并实现网站后台逻辑功能	1. 网站后台功能实现 2. 编写程序的配套文档与说明 3. 网站完整功能运行调试 4. 网站功能维护	1. 较强的逻辑思维能力 2. 团队合作能力 3. 良好文档写作能力	1. 能够进行网站功能设计、编码、测试、调试 Web 应用程序 2. 能独立完成应用程序的设计及体系架构的实施 3. 能独立承担一个子系统或子项目的设计和开发任务 4. 能进行单元测试和系统测试 5. 能够依据产品概要进行系统框架和核心模块的详细设计，进行编码工作	1. 精通网站开发技术（Java 或 MS.NET 等技术） 2. 了解操作系统 3. 了解软件工程和过程控制等相关知识 4. 熟悉设计模式、数据结构、数据库系统 5. 了解质量管理规范和标准	高职高专	一年以上工作经验

通过以上分析，获得了计算机网络组建、管理和开发所覆盖的所有职业岗位，有的职业岗位是高职院校可以培养的，有的职业岗位需要本科毕业生或是硕士生，还有的职业岗位需要工作经验的积累。

（5）适合高职学生就业的职业岗位

表 11 是在表 7～表 10 的基础上，将适合高职学生就业的职业岗位工作人员要求挑选出来，供培养高技能专业人才选择之用。

表 11　适合高职的职业岗位

岗位分类（三级）	分类岗位编号	是否适合高职学生
网络系统设计师	w-1-1	
布线设计工程师	w-2-1	✓
布线现场工程师	w-2-2	✓
网络实施工程师	w-2-3	✓
服务器实施工程师	w-2-4	✓
网络运维工程师	w-3-1	✓
系统运维工程师	w-3-2	✓
网络安全工程师	w-3-3	✓
系统安全工程师	w-3-4	✓
Web 前端工程师	w-4-1	✓
Web 架构工程师	w-4-2	✓
Web 开发工程师	w-4-3	✓

2. 确定专业名称及专业培养目标

（1）专业培养目标分析

• 地域人才需求

目前，北京正在实施“信息化带动工业化”的战略，信息技术的飞速发展使得该领域的高技能人才供不应求。特别是 2008 年北京奥运会召开后，对生产制造、技术支持和营销服务等岗位的高技能人才的需求量更大。在 2007 年 1 月 16 日北京市人事局召开的 2007 年毕业生就业工作会议上，发布了 2007 年北京缺口比较大的 12 个专业。其中“计算机网络技术”属于本次发布的 12 个缺口比较大的专业之一。

• 自身办学实力

北京电子科技职业学院地处北京电子城科技园区，是北京市规划的以发展通信、IT、电子信息制造业为主的科技园区。学院的地理位置决定了学院有独特的条件向这些园区内的企业提供训练有素的计算机网络技术专业人才来从事网络的建设管理、应用开发和运行维护等工作。另外，通过与国家职业认证部门、信息产业部和一些国际知名行业认证公司合作，计算机网络技术专业已经承担了相关的行业资格认证工作，如国家高新技术考试、国家软件职业资格认证考试（软件类）、华为认证、思科认证培训等。计算机网络技术专业目前的这些情况说明该专业对地区的 IT 职业人才的培养做出了贡献，并被社会认可，有一定知名度，所以需要将该专业整体提升到更高的层次为行业的发展贡献更大的力量。

计算机网络技术专业是我院的“长线专业”，自开办以来已经有 20 年的历史。计算机网络技术专业拥有实力雄厚、条件一流的校内外实训基地：一个占地面积近 1 000m²，资产总值近 700 万元的电子自动化实训基地，该基地是中央财政部支持的国家级实训基地；另一个占地面积近 1000 m²，资产总值近 700 万元的计算机网络技术综合实训基地。

此外，还建有网络基础、网络综合布线、网络互联技术、网络设备虚拟仿真、网络操作系统、Linux 应用技术、多媒体应用技术、微机控制应用技术、计算机组装与维护及 6 个综合应用的计算机机房。

- 学制与招生对象

学制三年，招生对象为普通高中生和三校生。

- 学生就业岗位选择

网络实施工程师、网络运维工程师、Web 开发工程师。

（2）专业名称

专业名称：计算机网络技术

专业代码：590102

（3）专业培养目标描述

本专业培养德、智、体、美等全面发展的高素质技能型人才，他们应具有良好政治思想素质、职业道德和创新精神，具有与本专业领域相适应的文化知识，有良好的职业道德和创新精神，了解计算机网络知识体系及技术发展趋势，掌握计算机网络基本理论和网络系统构架设计基本知识，具有网络组建、调试能力，网络运营维护能力、网络编程能力，具有较强事业心和团队合作精神。

3. 学期项目主导的课程体系开发

学期项目主导的课程体系开发思想是基于职业岗位对高技能人才上岗快的要求。学期项目是按照企业上岗人员完成任务的难易程度，分入门→独立接受简单任务→独立接受复杂任务→独立顶岗几个阶段，每学期选取至少一个典型的独立工作任务，学期课程全部是围绕学期项目所需要的技能、相关知识和素质要求组织教学。

（1）专业面向的职业岗位对上岗人员素质、技能、相关知识和评价标准要求的分析

北京电子科技职业学院“计算机网络技术”专业面向的职业岗位为计算机网络建设工程师、计算机网络管理员和网站开发工程师，其对上岗人员的素质、技能、相关知识和评价标准要求分析是为了形成学期项目或课程教学元素。这里，着重分析的是“计算机网络技术”专业培养的毕业生上岗应该具备的素质、技能、相关知识和工作完成情况的评价标准，具体分析如表 12～表 13 所示。

表 12 “职业岗位对上岗人员素质、技能、知识和评价标准要求的分析”

职业岗位	工作任务	工作内容	素质要求	技能要求	相关知识	评价标准
网络实施工程师	在现有网络中安装新的设备或建设新的网络系统	1. 建立项目实施计划 2. 机房准备标准和设备安装现场环境标准 3. 产品的到货和开箱验收 4. 设备安装具体技术步骤 5. 系统的验收和开通 6. 网络项目中设备安装、调试出现故障时的具体应急方案	头脑灵活，心灵手巧，工作认真，不浮躁，较好的责任心	1. 能够对网络安全产品安装 2. 能够安装、配置和维护 DHCP 服务器、DNS 服务器、FTP 服务器和 WWW 服务器 3. 能够按照网络管理的需求划分 IP 子网能够配置路由器、交换机 4. 掌握主流防火墙、RRAS 服务器和 VPN 服务器安装技术以及在完整网络环境下的实际应用 5. 安装和配置微软 ISA/Cisco PIX 防火墙和 HTTP、FTP、POP3、SMTP 等协议在防火墙设置中实际应用，掌握动态过滤、邮件/FTP 过滤、Web 访问、SQL 数据过滤等技术 6. 能够安装、配置和维护小型防火墙软件	1. 熟悉各种网络协议 2. 熟悉网桥、交换机的原理与使用虚拟局域网（VLAN） 3. 熟悉 TCP/IP 协议与应用服务的实现 4. 了解路由器原理与路由协议 5. 熟悉 Cisco 产品线 6. 熟悉华为 3com 产品线	能否按照要求完成网络施工
网络运维工程师	维护网络设备	1. 网络及其设备的维护、管理、故障排除等 2. 临控异常流量，制定应急预案，并采取措施 3. 针对网络应用，实施网络控制策略 4. 无线网络部署 5. 对网络拓展、设备的更新、升级提出建议	学习能力、工作认真	1. 能对路由器、交换机进行配置、备份、恢复 2. 能熟练掌握各种网络测试命令，快速分析故障原因，定位故障点 3. 全面的网络硬测试件知识，对网络面线系统有一定了解 4. 对无线网络的配置使用（访问点部署、桥接、加密）	1. 思科、华为等主流路由器、交换机的配置调试方法 2. 了解 TCP/IP 协议 3. 了解无线网络协议 4. 掌握相关网管软件	能否保障网络的正当运行及快速发现、定位和排除网络故障
Web 开发工程师	开发并实现网站逻辑功能	1. 网站后能功能实现 2. 编定程序的配套文档与说明 3. 网站完整功能运行调试 4. 网站功能维护	1. 较强的逻辑思维能力 2. 团队合作能力 3. 良好文档写作能力	1. 能够进行网站功能设计、编码、测试、调试 Web 应用程序 2. 能独立完成应用程序的设计及体系架构的实施 3. 能独立承担一个子系统或子项目的设计和开发任务 4. 能进行单元测试和系统测试 5. 能够依据产品概要进行系统框架和核心模块的详细设计，并进行编码工作	1. 精通网站开发技术（Java 或 MS.NET 等技术） 2. 了解操作系统 3. 了解软件工程和过程控制等相关知识 4. 熟悉设计模式、数据结构、数据库系统 5. 了解质量管理规范和标准	是否符合软件开发规范

表 13　学期项目形成表

学期	素质、技能、知识元素		整合课程	学期项目
一	职业素质一	工作认真细致、表达能力清楚、英文阅读能力、服务意识、逻辑思维能力、态度严谨	1. 计算机组装与维修 2. 程序设计基础 3. 职业素质（1）	1. 学生成绩管理系统 2. PC 单机版纸牌游戏
	技能	1. 具有简单程序设计能力 2. 能维护 PC 和各种外设的硬件 3. 能安装 PC 中的操作系统软件及各种常用软件		
	知识	1. PC 和各种外设内部结构及性能 2. 编程基础和软件工程		
二	职业素质二	吃苦耐劳踏实肯干、组织协调能力、沟通能力强，良好的表达能力、理解能力、解决问题能力、学习能力	1. 网络基础与局域网组建 2. Java 开发入门与项目实战 3. 网络数据库管理 4. 职业素质（2）	1. 单机版 MIS 系统 2. 房间网络规划实施
	技能	1. 能够按照网络建设的需求划分 IP 子网、设计网络结构 2. 能制作、检测和安装常用传输介质 3. 能够安装和维护服务器及其他存储设备 4. 能安装和配置各种病毒防护软件 5. 具有网站编程能力		
	知识	1. 局域网技术及 TCP/IP 协议 2. 传输介质的分类及制作连接标准 3. 主流服务器及存储设备性能参数 4. 网络数据库 5. 面向对象程序设计		
三	职业素质三	团队合作、时间管理、文档撰写能力、抗挫抗压能力	1. 路由与交换技术 2. 网络服务与管理 3. Web 前端技术 4. 网络应用程序开发	1. 图书馆系统建模与实现 2. 园区网络规划与实施
	技能	1. 配置和管理交换机及路由器 2. 安装、配置 Windows 、Linux 操作系统 3. 能够使用网站设计软件进行页面布局和设计 4. 基于网络协议的应用程序编写		
	知识	1. 网络设备（路由器、交换机）配置和调试 2. 网络操作系统（Windows、Linux） 3. HTML 编程和 CSS 样式开发 4. Dreamweaver 软件的使用 5. 图像处理工具 6. 掌握网站特效制作		
四	职业素质四	团队合作、组织协调能力、沟通能力强、良好的表达能力、文档撰写能力	1. 网络工程规划与实施 2. 网络维护与网络安全 3. 网站建设及 B/S 系统设计	1. 异地小型企业网络组建 2. 数据中心（IDC）管理与维护 3. 电子商务系统设计开发

续表

学期	素质、技能、知识元素		整合课程	学期项目
四	技能	1. 系统分析设计 2. 工程项目文档撰写 3. 设计网络结构、IP 地址划分 4. 安装和配置各种病毒防护软件 5. 规划和配置系统安全策略 6. 配置和管理主流安全设备（防火墙及入侵检测系统） 7. 编写应用程序 8. 调试、部署应用程序 9. 编写规范的软件开发文档		
	知识	1. 网络病毒原理 2. 黑客攻击的基本手法及预防措施 3. 防火墙基本工作原理和配置命令 4. Java 开发技术（或 MS.NET 技术） 5. 网络规划设计		
	网络施工岗位核心素质： 吃苦肯干、组织协调能力、沟通能力强、良好的表达能力、文档撰写能力 网络施工职业岗位核心能力： ① 系统分析设计；② 工程项目文档撰写；③ 设计网络结构、IP 地址划分；④ 配置和管理交换机及路由器；⑤ 能制作、检测和安装常用的传输介质；⑥ 安装服务器及其他存储设备；⑦ 安装、配置 Windows 、Linux 操作系统 加强的知识： ① 网络设备（路由器、交换机）配置和调试；② 局域网技术及 TCP/IP 相关协议；③ 传输介质的分类及相应的制作连接标准；④ 主流服务器及存储设备的硬件性能参数；⑤ PC 和各种外设的内部结构及性能；⑥ AutoCAD、Visio 绘图软件的使用；⑦ 网络操作系统（Windows、Linux）			网络工程综合实战项目
五	网络运维岗位核心素质： 工作认真细致、表达能力、英文阅读能力、服务意识 网络运维职业岗位核心能力： ① 维护服务器及其他存储设备；② 管理交换机及路由器；③ 数据库管理；④ 安装和配置各种病毒防护软件；⑤ 规划和配置系统安全策略；⑥ 配置和管理主流安全设备（防火墙及入侵检测系统）；⑦ 管理 Windows 、Linux 操作系统 加强的知识： ① 网络设备（路由器、交换机）配置和调试；② 主流服务器及存储设备的硬件性能参数；③ 数据库技术；④ PC 和各种外设的内部结构及性能；⑤ 网络操作系统（Windows、Linux）；⑥ 网络病毒原理；⑦ 黑客攻击的基本手法及预防措施；⑧ 防火墙的基本工作原理和配置命令 网络开发岗位核心素质： 逻辑思维能力、团队合作、时间管理、态度严谨、成就导向、口头表达能力、创新性、注重细节、计划性			网络运维综合实战项目

续表

学期	素质、技能、知识元素	整合课程	学期项目
五	网络开发职业岗位核心能力： ① 系统安装；② 软件安装；③ 项目需要分析；④ 编写应用程序；⑤ 调试、部署应用程序；⑥ 编写规范的软件开发文档 加强的知识： ① Java 开发技术（或 MS.NET 技术）；② 数据结构；③ 编程基础和软件工程；④ 主流网站、网络设计；⑤ 数据库技术；⑥ HTML 编程和 CSS 样式开发；⑦ Dreamweaver 软件的使用；⑧ 图像处理工具；⑨ 掌握网站特效制作		网络编程综合实战项目
六	① 岗位核心素质：吃苦肯干、组织协调能力、沟通能力、表达能力、文档撰写能力、工作认真细致、英文阅读能力、服务意识、逻辑思维能力、团队合作、时间管理、态度严谨、成就导向、创新性、注重细节、计划性 ② 形成通用能力，主要包括：自我学习能力、与人交流能力、信息处理能力、与人合作能力、数字应用能力、解决问题能力和创新能力		1. 网络实施岗顶岗实习 2. 网络运行、维护岗顶岗实习 3. 网络开发岗顶岗实习

二、专业课程体系

1. 专业课程体系链路（见图 1）

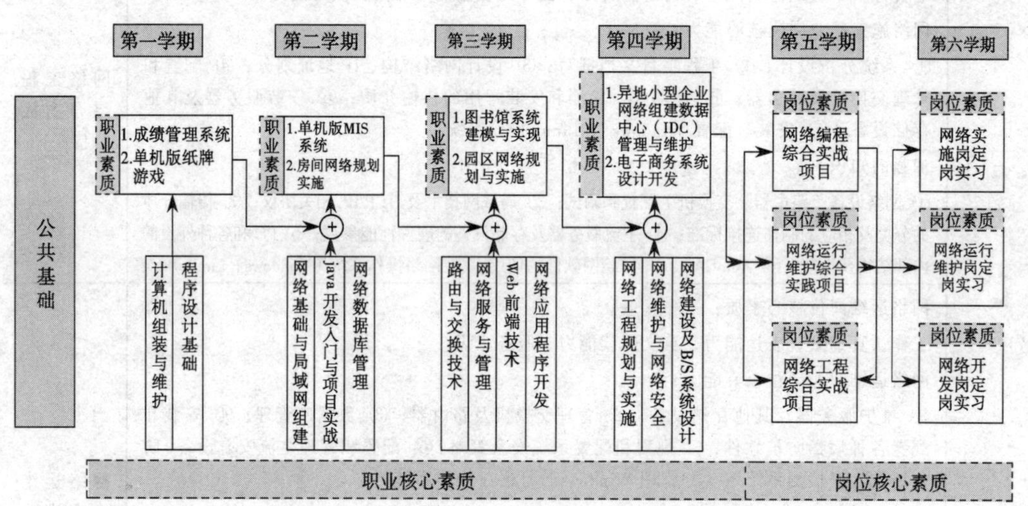

图 1　计算机网络技术专业课程体系框图

2. 专业课程体系链路描述

（1）通用能力培养体系描述

（2）职业基本能力培养体系描述

（3）职业核心能力培养体系描述

三、专业课程体系教学计划（见表 14）

表 14　专业教学计划表

年级	学期	课程类型		课程名称	考试方式：考试	考试方式：考查	学分	学时：总计	学时：讲课	学时：实训	学时：顶岗实习	周学时（课内）
一年级	第一学期	支撑平台课程	职业素质	思想道德修养与法律基础		√	2	28	14	14		2
				体育 1		√	2	28	14	14		2
				实用英语 1		√	4	56	28	28		4
				计算机应用基础		√	4	56	28	28		4
				专业应用数学		√	5	70	35	35		5
			技术基础课程	程序设计基础	√		7	112	56	56		8
			技术专业课程	计算机组装与维修	√		4	56	28	28		4
		学期项目		1. 学生成绩管理系统 2. PC 单机版纸牌游戏	√		2	48	24	24		
		职业核心素质		政治素质、职业道德、身心素质、法律意识、人文素质、简单文档处理能力、程序设计能力和计算机组装维修能力								
		第一学年第一学期小计			3	5	30	454	227	227		29
	第二学期	支撑平台课程	职业素质	毛泽东思想、邓小平理论和“三个代表”重要思想概论		√	3	48	24	24		3
				体育 2		√	2	32	16	16		2
				实用英语 2		√	4	64	32	32		
				实用语言文字基础		√	2	32	16	16		2
			技术基础课程	网络基础与局域网组建	√		6	96	48	48		6
				网络数据库管理	√		4	64	32	32		4
			技术技能课程	Java 开发入门与项目实战	√		8	128	64	64		8
		学期项目		1. 单机版 MIS 系统 2. 房间网络规划实施		√	2	48		48		
		职业核心素质		政治素质、职业道德、身心素质、法律意识、人文素质、面向对象开发、简单网络规划和实施								
		第一学年第二学期小计			3	5	31	512	232	280		25

续表

年级	学期	项目与课程		课程名称	考试方式		学分	学时				周学时（课内）
					考试	考查		总计	讲课	实训	顶岗实习	
二年级	第一学期	支撑平台课程	技术基础课程	Web前端技术	√		4	64	32	32		4
			技术专业课程	路由与交换技术	√		8	128	64	64		8
				网络服务与管理	√		4	64	32	32		4
				网络应用程序开发	√		6	96	48	48		6
		学期项目		1. 图书馆系统建模与实现 2. 园区网络规划与实施		√	2	48		48		
		职业核心素质		网络设备安装、调试与维护，网络应用开发，网络服务配置								
		第二学年第一学期小计			4	1	24	400	176	224		22
	第二学期	支撑平台课程	技术基础课程	网络维护与网络安全	√		4	64	32	32		4
			技术技能课程	网站建设及B/S系统设计	√		8	128	64	64		8
				网络工程规划与实施	√		8	128	64	64		8
		学期项目		1. 异地小型企业网络组建 2. 数据中心（IDC）管理与维护 3. 电子商务系统开发		√	2	48		48		
		职业核心素质		网络工程项目设计、实施、验收和运维；网站建设和开发								
		第二学年第二学期小计			3	1	22	368	160	208		20
三年级	第一学期	岗位1	岗位项目	网络编程综合实战项目		√	6	144		144		24
			岗位素质	设计和规划网站的整体架构，设计并实现最终用户界面，开发并实现网站后台逻辑功能								
		岗位2	岗位项目	网络工程综合实战项目		√	6	144		144		24
			岗位素质	规划设计布线方案，实施布线设计方案，网络设备安装调试，服务器安装调试								
		岗位3	岗位项目	网络运维综合实战项目		√	6	144		144		24
			岗位素质	维护网络设备及传输线路，维护服务器设备及PC，维护网络及系统的安全								

续表

年级	学期	项目与课程	课程名称	考试方式		学分	学时				周学时（课内）
				考试	考查		总计	讲课	实训	顶岗实习	
	第三学年第一学期小计				3	18	432		432		24
	第二学期	顶岗实习	企业预就业		√	18	432			432	24
		岗位素质	设计和规划网站的整体架构，设计并实现最终用户界面，开发并实现网站后台逻辑功能								
		顶岗实习	企业预就业		√	18	432			432	24
		岗位素质	规划设计布线方案，实施布线设计方案，网络设备安装调试，服务器安装调试								
		顶岗实习	企业预就业		√	18	432			432	24
		岗位素质	维护网络设备及传输线路，维护服务器设备及PC，维护网络及系统的安全								
		第三学年第二学期小计			3	54	1296			1296	24

四、专业课程体系实施条件

1. 实训基地

（1）实训基地建设结构（见图2）

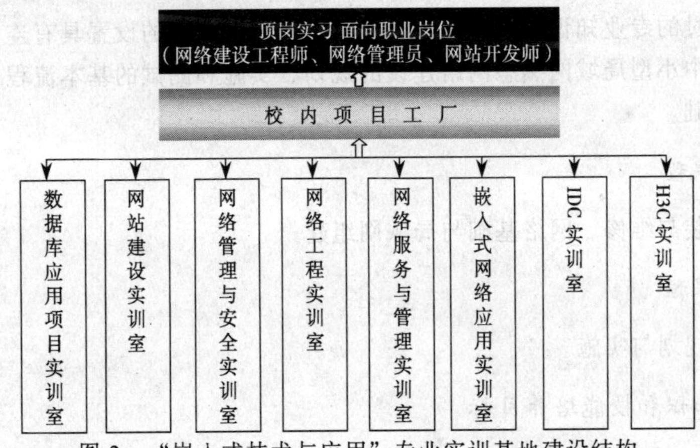

图2 “嵌入式技术与应用”专业实训基地建设结构

（2）实训基地简要说明

- 专业实训室：负责完成单项技能类课程的教学。
- “校内项目工厂”：按照公司实景建立“项目开发基地”，与企业签定“项目外包合作协议”，学生和教师组成项目组，做到学生“校内上岗”。

2. 师资队伍

（1）双师结构

教师队伍是完成专业建设目标的重要保证。1～2位专业带头人要能够站在专业领域发展前沿，熟悉行业企业最新技术动态，把握专业技术改革方向，4～6位专业教学骨干要能够根据行业企业岗位群的需要开发课程，及时更新教学内容。4～6位相对稳定的兼职教师应该既是能工巧匠，又有培训机构讲师或高校任教经历。

（2）双师素质

专职教师需要网络工程师或网络管理员或网站设计师的职业素质，兼职教师需要具有高职院校教师的基本素质。

五、"路由与交换技术"课程教学大纲参考案例

1. 课程的性质与任务

（1）课程的性质

"路由与交换技术"课程是"计算机网络技术"专业核心课程，对形成专业面向的系统集成工程师和网络管理工程师岗位所需要的技能、知识和素质起支撑作用，是下一步学习"网络工程规划与实施"课程的重要基础。

（2）课程的任务

将前期学过的专业知识与本课程进行有机结合，使课程的设置具有连贯性。让学生通过建设一个中小型局域网熟悉网络建设的规划、实施和测试的基本流程，为后续课程打下良好的基础。

2. 前导课程

计算机组装与维修、网络基础与局域网组建

3. 后续课程

网络工程规划与实施

4. 课程知识和技能培养目标

课程总目标是培养学生具有建设和管理中小型局域网的知识与技能，具备较高的职业素质，具有规划、实施和测试中小型局域网的能力，能解决网络建设和运行中遇到的路由与交换机方面的技术问题，能胜任系统集成工程师和网络管理工程师等岗位工作。

（1）知识

掌握网络规划涉及的网络基础理论知识，熟悉网络建设中涉及的网络应用技术、理解网络故障排查涉及的应用技术原理。

（2）技能

能根据需求完成网络的技术和设备选型；能规划网络的IP地址；能计划网络建设的实施步骤；能熟练地根据计划完成网络建设中的设备配置任务；能对建设好的网络进行连通性测试；能熟练排除网络中的常见故障。

（3）素质

通过基于工作过程的项目训练，培养学生主动思考，认真严谨的工作态度；良好的与客户及团队成员沟通的能力及协作精神；养成制定工作计划，遵守操作规范、爱护实验设备的良好实验习惯；在工作实践中能遵守劳动纪律，注意安全，具备工作安全意识；坚持深入探究，不断提高自身可持续发展的基础理论水平和操作技能，形成良好的职业素养和勤奋工作的基本素质。

5. 课程的教学内容与学时分配（见表15）

表15　教学内容与学时分配

<table>
<tr><th>序号</th><th>单元</th><th>学习目标</th><th colspan="2">主要内容</th><th>学时</th></tr>
<tr><td rowspan="2">1</td><td rowspan="2">网络规划及设备选型</td><td rowspan="2">专业能力目标：
1. 能运用Visio软件设计网络的拓扑结构图
2. 能通过分析客户的需求制定网络解决方案
3. 能利用多媒体工具展示自己的方案
其他能力目标：
1. 能够与其他成员进行合作工作
2. 能够对工作进行合理规划</td><td>理论教学</td><td>1. 中小型局域网的基本结构
2. 网络互联设备的基本功能
3. 网络设备主要品牌
4. 主流厂商在中小型局域网中应用的设备的主要型号</td><td rowspan="2">8</td></tr>
<tr><td>实训项目</td><td>利用模版编写网络解决方案</td></tr>
<tr><td rowspan="2">2</td><td rowspan="2">VLAN及IP地址规划</td><td rowspan="2">专业能力目标：
1. 根据网络情况规划和配置IP地址
2. 能根据需要进行子网划分
3. 能利用VLAN技术在交换网中隔离广播域
4. 能使用测试命令进行网络连通性测试
其他能力目标：
1. 能够与其他成员进行合作工作
2. 能够对工作进行合理规划
3. 能够及时解决工作中出现的问题
4. 会利用现有的条件查找资料
5. 能够有行业规范意识</td><td>理论教学</td><td>1. 网络基础知识（OSI/RM与TCP/IP）
2. TCP/IP协议体系中的常用协议
3. IP地址与MAC地址的关系（ARP协议）
4. IP地址的相关知识
5. 冲突域及广播域的概念
6. VLAN技术</td><td rowspan="2">12</td></tr>
<tr><td>实训项目</td><td>规划网络的VLAN及IP地址</td></tr>
</table>

续表

<table>
<tr><th>序号</th><th>单元</th><th>学习目标</th><th colspan="2">主要内容</th><th>学时</th></tr>
<tr><td rowspan="2">3</td><td rowspan="2">内网的连通性基础建设</td><td rowspan="2">专业能力目标：
1. 能利用配置命令对交换机进行基本配置
2. 能管理配置文件
3. 能利用级联技术扩大交换网的规模
4. 能够正确运用汇编指令编写程序
5. 能通过设置 Trunk 线路实现一条物理线路上传输多个 VLAN 信息
6. 能通过创建网关和配置网络成员的默认网关参数实现不同 VLAN 之间的互通
7. 通过配置交换机的 VTP 功能实现 VLAN 配置的共享和同步
其他能力目标：
1. 能够与其他成员进行合作
2. 能够对工作进行合理规划
3. 能够及时解决工作中出现的问题
4. 会利用现有的条件查找资料
5. 能够有规范操作的意识</td><td>理论教学</td><td>1. 交换机级联的作用
2. 熟悉二层交换机的工作原理及工作过程
3. 了解交换设备的配置线路
4. 了解二层交换机的主要存储部件
5. 熟悉三层交换机的功能及其与二层交换机的比较
6. 熟悉 Trunk 技术及其实现原理
7. 熟悉网关的作用及其与默认网关参数的比较
8. 熟悉 VTP 技术原理及工作过程</td><td rowspan="2">24</td></tr>
<tr><td>实训项目</td><td>1. 建设各楼层局域网
2. 实现各 VLAN 间的互连</td></tr>
<tr><td rowspan="2">4</td><td rowspan="2">提高内网的整体性能</td><td rowspan="2">专业能力目标：
1. 利用网络的冗余设计提高网络的可靠性
2. 通过配置交换机的桥 ID 使其成为生成树的根
3. 通过配置端口聚合技术提升主干线路带宽
4. 通过配置端口安全限制连入端口的计算机个数及身份
5. 通过配置端口镜像实现网络的流量管理
6. 通过配置访问控制列表实现数据流的控制
其他能力目标：
1. 能够与其他成员进行合作工作
2. 能够对工作进行合理规划
3. 能够及时解决工作中出现的问题
4. 会使用现有的条件查找资料
5. 能够有规范操作的意识</td><td>理论教学</td><td>1. 网络的冗余设计和 STP 生成树的功能
2. STP 生成树的工作过程和主要参数
3. 端口聚合技术
4. 端口安全技术
5. 端口镜像技术
6. ACL 的技术</td><td rowspan="2">20</td></tr>
<tr><td>实训项目</td><td>1. 提高内网的传输性能
2. 提高内网的安全性能
3. 提高内网的可管理性</td></tr>
</table>

续表

序号	单元	学习目标	主要内容		学时
5	将内网连入因特网	专业能力目标： 1. 能通过配置路由实现公司内部网连入 Internet 2. 能通过配置 NAT 技术实现所有内部设备利用一个公网地址连入 Internet 其他能力目标： 1. 会使用现有的条件查找资料 2. 能够与其他成员进行分工合作 3. 能够制定合理的工作计划 4. 能够及时解决工作中出现的问题 5. 能够有规范操作的意识	理论教学	1. 了解路由器的主要结构和启动过程 2. 熟悉路由器的主要功能和基本管理 3. 熟悉路由技术相关概念 4. 熟悉网络地址转换技术	20
			实训项目	1. 配置路由使内网连入因特网 2. 将内网的私有地址转换为公有地址	
6	防火墙的安全及路由配置	专业能力目标： 1. 能利用防火墙的配置命令实现防火墙的基本功能 2. 能利用防火墙的配置命令实现防火墙的静态路由、NAT 及 VPN 其他能力目标： 1. 会使用现有的条件查找资料 2. 能够与其他成员进行分工合作 3. 能够制定合理的工作计划 4. 能够及时解决工作中出现的问题 5. 能够有规范操作的意识	理论教学	1. 防火墙的基本概念 2. 防火墙的基本功能	12
			实训项目	1. 防火墙的基本配置 2. 防火墙的路由及 NAT 配置	
7	网络设备的应用服务配置	专业能力目标： 1. 能在三层交换机和路由器中配置 DHCP 其他能力目标： 1. 会使用现有的条件查找资料 2. 能够与其他成员进行分工合作 3. 能够制定合理的工作计划 4. 能够及时解决工作中出现的问题 5. 能够有规范操作的意识	理论教学	1. DHCP 服务器的功能及工作过程 2. 熟悉三层交换机中配置 DHCP 服务器的方法	8
			实训项目	配置三层交换机的 DHCP 功能	
8	网络的整体测试	专业能力目标： 能完成网络测试报告中的网络连通性测试部分 其他能力目标： 1. 会使用现有的条件查找资料 2. 能够与其他成员进行分工合作 3. 能够制定合理的工作计划 4. 能够及时解决工作中出现的问题 5. 能够有规范操作的意识	理论教学	1. 网络测试的基本命令 2. 网络测试报告的基本内容	4
			实训项目	编写测试报告中的连通性测试部分	

续表

序号	单元	学习目标	主要内容		学时
9	并行项目指导及验收	专业能力目标： 1. 能根据需求独立编写网络方案 2. 能规划网络的 VLAN 及 IP 地址 3. 能设计网络建设的实施步骤 4. 能熟练地根据设计的步骤规范高效地完成建设任务 5. 能对建设好的网络进行连通性和功能性测试 其他能力目标： 1. 会使用现有的条件查找资料 2. 能够与其他成员进行分工合作 3. 能够制定合理的工作计划 4. 能够及时解决工作中出现的问题 5. 能够有规范操作的意识	理论教学	无	20
			实训项目	根据需求建设一个中小型局域网	
学时合计					128

6. 课程教学条件

本课程的授课在实训室进行，实训室应该具备多媒体及机房网络教学条件、路由与交换模拟软件及路由与交换真实设备的组网条件。

其基本设施有投影仪、多媒体教学系统、教师用计算机和学生用计算机、路由器、交换机等。

7. 课程师资要求

授课教师应该具备一定的网络建设和网络管理经验，能够指导学生设计、完成每个实训项目，各个操作应符合行业要求规范。

8. 教学方法与手段

用双线并行项目引导法、任务驱动法、提问引导法、演示教学法、软件仿真法、工作过程教学法等启发、引导学生对技能和知识进行学习和掌握，同时培养学生具备良好的职业素质。

（1）双线并行项目引导法

利用课堂项目引导学生逐步提高规范的完成工作任务的自主能力，在项目教学中通过带领学生完成一个个项目的规划、实施和测试的完整过程，让学生熟悉项目的规范流程。利用课外项目考核学生独立完成工作任务的能力。

（2）任务驱动法

在课堂中知识和技能的学习是以完成任务为目的，通过任务激发学生学习知识和技能的积极性和主动性，从而将关系松散的知识紧密地结合在一起。

（3）提问引导法

在教学项目中，在单元任务的咨询和决策阶段，通过提出一些问题引导学生思考，并给出问题的正确答案，从而帮助学生正确地进行决策。

（4）软件仿真法

采用 Packet Tracer 5.0 软件对项目的实施过程进行仿真。

（5）工作过程教学法

为培养学生养成基于六步法完成任务的习惯和能力，在整个学习情境和部分单元任务中采用六步法设计整个教学环节。

9. 考核方式及评分方法

考核方式采用过程考核与结果考核并重的方式，具体比例如下：

总评成绩=平时成绩×10%+教学项目成绩×30%+考核项目成绩×40%+期末成绩×20%

平时成绩=出勤成绩×50%+课堂提问成绩×50%

教学项目成绩为各个学习情境成绩的综合，其中学习情境成绩来源于学习情境考核表。

教学项目成绩=情境 1 成绩×5%+情境 2 成绩×10%+情境 3 成绩×20%+情境 4 成绩×20%+情境 5 成绩×20%+情境 6 成绩×10%+情境 7 成绩×10%+情境 8 成绩×5%

考核项目成绩为各阶段性验收成绩和项目答辩成绩，其中项目答辩成绩如果不及格，则整个总评成绩不及格。

考核项目成绩=阶段一验收成绩×20%+阶段二验收成绩×20%+阶段三验收成绩×20%+项目答辩成绩×40%

期末成绩=故障排查（模拟软件）×10%+理论笔试×90%

10. 教材及参考资料

参考教材：

《网络互联技术》

《CCNA 学习指南》

《华为认证官方教材》

课程以教学项目为载体，以单元任务为引导进行，为了培养学生自主学习和解决问题的能力，建议教材作为参考书使用，学生根据各个项目所涉及的知识点自己在教材中学习并复习。

“计算机信息管理”专业课程体系参考方案

山东商业职业技术学院　　徐　红　孟繁兴　张　炯　王爱华
朱旭刚　王　灿　张宗国
山大鲁能易通公司　　王永乾
金蝶济南分公司　　王庆春

一、专业课程体系开发

1. 专业面向的职业岗位分析

随着企业信息化的建设，信息系统类的职业岗位在《IT 职业分类表》中共划分为 8 类。为了明确高职计算机信息管理专业面向的职业岗位，需要在参考《IT 职业分类表》的基础上，对信息系统相关的职业岗位进行充分分析。

专业面向的职业岗位分析是由学校提出需求，组织企业相关的人力资源部、生产部、研发部的管理人员和工程师与专业教师共同完成的。职业岗位分析所要获得的数据是课程开发的基础。

（1）职业岗位划分

从信息系统的开发、实施、销售三个方面分析其工作流程，划分职业岗位。首先，从信息系统的开发和产品生产分析入手，如图 1 所示：

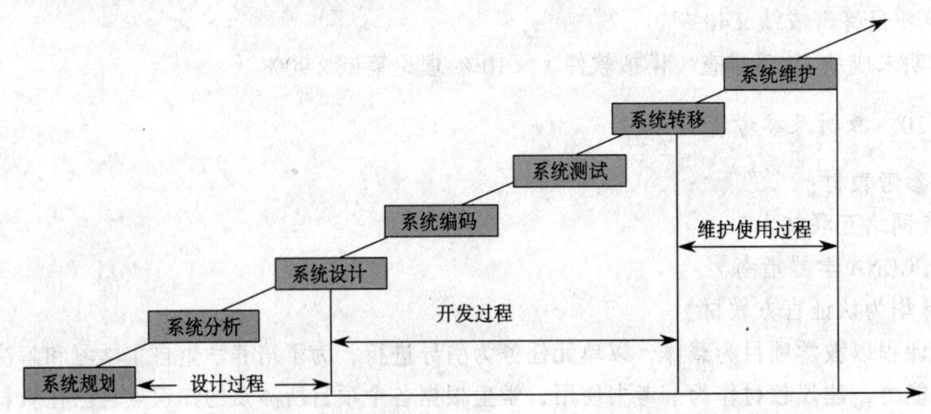

图 1　信息系统开发、产品生产流程分析

其次，对信息系统实施流程进行分析，如图 2 所示。

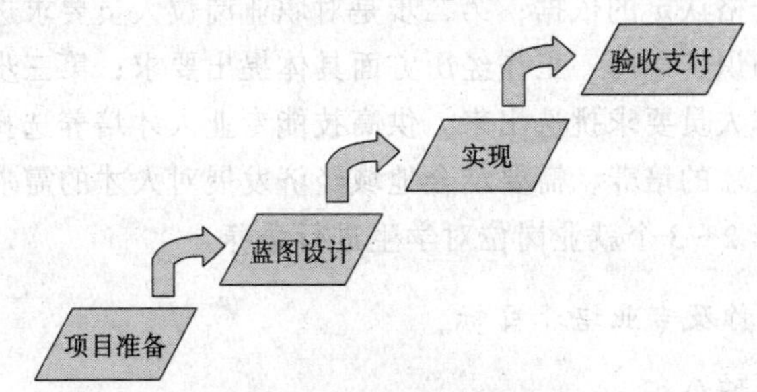

图 2　信息系统实施流程

再次，对信息系统销售流程进行分析，如图 3 所示。

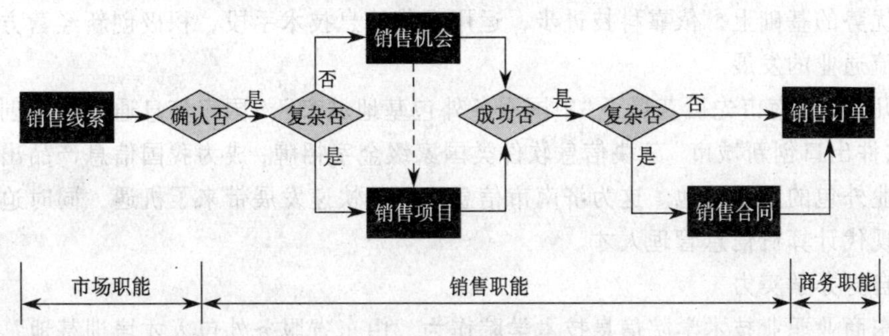

图 3　信息系统销售流程

由信息系统开发和产品生产、实施和销售工作流程可以划分出信息系统所需要的职业岗位，如表 1 所示。

表 1　职业岗位划分

职业岗位（一级）	岗位分类（二级）	岗位分类（三级）	分类岗位编号
销售岗位（销售总监）	销售经理	产品销售工程师	GW1-1-1
实施岗位（技术总监）	实施部经理	实施顾问	GW2-1-1
		客户化开发工程师	GW2-1-2
技术服务类岗位（平台支持总监）	技术支持经理	售前技术支持工程师	GW3-1-1
		售后服务工程师	GW3-1-2

（2）适合高职学生就业的职业岗位工作人员要求分析

第一步是对职业岗位工作任务进行分析，这是上岗人员履行职责和义务的依据，也是对上岗人员进行资格认定的依据；第二步是对职业岗位人员要求进行分析，即从职业素质、技能、相关知识、学历、工作经历方面具体提出要求；第三步是将适合高职学生就业的职业岗位工作人员要求挑选出来，供高技能专业人才培养选择之用。

高职高专专业人才的培养，需要结合地域经济发展对人才的需求、自身办学实力、生源情况等，宜选择2～3个就业岗位对学生进行培养。

2. 确定专业名称及专业培养目标

（1）专业培养目标分析

• 地域人才需求

山东省“十一五”发展规划也明确提出要繁荣发展服务业，强调要在巩固传统服务业规模优势的基础上，依靠科技进步，运用现代信息技术手段，积极创新经营方式，促进商贸流通业的发展。

近几年，济南市先后获得了“中国服务外包基地城市”、“国家信息通信国际创新园”、“国家软件出口创新城市”三块信息软件类国家级金字招牌，成为我国信息产品出口和现代服务业外包的重要基地。这为济南市信息产业的快速发展带来了机遇，同时迫切需要大量的现代计算机信息管理人才。

• 自身办学实力

山东商业职业技术学院信息技术学院作为“山东省服务外包人才培训基地”和“山东省服务外包人才培训机构”，现已开设计算机应用、计算机网络技术、影视多媒体、软件技术等专业，已具备良好的师资条件和一定的科研实力。

学院现建有ERP综合、数据库技术、网络工程、计算机技能开发、软件开发等实训室，管理规范，有完善的设备使用及维护制度，有专门管理人员进行设备维护及日常管理，有专门的指导老师指导实践教学，能够保障本专业实践教学的顺利实施。同时配置Oracle数据库系统、ERP等相关教学软件，并与鲁商集团、甲骨文公司、金蝶软件、中创、浪潮、NEC软件、山大地纬软件等省内多家行业领先企业联合，建立了实习教学基地。

• 学制与招生对象

学制三年，招生对象为普通高中生。

• 学生就业岗位选择

山东商业职业技术学院结合自身教学资源，瞄准零售业、流通以及服务外包等领域的产品销售、客户化开发、售后服务等岗位。

（2）专业名称

专业名称：计算机信息管理

专业代码：590106

（3）专业培养目标描述

• 专业培养目标描述要素（见表2）

表2　专业培养目标描述要素

专业名称	计算机信息管理
职业面向领域	零售、流通、工业、行政办公、IT、服务外包等领域
职业岗位	产品销售工程师、客户化开发工程师、售后服务工程师
职业岗位简要说明	产品销售工程师主要负责信息产品市场调研、信息产品推广以及产品销售；客户化开发工程师主要负责二次开发、二次开发风险评估以及系统实施；售后服务工程师主要负责客户响应、客户培训以及售后跟踪

• 专业培养目标描述

本专业培养德、智、体、美全面发展的高素质技能型人才，他们应具有良好的政治思想素质、职业道德和创新精神，具有与本专业领域相适应的文化知识，熟悉信息产业政策和财经法规，掌握现代管理科学、现代信息技术的基本理论和知识，具备现代管理方法应用能力、计算机信息技术应用能力、信息系统分析实施和维护能力、计算机信息产品营销能力以及较强的创新能力和团队合作能力，具有较强事业心和团队合作精神的高素质技能型人才。

3. 学期项目主导的课程体系开发

学期项目主导的课程体系开发思想是基于职业岗位对高技能人才上岗快的要求。学期项目是按照企业上岗人员完成任务的难易程度，分入门→独立接受简单任务→独立接受复杂任务→独立顶岗几个阶段，每学期选取至少一个典型的独立工作任务，学期课程全部围绕学期项目所需要的技能、相关知识和素质要求组织教学。

（1）专业面向的职业岗位对上岗人员素质、技能、相关知识和评价标准要求的分析

山东商业职业技术学院“计算机信息管理”专业面向的职业岗位为产品销售工程师、客户化开发工程师和售后服务工程师，其对上岗人员的素质、技能、相关知识和评价标准要求分析是为了形成学期项目或课程教学元素。这里着重分析的是“计算机信息管理”专业培养的毕业生上岗应该具备的素质、技能、相关知识和工作完成情况的评价标准。具体分析如表3所示。

表 3 “职业岗位对上岗人员素质、技能、知识和评价标准要求的分析

职业岗位	工作任务	工作内容	素质要求	技能要求	相关知识	评价标准
产品销售工程师	信息产品市场调研	1. 对客户群进行调查 2. 对同类产品进行比较 3. 对市场容量进行估算	① 职业核心素质：大局观、踏实、抗挫抗压能力、应变能力、理解能力、主动性、诚信、解决问题能力、责任感、学习能力、团队合作、沟通能力 ② 岗位核心素质：口头表达能力、组织能力、顾客导向、情绪控制与调适、亲和力、乐群性	能用流利清楚的中文与客户沟通、专业术语用英文表达	IT 英语、商务沟通	质量、效率
				能用信息处理工具（PPT）给客户演示产品	办公自动化	
				能用数学工具和信息处理工具对信息进行处理	数学统计分析	
				能够掌握 ERP 软件的基本业务流程，信息系统行业相关知识、主流技术和开发环境	企业资源规划，业务流程基础知识，ERP 软件操作，系统开发语言和工具基本知识	
				能够编制市场营销战略规划	市场营销	
	信息产品推广	1. 寻找卖点 2. 拓展推广渠道 3. 市场推广策划		能够进行目标市场的选择和市场定位	市场营销	创新、效果
				能够进行营销渠道管理	营销渠道管理	
				能够进行商务谈判	谈判技术的应用	
				能够选用合适的商务促销方式进行产品促销	促销方式的应用	
				按照招投标规则参加招/投标	合同法，标书书写规范，合同制订规范	
				依据法律规则签定合同	合同法，标书书写规范，合同制订规范	
	产品销售	1. 制定销售策略 2. 设计宣传材料		依据合同供货、验收	营销策略	效率、业绩
				依据合同回款	营销策略	
				及时追踪信息系统发展动态及所涉及的应用行业	企业资源计划、电子商务与网络营销、系统开发语言和工具基本知识、数据库知识	

续表

职业岗位	工作任务	工作内容	素质要求	技能要求	相关知识	评价标准
客户化开发工程师	二次开发	根据用户需求进行产品的二次开发	① 职业核心素质：大局观、踏实、抗挫抗压能力、应变能力、理解能力、主动性、诚信、解决问题能力、责任感、学习能力、团队合作、沟通能力 ② 岗位核心素质：逻辑思维能力、时间管理、态度严谨、成就导向、口头表达能力、创新性、注重细节、计划性	能够运用编程语言进行软件开发	系统开发语言和工具基本知识，数据库知识	能否按照客户要求进行开发、质量、效率
	二次开发风险评估	协助销售顾问进行涉及开发的销售工作进行开发风险评估		能够进行基本的数据准备和数据处理	数据库管理，产品数据管理	质量、效率
	系统实施	完成项目需求调研、分析，提出解决方案及实现项目需求		能够熟悉企业的业务流程	业务流程基础知识，企业资源计划	能否遵循作业规范、质量、效率
				能用流利清楚的中文与客户沟通、专业术语用英文表达	商务沟通，IT 英语	
				能够进行系统测试	系统测试基础知识	
				能够规划网络布线系统	网络工程知识	
				能够进行网络设备的安装与调试	网络工程知识	
				能够进行 Web 服务、域名、目录、邮件系统管理	网络应用服务软件知识	
				能够进行系统日志、技术文档、文档版本管理	系统日志、技术文档、工作文档管理	
				能够掌握 ERP 软件的基本业务流程，信息系统行业相关知识、主流技术和开发环境	企业资源规划，业务流程基础知识，ERP 软件操作，系统开发语言和工具基本知识	

续表

职业岗位	工作任务	工作内容	素质要求	技能要求	相关知识	评价标准
售后服务工程师	客户响应	1. 沟通客户，理解用户问题需求 2. 协调内部资源，解决问题 3. 对已解决问题的回访 4. 对未解决问题的跟踪和反馈 5. 人员、资金和进度安排 6. 制定详细的问题解决计划 7. 编写项目规划相关文档	① 职业核心素质：大局观、踏实、抗挫抗压能力、应变能力、理解能力、主动性、诚信、解决问题能力、责任感、学习能力、团队合作、沟通能力 ② 岗位核心素质：工作态度、时间管理、口头表达能力、协调能力、情绪控制与调适、顾客导向	能用流利清楚的中文与客户沟通，专业术语用英文表达	IT 英语，商务沟通，客户关系管理	能否及时对客户要求做出响应并处理，能否遵循作业规范、质量、效率
				能够维护系统软件和硬件	计算机及系统软件知识，计算机硬件知识，计算机网络硬件知识，系统维护和数据维护知识	
				能够进行信息产品服务和硬件的相关应用	计算机及系统软件知识，计算机硬件知识，网络应用服务软件知识，网络工程	
				能够应用软件	ERP 软件操作	
				能够对数据库和数据文件进行日常维护	系统维护和数据维护知识，网络存储管理技术知识，故障管理知识	
	客户培训	1. 客户培训计划的制订 2. 客户培训所需资源准备 3. 客户培训的具体执行过程 4. 培训各环节的协调和沟通 5. 培训组织的整体文档 6. 培训效果反馈		能够进行文字信息处理和多媒体信息处理	办公自动化，多媒体技术	质量，能否遵循作业规范
				能够进行客户培训	办公自动化，ERP 软件操作	
	售后跟踪	1. 评估项目的完成情况 2. 评估问题解决绩效 3. 编写项目相关文档		能够评估项目完成情况和问题解决绩效	项目管理	质量、效率
				能够运用编程语言进行软件开发	系统开发语言和工具基本知识，数据库知识	
				能够掌握 ERP 软件的基本业务流程，信息系统行业相关知识及开发技术	企业资源规划，业务流程基础知识，ERP 软件操作，系统开发语言和工具基本知识	

（2）专业面向的职业岗位对上岗人员的素质、技能、相关知识要求分类汇总

分类汇总是为了获得职业基本能力和职业核心能力，以及支持职业基本能力和职业核心能力的相关知识。其具体要求如表4所示。

表4 职业岗位对专业人才的素质要求汇总表

<table>
<tr><th>职业核心素质</th><th colspan="2">职业岗位核心素质</th></tr>
<tr><td rowspan="3">大局观、踏实、抗挫抗压能力、应变能力、理解能力、主动性、诚信、解决问题能力、责任感、学习能力、团队合作、沟通能力</td><td>产品销售工程师</td><td>口头表达能力、组织能力、顾客导向、情绪控制与调试、亲和力、乐群性</td></tr>
<tr><td>客户化开发工程师</td><td>逻辑思维能力、时间管理、工作态度、成就导向、口头表达能力、创新性、注重细节、计划性</td></tr>
<tr><td>售后服务工程师</td><td>态度严谨、时间管理、口头表达能力、协调能力、情绪控制与调适、顾客导向</td></tr>
</table>

（3）学期项目的形成（见表5）

表5 学期项目形成表

<table>
<tr><th>学期</th><th colspan="2">素质、技能、知识元素</th><th>整合课程</th><th>学期项目</th></tr>
<tr><td rowspan="3">一</td><td>职业素质一</td><td>大局观、踏实、抗挫抗压能力、应变能力、主动性、诚信、责任感、团队合作、沟通能力</td><td rowspan="3">市场营销，办公自动化，计算机组装与维护，信息采集与检索技术</td><td rowspan="3">计算机组装及硬件市场调查</td></tr>
<tr><td>技能</td><td>1. 能用流利清楚的中文与客户沟通，专业术语用英文表达
2. 能用信息处理工具（PPT）给客户演示产品
3. 能用数学工具和信息处理工具对信息进行处理
4. 能够编制市场营销战略规划
5. 能够选择目标市场的选择和市场定位
6. 能够进行营销渠道管理
7. 按照招/投标规则参加招/投标
8. 依据法律规则签定合同
9. 能够维护系统软件和硬件
10. 目标市场营销
11. 能够进行文字信息处理和多媒体信息处理</td></tr>
<tr><td>知识</td><td>1. 商务沟通，办公自动化，多媒体技术
2. 合同法，标书书写规范，合同制订规范
3. 市场营销，管理学
4. 计算机及系统软件知识，系统维护和数据维护知识，故障管理基础知识</td></tr>
<tr><td>二</td><td>职业素质二</td><td>踏实、抗挫抗压能力、理解能力、主动性、问题解决能力、大局观</td><td>管理学，基于Oracle的Web应用开发，程序设计基础，实用会计实务</td><td>数据处理及分析</td></tr>
</table>

续表

学期	素质、技能、知识元素		整合课程	学期项目
二	技能	1. 能用数学工具和信息处理工具对信息进行处理 2. 能够掌握 ERP 软件的基本业务流程，信息系统行业相关知识、主流技术和开发环境 3. 能够进行系统测试 4. 能够运用编程语言进行软件开发 5. 能够进行系统日志、技术文档、文档版本管理 6. 能够对数据库和数据文件进行日常维护		
	知识	1. 数理统计与分析 2. 业务流程基础知识 3. 系统开发语言和工具基本知识，数据库知识，系统测试基础知识 4. 系统维护和数据维护知识，故障管理知识，系统日志、技术文档、工作文档管理 5. 网络存储管理技术知识		
三	职业素质三	大局观、踏实、抗挫抗压能力、应变能力、理解能力、解决问题能力、责任感、学习能力、团队合作、沟通能力	XHTML 网页设计、高级程序设计、数据库系统管理、企业信息化(ERP)、商务谈判与推销技巧	进销存系统开发、实施与维护
	技能	1. 能够掌握 ERP 软件的基本业务流程，信息系统行业相关知识、主流技术和开发环境 2. 能够进行系统测试 3. 能够运用编程语言进行软件开发 4. 能够对数据库和数据文件进行日常维护 5. 能够进行商务谈判 6. 能够选用合适的商务促销方式进行产品促销 7. 能够进行信息产品服务和硬件的相关应用 8. 能够与客户进行协调，完成项目 9. 能够进行客户培训 10. 能用信息处理工具（PPT）给客户演示产品		
	知识	1. 企业资源规划，ERP 软件操作 2. 系统开发语言和工具基本知识，系统测试基础知识，数据库知识，网络存储管理技术知识 3. 系统日志、技术文档、工作文档管理，系统维护和数据维护知识，故障管理知识 4. 谈判技术的应用，促销方式的应用，商务沟通，办公自动化 5. 计算机及系统软件知识，网络应用服务软件知识，网络工程		

续表

<table>
<tr><th>学期</th><th colspan="2">素质、技能、知识元素</th><th>整合课程</th><th>学期项目</th></tr>
<tr><td rowspan="3">四</td><td>职业素质四</td><td>大局观、踏实、抗挫抗压能力、应变能力、理解能力、主动性、诚信、解决问题能力、责任感、学习能力、团队合作、沟通能力</td><td rowspan="3">动态网站编程、网络技术与应用、电子商务与网络营销、信息系统分析与设计</td><td rowspan="3">B2B 系统的开发实施与维护</td></tr>
<tr><td>技能</td><td>1. 能够掌握 ERP 软件的基本业务流程，信息系统行业相关知识、主流技术和开发环境
2. 能够进行系统测试
3. 能够运用编程语言进行软件开发
4. 能够对数据库和数据文件进行日常维护
5. 能够进行信息产品服务和硬件的相关应用
6. 能够进行 Web 服务、域名、目录、邮件系统管理
7. 能够规划网络布线系统
8. 能够进行网络设备的安装与调试
9. 能够与客户进行协调，完成项目
10. 能够进行客户培训</td></tr>
<tr><td>知识</td><td>1. 系统开发语言和工具基本知识，数据库知识，系统测试基础知识
2. 系统维护和数据维护知识，网络存储管理技术知识，故障管理知识，系统日志、技术文档、工作文档管理
3. 计算机及系统软件知识，计算机硬件知识，网络应用服务软件知识，网络工程
4. 商务沟通，办公自动化
5. ERP 软件操作</td></tr>
<tr><td rowspan="2">五</td><td colspan="3">开发岗位核心素质：
逻辑思维能力、时间管理、态度严谨、成就导向、口头表达能力、创新性、注重细节、计划性
开发职业岗位核心能力：
① 根据用户需求进行产品的二次开发；② 协助销售顾问进行涉及开发的销售工作进行开发风险评估；③ 完成项目需求调研、分析，提出解决方案及实现项目需求
加强的知识：
① 企业信息化(ERP)；② 系统开发语言和工具；③ 网络工程与网络应用；④ 数据库知识；⑤ 系统日志、技术文档、工作文档管理</td><td>ERP 客户化开发实训</td></tr>
<tr><td colspan="3">销售岗位核心素质：
口头表达能力、组织能力、顾客导向、情绪控制与调试、亲和力、乐群性
销售职业岗位核心能力：
① 对客户群进行调查；② 对同类产品进行比较；③ 对市场容量进行估算；④ 寻找卖点；⑤ 拓展推广渠道；⑥ 市场推广策划；⑦ 制定销售策略；⑧ 设计宣传材料
加强的知识：
① 信息采集与检索技术；② 市场营销；③ 企业信息化（ERP）；④ 商务谈判与推销技巧；⑤ 电子商务与网络营销。</td><td>信息产品营销实训</td></tr>
</table>

续表

学期	素质、技能、知识元素	整合课程	学期项目
五	技术支持岗位核心素质： 态度严谨、时间管理、口头表达能力、协调能力、情绪控制与调适、顾客导向 技术支持职业岗位核心能力： ① 沟通客户，理解用户问题需求；② 协调内部资源解决问题；③ 对已解决问题的回访，对未解决问题的跟踪和反馈；④ 人员、资金和进度安排；⑤ 制订详细的问题解决计划；⑥ 编写项目规划相关文档；⑦ 客户培训计划的制订；⑧ 客户培训所需资源准备；⑨ 客户培训的具体执行过程；⑩ 培训各环节的协调和沟通；⑪ 培训组织的整体文档；⑫ 培训效果反馈；⑬ 评估项目的完成情况；⑭ 评估问题解决绩效；⑮ 编写项目相关文档 加强的知识： ① IT英语，商务沟通，客户关系管理；② 计算机硬件及系统软件知识，故障管理知识；③ 网络工程及网络应用服务软件知识；④ 数据库知识，系统维护和数据维护知识，网络存储管理技术知识；⑤ 多媒体技术，办公自动化；⑥ 系统开发语言和工具基本知识；⑦ 企业资源规划		信息产品售后服务实训
六	1. 养成岗位核心素质 2. 形成通用能力，主要包括：自我学习能力、与人交流能力、信息处理能力、与人合作能力、数字应用能力、解决问题能力和创新能力		顶岗实习（学生选择一个适合的岗位实习）

二、专业课程体系

1. 专业课程体系链路

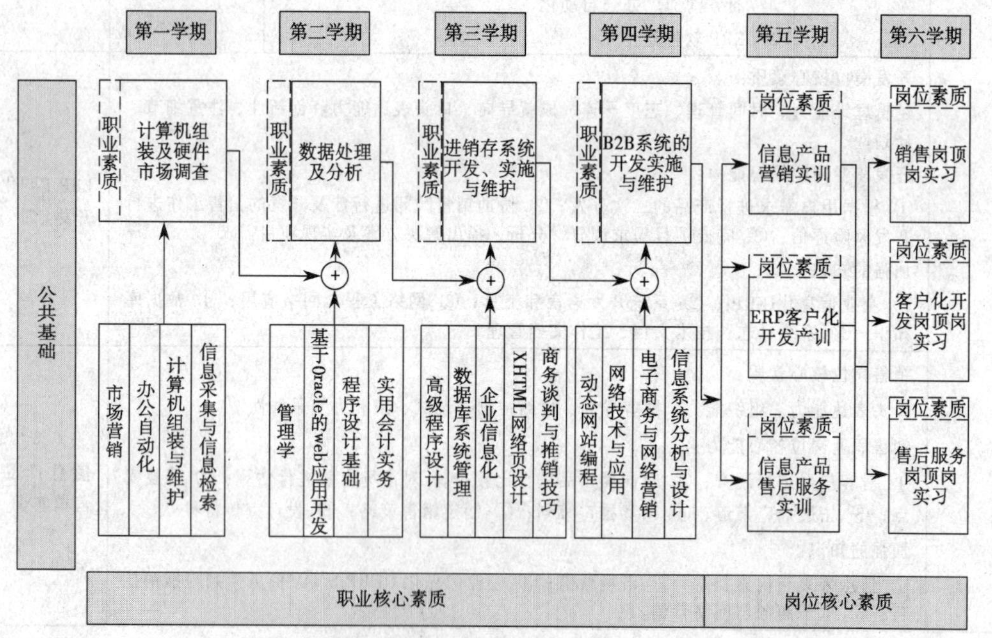

图 4　计算机信息管理专业课程课程体系框图

2. 专业课程体系链路描述

（1）通用能力培养体系描述

本专业课程体系中通过思想道德修养与法律基础、毛泽东思想、邓小平理论和“三个代表”重要思想概论、大学英语、体育、高等数学等公共基础课以及商务礼仪、商务沟通、课外讲座、就业讲座、职业素养锻炼以及各种创新社团等来培养学生的政治素质、职业道德、身心素质、法律意识、人文素质。

（2）职业基本能力培养体系描述

在本专业课程体系中，各种职业基本能力的培养不是通过一学期来集中培养的，而是贯穿于整个学生在校学习的过程。其培养体系如图5所示。

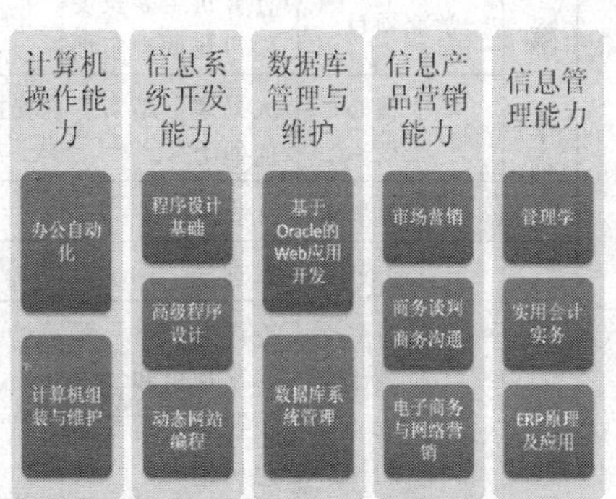

图5　职业基本能力培养体系

（3）职业核心能力培养体系描述

在本专业课程体系中通过学期项目培养学生职业核心能力。学期项目是根据学期开设的课程，对学期课程进行整合，按照从易到难的原则，在一个项目基础上不断迭代的方法来设置的。

三、专业课程体系教学计划（见表6）

表6　专业教学计划表

年级	学期	课程类型		课程名称	考试方式		学分	学时				周学时（课内）
					考试	考查		总计	讲课	实训	顶岗实习	
一年级	第一学期	支撑平台课程	职业素质	思想道德修养与法律基础		√	2	30	30			2
				大学英语	√		4	60	60			4
				体育	√		2	30	30			2
				高等数学	√		4	60	60			4
				商务沟通		√	1	15	15			1
			技术基础课程	办公自动化	√		4	60	30	30		4
				市场营销		√	4	60	44	16		4
				信息采集与检索技术		√	2	30	30			2
			技术技能课程	计算机组装与维护		√	3	45	29	16		3

续表

年级	学期	课程类型	课程名称	考试方式：考试	考试方式：考查	学分	学时：总计	学时：讲课	学时：实训	学时：顶岗实习	周学时（课内）
一年级	第一学期	学期项目	计算机组装及硬件市场调查实训			1	20		20		
一年级	第一学期	职业核心素质	大局观、踏实、抗挫抗压能力、应变能力、主动性、诚信、责任感、团队合作、沟通能力								
一年级	第一学期	第一学年第一学期小计				27	410	328	82		26
一年级	第二学期	支撑平台课程 职业素质	管理学		√	3	51	51			3
一年级	第二学期	支撑平台课程 职业素质	毛泽东思想、邓小平理论和“三个代表”重要思想概论		√	2	34	34			2
一年级	第二学期	支撑平台课程 职业素质	商务沟通		√	1	17	17			1
一年级	第二学期	支撑平台课程 技术基础课程	基于 Oracle 的 Web 应用开发	√		8	136	88	48		8
一年级	第二学期	支撑平台课程 技术基础课程	程序设计基础	√		4	68	36	32		4
一年级	第二学期	支撑平台课程 技术基础课程	实用会计实务	√		4	68	32	36		4
一年级	第二学期	学期项目	数据处理及分析实训			1	20		20		
一年级	第二学期	职业核心素质	踏实、抗挫抗压能力、理解能力、主动性、解决问题能力、大局观								
一年级	第二学期	第一学年第二学期小计				23	394	258	136		22
二年级	第一学期	支撑平台课程 职业素质	商务沟通		√	1	18	18			1
二年级	第一学期	支撑平台课程 职业素质	商务礼仪		√	1	18	18			1
二年级	第一学期	支撑平台课程 技术基础课程	XHTML 网页设计	√		4	72	38	34		4
二年级	第一学期	支撑平台课程 技术专业课程	高级程序设计	√		4	72	38	34		4
二年级	第一学期	支撑平台课程 技术专业课程	数据库系统管理	√		4	72	48	24		4
二年级	第一学期	支撑平台课程 技术专业课程	企业信息化（ERP）	√		4	72	48	24		4
二年级	第一学期	支撑平台课程 技术专业课程	商务谈判与推销技巧		√	4	72	72			4
二年级	第一学期	学期项目	进销存系统开发与维护			2	40				

续表

年级	学期	课程类型		课程名称	考试方式		学分	学时				周学时（课内）
					考试	考查		总计	讲课	实训	顶岗实习	
二年级	第一学期	职业核心素质		大局观、踏实、抗挫抗压能力、应变能力、理解能力、解决问题能力、责任感、学习能力、团队合作、沟通能力								
		第二学年第一学期小计					24	436	280	156		22
	第二学期	支撑平台课程	职业素质	商务沟通		√	1	14	14			1
				IT 外语	√		4	56	56			4
				实用文档制作	√		2	28	28			2
			技术技能课程	动态网站编程	√		3	56	24	32		4
				网络技术与应用		√	3	56	56			4
				电子商务与网络营销		√	3	56	46	10		4
				信息系统分析与设计	√		3	56	56			4
		学期项目		B2B 系统的开发、实施与维护			3	60		60		
		职业核心素质		大局观、踏实、抗挫抗压能力、应变能力、理解能力、主动性、诚信、解决问题能力、责任感、学习能力、团队合作、沟通能力								
		第二学年第二学期小计					22	382	280	102		23
三年级	第一学期	岗位1	岗位项目	信息产品营销实训		√	6	108		108		6
			岗位素质	口头表达能力、组织能力、顾客导向、情绪控制与调试、亲和力、乐群性								
		岗位2	岗位项目	ERP 客户化开发实训		√	6	108		108		6
			岗位素质	逻辑思维能力、时间管理、态度严谨、成就导向、口头表达能力、创新性、注重细节、计划性。								
		岗位3	岗位项目	信息产品售后服务实训		√	6	108		108		6
			岗位素质	态度严谨、时间管理、口头表达能力、协调能力、情绪控制与调适、顾客导向								

续表

<table>
<tr><th rowspan="2">年级</th><th rowspan="2">学期</th><th rowspan="2" colspan="2">课程类型</th><th rowspan="2">课程名称</th><th colspan="2">考试方式</th><th rowspan="2">学分</th><th colspan="4">学　时</th><th rowspan="2">周学时（课内）</th></tr>
<tr><th>考试</th><th>考查</th><th>总计</th><th>讲课</th><th>实训</th><th>顶岗实习</th></tr>
<tr><td></td><td colspan="4">第三学年第一学期小计</td><td></td><td></td><td>18</td><td>324</td><td></td><td></td><td>324</td><td>18</td></tr>
<tr><td rowspan="7">三年级</td><td rowspan="2">第二学期</td><td rowspan="2">岗位1</td><td>顶岗实习</td><td>产品销售工程师</td><td></td><td></td><td>14</td><td>252</td><td></td><td></td><td>252</td><td>18</td></tr>
<tr><td>岗位素质</td><td colspan="9">具口头表达能力、组织能力、顾客导向、情绪控制与调试、亲和力、乐群性。</td></tr>
<tr><td rowspan="4">选择一个岗位实习</td><td rowspan="2">岗位2</td><td>顶岗实习</td><td>客户化开发工程师</td><td></td><td></td><td>14</td><td>252</td><td></td><td></td><td>252</td><td>18</td></tr>
<tr><td>岗位素质</td><td colspan="9">逻辑思维能力、时间管理、态度严谨、成就导向、口头表达能力、创新性、注重细节、计划性。</td></tr>
<tr><td rowspan="2">岗位3</td><td>顶岗实习</td><td>售后服务工程师</td><td></td><td></td><td>14</td><td>252</td><td></td><td></td><td>252</td><td>18</td></tr>
<tr><td>岗位素质</td><td colspan="9">态度严谨、时间管理、口头表达能力、协调能力、情绪控制与调适、顾客导向</td></tr>
<tr><td colspan="4">第三学年第二学期小计</td><td></td><td></td><td>14</td><td>252</td><td></td><td></td><td>252</td><td>18</td></tr>
</table>

四、专业课程体系实施条件

1. 实训基地

（1）实训基地建设结构（见图6）

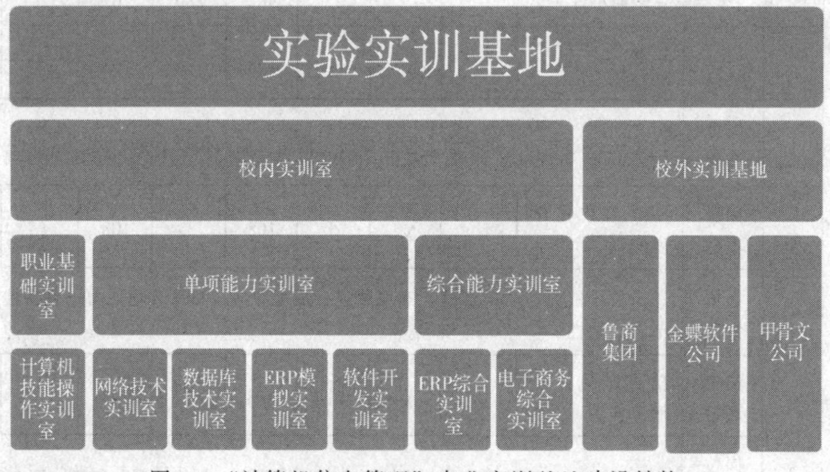

图6　“计算机信息管理”专业实训基地建设结构

（2）实训基地简要说明（见表7）

表 7 实验实训基地简要说明

实验室名称	设 备	开设的实训
计算机技能操作实训室	计算机 120 台，服务器 1 台；软件开发环境	办公自动化，程序设计基础
数据库技术实训室	计算机 60 台，服务器 1 台，Oracle、SQL Server 数据库环境	基于 Oracle 的 Web 应用开发，数据库管理
ERP 模拟实训室	计算机 60 台，服务器 1 台；数据库环境；ERP 软件	ERP 原理及应用
软件开发实训室	计算机 60 台，服务器 1 台；数据库环境；软件开发环境	高级程序设计，动态网页编程，信息系统分析与设计
网络技术实训室	计算机 60 台，服务器 1 台；交换机、路由器等	网络技术及应用
ERP 综合实训室	计算机 60 台、服务器 1 台、交换机、路由器、数据库环境、ERP 软件等	ERP 开发、实施、维护实训
电子商务综合实训室	计算机 60 台、服务器 1 台、电子商务模拟软件	电子商务与网络营销
鲁商集团、金蝶软件公司、甲骨文（济南）公司		企业参观实习，企业工位实习，就业顶岗实习

2. 师资队伍

（1）双师结构

双师结构是指教师团队，由专业带头人、骨干教师、兼职教师组成。专业带头人 1～2 人，要求能够站在专业领域发展前沿，熟悉行业企业最新技术动态，把握专业技术改革方向；专业教学骨干 4～6 人，要求能够根据行业企业岗位群需要开发课程，及时更新教学内容；兼职教师 4～6 人，应该既是能工巧匠，又有培训机构讲师或高校任教经历；专职教师与兼职教师比例应达到 1∶1。

（2）双师素质

双师素质是对教师个体而言的。对于专职教师而言，不仅要具有传统意义上的专职教师的各项素质，而且要具有一定的工程师素质。同样，希望兼职教师同时具有工程师和教师这两方面的素质。

五、《基于 Oracle 的 Web 应用开发》课程教学大纲参考案例

1. 课程的性质与任务

（1）课程的性质

本课程是高职高专信息管理专业的一门核心课程、专业必修课程。

本课程的功能是培养学生应用数据库，特别是 Oracle 数据库来进行 B/S 软件开发与设计的能力，同时提高学生的职业素养与职业能力。

本课程以“数据库设计”、“SQL语言编程”、“PL/SQL语言编程”、“Oracle Application Express”等基本知识、技能为基础进行学习，为学生参加毕业设计与顶岗实习创造条件，为学生高质量就业打下基础。

（2）课程的任务

现代信息管理的基础是数据库和网络技术（尤其是 Internet 技术）。通过本课程的学习，可使学生掌握 Web 应用程序开发这一信息搜集与管理的基本技能。

2. 前导课程

软件素养培养、静态网页开发与制作

3. 后续课程

Java 新技术跟踪与应用、ERP 实战等

4. 课程知识和技能培养目标

课程总目标是使学生能够基于 Oracle 数据库以 Application Express 为工具来开发 Web 应用程序。同时掌握需求分析、数据库设计、SQL 和 PL/SQL 编程等技能。具备较高的职业素质，具有设计、编写、调试、安装、部署 Web 应用程序的能力，能解决程序调试和系统设计中遇到的问题，能胜任信息需求分析，数据库设计构建，Web 软件开发、维护、客户与技术支持等岗位的工作。

（1）知识

涉及的知识有 Oracle 体系结构、安装、启动方法，关系数据库基本概念，ERD 基本概念，ERD 到数据库的转换原则，SQL 语言，PL/SQL 语言，Oracle Application Express 的原理与使用方法，数据表、视图、序列、过程、函数、触发器等 Oracle 常用数据库对象的使用方法，Oracle 用户与安全，Oracle 数据导入导出，Oracle 备份恢复、系统异常与自定义异常的使用，应用程序的跟踪和调试，应用程序的安装与部署。

（2）技能

涉及的技能有项目的分析设计能力，使用 Oracle 数据库和 Oracle Application Express 技术进行软件开发的能力，对软件项目进行单元测试与集成测试的能力，软件项目的部署与维护能力。

（3）素质

通过项目实践，能爱岗敬业，有热情主动的工作态度，养成遵守操作规程，工作有序，有珍惜仪器设备的良好实验习惯，能认真负责、实事求是、坚持原则、一丝不苟地依据标准进行编程和设计，并在工作实践中能遵守劳动纪律，注意安全，具备良好的敬

业精神和协作精神，坚持努力学习，不断提高自身可持续发展的基础理论水平和操作技能，形成良好的职业素养和勤奋工作的基本素质。

5. 课程的教学内容与学时分配（见表8）

表8 教学内容与学时分配

<table>
<tr><th>序号</th><th>单元</th><th>学习目标</th><th colspan="2">主要内容</th><th>学时</th></tr>
<tr><td rowspan="2">1</td><td rowspan="2">应用ERD完成“鲁商音乐唱片管理系统-DJs On Demand”项目数据库设计</td><td rowspan="2">专业能力目标：
1. 分析系统的用户类型及特点
2. 分析每一类用户对系统的需求
3. 确定系统要实现的功能，能够设计和绘制简单的界面原型
4. 绘制出各功能实现的流程图
5. 分析系统的信息需求，进行实体-关系建模，绘制系统ERD
6. 对已有设计进行规范化检查和处理
7. 制定测试计划
其他能力目标：
1. 了解人才市场现状
2. 确定自己的就业目标及相关要求
3. 为自己树立榜样
4. 建议方案及自我意见的陈述和表达，案例分析和研究等</td><td>理论教学</td><td>1. 软件开发过程
2. 不同的软件体系结构：单机、C/S、B/S
3. 概念和物理模型：实体、属性、唯一标识符、实例、强制和可选属性、属性值、数据类型、关系、基数、可选性
4. ERD作图规范
5. 矩阵图
6. 父类型/子类型
7. 业务规则：过程性和结构性规则
8. 关系的不可/可转移性
9. 关系的类型和冗余关系
10. 人工、组合和辅助的UID；候选UID和Bar关系带来的UID
11. 规范化和第一范式、第二范式、第三范式
12. 约束和互斥关系，ARC及与父子类型表示法的关系
13. 层次关系和递归关系
14. 历史数据建模
15. 通用（抽象）建模</td><td rowspan="2">32</td></tr>
<tr><td>实训项目</td><td>“鲁商音乐唱片管理系统-DJs On Demand”项目数据库设计</td></tr>
</table>

续表

序号	单元	学习目标	主要内容		学时
2	应用SQL完成“鲁商音乐唱片管理系统－DJs On Demand”项目数据库构建	专业能力目标： 1. 创建用户和角色，对用户授权 2. 根据ERD设计数据表 3. 使用DDL语句创建数据表、视图、序列、索引、同义词等数据库对象 4. 使用DML语句添加测试数据 5. 制作运行SQL脚本 6. 数据的导入、导出 其他能力目标： 1. 制定职业计划和学习计划 2. 面试技巧和能力 3. 创建个人简历	理论教学	关系数据库概念：表、行、列、SELECT、主键、候选键、唯一键、外键、列的完整性 概念到物理模型的基本变换：术语变换、表设计图、表和列的命名规范、Oracle命名限制；关系变换，强制关系、加Bar的关系、不可转移关系、多对多关系、一对一关系、互斥关系；子类型变换 单表变换、双表变换、先转换为互斥关系再变换；DDL语句；DCL语句；TCL语句；DML语句	32
			实训项目	“鲁商音乐唱片管理系统－DJs On Demand”项目数据库构建	
3	应用SQL、PL/SQL完成“鲁商音乐唱片管理系统－DJs On Demand”项目业务逻辑实现	专业能力目标： 使用SELECT语句生成报表 对数据进行筛选、排序 对数据进行分类、汇总 联合查询多个表，生成报表 编写PL/SQL匿名块 编写PL/SQL存储过程 编写PL/SQL存储函数 编写PL/SQL触发器 编写PL/SQL程序包 处理PL/SQL程序中的异常 合理使用调用者权限和创建者权限 程序调试和排错 其他能力目标： 关注技术发展趋势及其对工作机会的影响 关注技术新闻及其对学习计划的影响 通过团队合作，解决开发中的困难 创业意识和能力培养	理论教学	1. 投影、选取和联合 2. 操作符和表达式 3. 笛卡儿乘积 4. 外连接、内连接 5. 分组函数、单行函数 6. 子查询 7. PL/SQL块结构 8. PL/SQL 数据类型和变量使用 9. PL/SQL运算符、表达式 10. PL/SQL控制结构 11. 能在PL/SQL中运行的SQL语句 12. 动态SQL 13. PL/SQL子程序 14. PL/SQL参数模式 15. PL/SQL程序包 16. PL/SQL游标的使用 17. PL/SQL异常处理机制 18. PL/SQL中的权限和对象依赖关系	64
			实训项目	“鲁商音乐唱片管理系统－DJs On Demand”项目业务逻辑实现	

续表

序号	单元	学习目标	主要内容		学时
4	应用 Oracle Application Express 完成“鲁商音乐唱片管理系统- DJs On Demand”项目 Web 界面构建	专业能力目标： Oracle Application Express 应用程序创建 利用向导创建静态页面 手工创建静态页面 使用代码动态生成页面 在页面中使用各种模板 在页面中使用共享组件 其他能力目标： 人机界面鉴赏能力，审美能力，色彩搭配能力 界面设计合理性鉴赏能力	理论教学	1. Web 程序运行过程和原理 2. 会话状态内置对象 3. 页面生成 4. 提交页面的处理 5. 表单及常用页面组件 6. 页面变量在 PL/SQL 程序中的使用 7. URL 组成	32
			实训项目	“鲁商音乐唱片管理系统- DJs On Demand”项目 Web 界面构建	
学时合计					160

6. 课程教学条件

本课程的授课在电教室进行，电教室应该具备多媒体教学的条件、电教室软件、Oracle 软件等软件调试条件。

其基本设施有投影仪、多媒体教学系统、教师用计算机和学生用计算机等。

7. 课程师资要求

授课教师应该具备一定的 Web 应用开发经验，Oracle 数据库开发经验，能够指导学生设计完成每个实训项目，各个操作应符合行业要求规范。

8. 教学方法与手段

用引导文教学法、演示教学法、软件仿真法、工作过程教学法等启发、引导学生对技能、知识和职业素质的理解。

（1）项目填空教学法

课程在保持“甲骨文学院”的课程体系不变的情况下，设计一到两个贯穿三门课程的案例，开发出完整的应用程序。在教学过程中，教师根据当前讲授的知识点，将应用程序对应部分抽掉，由学生来完成“填空”，只要填空部分正确，则整个应用可以正确运行。比如，在讲数据库设计时，可向学生演示应用程序，让学生通过使用应用程序，去发现、理解应当保存哪些信息，进而分析实体和关系。在讲 SQL 时，可将 Web 页面和其他代码创建好，由学生创建数据表，并添加数据，如果正确，则应用程序可运行，学生可通过 Web 页面看到自己添加的数据。在讲 PL/SQL 时，根据需要抽掉部分代码、过程、函数或触发器，由学生补充。

（2）仿真实训法

结合鲁商银座物资供给管理仿真系统、国家农产品物流工程中心冷链管理仿真系统等项目的建模和开发，使学生将项目主要过程片段使用填空法教学贯穿起来，加强过程的练习；把仿真设计开发有机地穿插在填空法教学过程中，使知识与实践有机地结合；让学生对 Oracle、Web 编程与操作更容易消化和掌握，提高教学效果，为以后的实际操作任务奠定坚实的基础。

（3）设置陷阱教学法

在任务驱动的教学过程中，通过人为设置设计的错误或障碍，提高学生发现问题、分析问题和解决问题的能力。例如：教师给定关系“学生表（学号，姓名，年龄，性别，系别，系办地址、系办电话），关键字为唯一关键字‘学号’”，如果要求学生使用 Web 页为该表添加一个还没有一个学生的新系部，这时添加会失败。

（4）角色扮演教学方法

对于复杂的教学任务，采用划分小组、组内分派角色的教学方法。例如，根据教学任务需求，把学生分为数据库系统分析师、数据库设计师及学生用户等多种角色。由学生用户向数据库系统分析师提出各种需求，说明在将要完成的项目中要包含的主要任务；数据库系统分析师在进行充分的论证后提出可行性方案，设计 E-R 图；再由数据库设计师根据 E-R 图完成相应数据库的构建过程；之后实行角色轮换，重复提出需求，完成设计过程。这样在提高学生职业技术能力的同时，也锻炼了学生分工合作的能力。

9. 考核方式及评分方法

本课程教学过程以学生为主体，因此要以形成性考核为主，重在考查学生在项目实战中表现出来的能力，重在考察解决实际问题的能力，对知识进行自学的能力。

学生考核成绩由学生在完成项目过程中的表现及完成项目后的答辩组成。

教学评价的主要内容和权重如表 9 所示。

表 9　教学评价的主要内容和权重

<table>
<tr><th>考核时间</th><th>考核方式</th><th>权重</th><th colspan="2">评　分　标　准</th></tr>
<tr><td rowspan="4">平时</td><td>理论</td><td>24%</td><td colspan="2">根据每节课的在线测验成绩计算出平均的成绩</td></tr>
<tr><td rowspan="3">实践</td><td rowspan="3">36%</td><td colspan="2">根据每节课的项目填空教学法中布置的填空任务完成情况进行评分。共分为 4 个等级：优秀、良好、及格和不及格</td></tr>
<tr><td>成　绩</td><td>评　分　标　准</td></tr>
<tr><td>优秀（90～100）</td><td>填空部分任务完成。与教师提供的应用可完美结合。整个应用可正常运行</td></tr>
</table>

续表

<table>
<tr><th>考核时间</th><th>考核方式</th><th>权重</th><th colspan="2">评　分　标　准</th></tr>
<tr><td rowspan="4"></td><td rowspan="4"></td><td rowspan="4"></td><td>成　绩</td><td>评　分　标　准</td></tr>
<tr><td>良好（80～89）</td><td>填空部分任务完成。但在组装到教师提供的应用时，可能会有一些小的问题</td></tr>
<tr><td>及格（60～79）</td><td>填空部分任务基本完成。但自己不能够组装到教师提供的应用，需要帮助才能够完成</td></tr>
<tr><td>不及格(60分以下)</td><td>填空部分任务不能完成</td></tr>
<tr><td rowspan="7">期末</td><td>理论</td><td>16%</td><td colspan="2">根据期末理论考试成绩决定</td></tr>
<tr><td rowspan="6">实践</td><td rowspan="6">24%</td><td colspan="2">根据期末的综合性项目的任务完成情况决定。共分为 4 个等级：优秀、良好、及格和不及格</td></tr>
<tr><td>成　绩</td><td>评　分　标　准</td></tr>
<tr><td>优秀（90～100）</td><td>界面设计美观合理；代码编写规范正确；工具使用熟练高效；项目测试全面有效</td></tr>
<tr><td>良好（80～89）</td><td>界面设计合理；代码编写正确；工具使用熟练；项目测试全面</td></tr>
<tr><td>及格（60～79）</td><td>界面设计基本合理；代码编写基本正确；工具使用基本掌握；项目测试基本完成</td></tr>
<tr><td>不及格(60分以下)</td><td>没有能够完成项目；最后产品不能运行；设计思路不够清晰；代码编写不够熟练</td></tr>
</table>

10. 教材及参考资料

课程以项目为引导进行，为了培养学生解决问题和自主学习的能力，建议将教材作为参考书使用，学生根据各个项目所涉及的知识点自己在教材中寻找并复习。

“软件技术”专业课程体系参考方案

北京北大方正软件学院　李　锦　姬昕禹　高艳萍
方正电子有限公司　刘　东　刘百川

一、专业课程体系开发

课程体系决定了专业人才职业能力的的基础和发展方向。高等职业教育担负着培养行业一线人才的重任，因此，其专业课程体系设计必须建立在对专业面向的职业岗位分析、专业培养目标确定、明确职业岗位对人才的技能、知识和素质要求的基础上。

1. 专业面向的职业岗位分析

《IT 职业分类划分表》给出了软件技术的职业岗位，但相关职业岗位的工作内容、要求所涉及的面过于宽泛，并不能充分反映软件技术对于高职院校人才培养的要求。因此，有必要对软件技术所覆盖的职业岗位进行更为充分的分析。专业面向的职业岗位分析是由学校提出需求，组织企业相关的人力资源部、生产部、研发部的管理人员和工程师与专业教师共同完成。职业岗位分析所要获得的数据是形成课程开发的基础。

（1）职业岗位划分

职业岗位划分从软件系统的开发、销售两个方面来进行。首先，从软件系统层次结构入手，如图 1 所示。

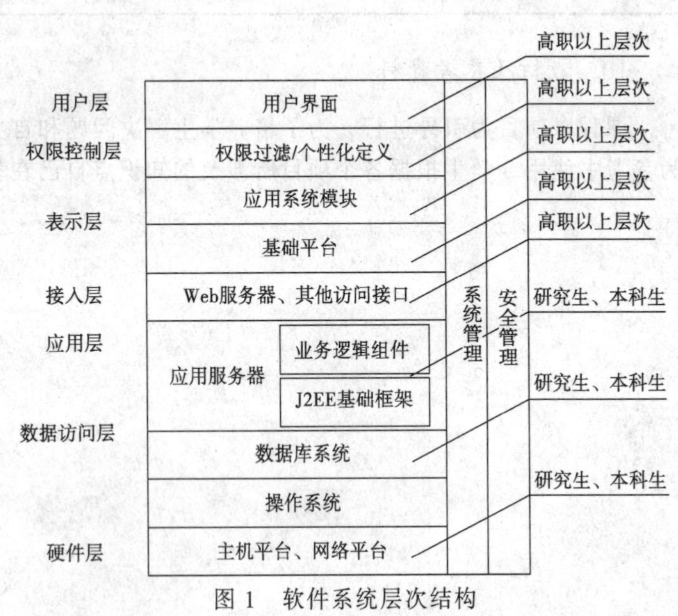

图 1　软件系统层次结构

第二步，对软件系统开发流程进行分析，如图2所示。

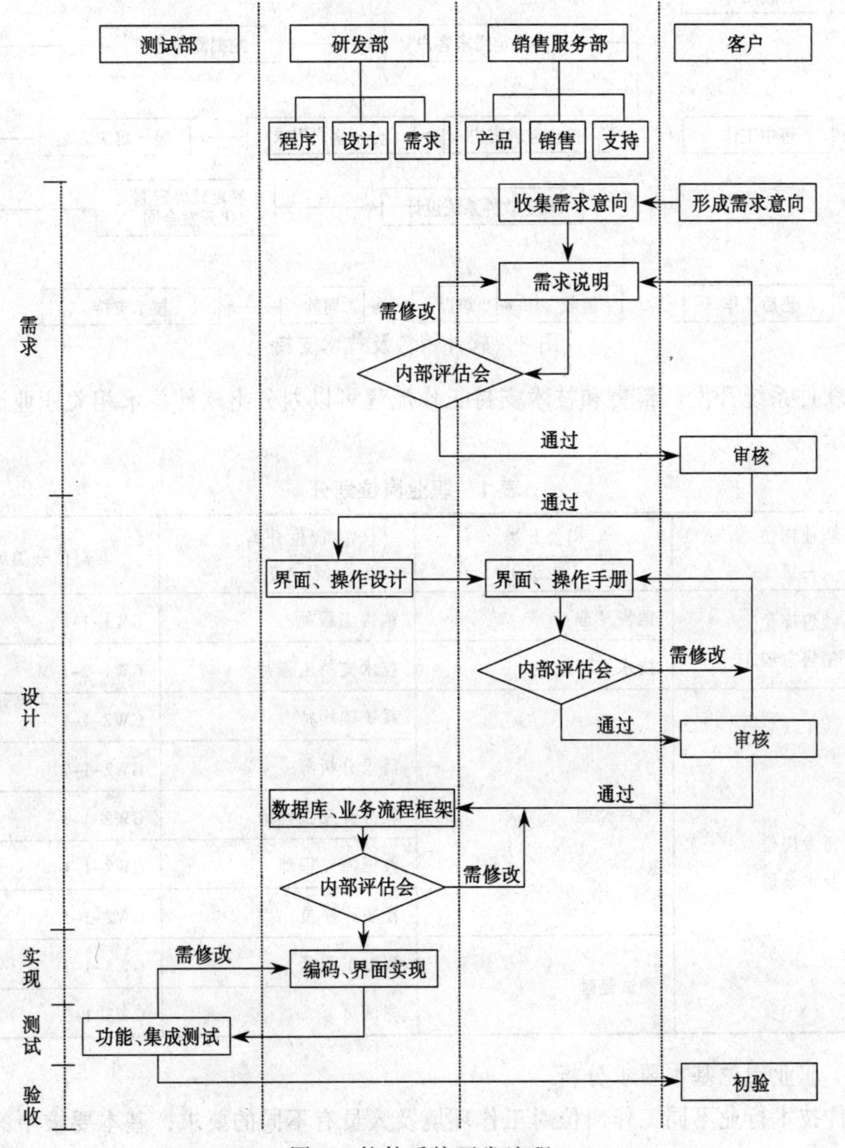

图2　软件系统开发流程

第三步，对软件系统销售及技术支持进行分析，如图3所示。

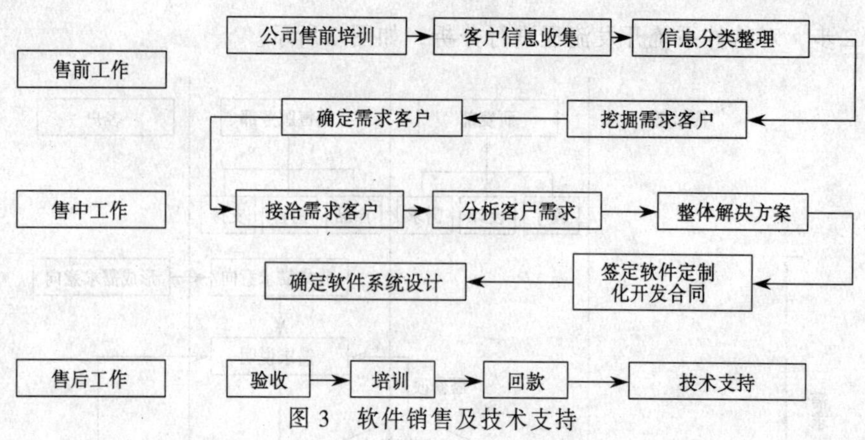

图3 软件销售及技术支持

由软件系统开发、销售和技术支持工作流程可以划分出软件技术相关职业岗位，如表1所示。

表1 职业岗位划分

职业岗位（一级）	岗位分类（二级）	岗位分类（三级）	岗位分类编号
销售岗位（销售总监）	销售经理	销售工程师	GW1-1-1
	技术支持经理	技术支持工程师	GW1-2-1
研发岗位（技术总监）	项目经理	系统架构师	GW2-1-1
		需求分析师	GW2-1-2
		软件开发工程师	GW2-1-3
		数据库工程师	GW2-1-4
		模块程序员	GW2-1-5
	测试经理	测试工程师	GW3-1-1
		测试员	GW3-1-2

（2）职业岗位基本要求分析

软件技术行业不同工作岗位对工作环境及人员有不同的要求，基本要求中的职业环境要求和职业能力特征要求可以形成对学生职业素质培养的依据，如表2所示。

（3）职业岗位工作任务及人员要求分析

职业岗位工作任务是上岗人员履行职责和义务的依据，也是对上岗人员进行资格认定的依据。工作人员的要求是从职业素质、技能、相关知识、学历、工作经历方面具体提出要求。详细描述见表3。

表 2　软件技术职业领域职业岗位基本要求分析表

序号	岗位名称	基本要求			职业资格要求	经历要求
		职业环境要求	职业能力特征	基本文化程度		
1	系统架构师	室内常温	具有很强的学习、表达、交流、计算和逻辑能力，很强的空间感、形体感，色觉正常，手指、手臂灵活，动作协调性强	本科	系统架构设计师	连续从事本职工作五年以上
2	需求分析师	室内常温	具有很强的学习、表达、交流、逻辑能力，对事物有较强的认知能力，一定的空间感、形体感，色觉正常，手指、手臂灵活，动作协调性强	专科		连续从事本职业工作三年以上
3	软件开发工程师	室内常温	具有很强的学习、表达、计算和逻辑能力，一定的空间感、形体感，色觉正常，手指、手臂灵活，动作协调性强	专科	计算机程序设计员	连续从事本职业工作三年以上
4	数据库工程师	室内常温	具有很强的学习、表达、交流、计算和逻辑能力，很强的空间感、形体感，色觉正常，手指、手臂灵活，动作协调性强	本科		连续从事本职工作三年以上
5	模块程序员	室内常温	具有良好的学习、表达、计算和逻辑能力，一定的空间感、形体感，色觉正常，手指、手臂灵活，动作协调性强	专科	计算机程序设计员	应届毕业生
6	测试工程师	室内常温	具有很强的学习、表达、计算和逻辑能力，一定的空间感、形体感，色觉正常，手指、手臂灵活，动作协调性强	专科	软件测试师	连续从事本职工作三年以上
7	测试员	室内常温	具有良好的学习、表达、计算和逻辑能力，一定的空间感、形体感，色觉正常，手指、手臂灵活，动作协调性强	专科		应届毕业生
8	销售工程师	室内常温	具有良好的表达、交流、逻辑能力，一定的空间感、形体感，色觉正常，手指、手臂灵活，动作协调性强	专科		应届毕业生
9	技术支持工程师	室内常温	具有良好的表达、交流、逻辑能力，一定的空间感、形体感，色觉正常，手指、手臂灵活，动作协调性强	专科		应届毕业生

表 3　职业岗位工作任务及人员要求分析表

职业岗位	工作任务	工作内容	工作人员要求				
			素质要求	技能要求	相关知识	学历要求	工作经历要求
系统架构师	系统架构设计	1. 深度剖析系统需求，抽象出应用系统架构模型，确定应用系统实现模式；剖析出界面层、业务层和数据层应用模块	1. 职业核心素质： 大局观、踏实、抗挫抗压能力、应变能力、理解能力、主动性、诚信、解决问题能力、责任感、学习能力、团队合作、沟通能力 2. 岗位核心素质： 极强的逻辑思维能力、丰富的工程经验、极强的设计能力和工程驾驭能力、对系统架构有深入理解、优秀的组织能力	1. 熟悉 C/S 或 B/S 体系结构软件产品开发及架构和设计 2. 熟悉大中型开发项目的总体规划、方案设计及技术队伍管理	系统架构知识 工程管理知识	本科以上	五年以上软件开发工作经验
		2. 利用当前先进、成熟的计算机应用技术，负责设计和实现稳健、实用、灵活、高效的应用系统（技术）架构；负责完成应用系统的概要设计和详细设计		3. 对相关的技术标准有深刻的认识，对软件工程标准规范有良好的把握	1. 软件技术标准 2. 软件工程规范		
		3. 指导项目组人员了解并灵活使用（技术）架构。负责完成应用系统的数据库逻辑设计和物理设计		4. 具有面向对象分析、设计、开发能力	1. 面向对象的分析设计方法 2. Rational Rose、PowerDesigner 等系统分析设计工具		
		4. 协助测试人员进行系统架构测试。指导项目组人员完成模块设计		5. 数据库设计能力	1. SQL Sever、Oracle、DB2 等数据库管理系统 2. 数据仓库经验		
		5. 协助编写《集成测试用例》和集成测试脚本		6. 对计算机系统、网络和安全、应用系统架构等有全面的认识	1. 操作系统 2. 计算机网络		
需求分析师	撰写需求分析报告	1. 完成行业项目业务的用户需求调研，编写用户手册		1. 能用流利、清楚的中文与客户沟通，专业术语用英文表达	IT 英语	专科以上	三年以上工作经验
		2. 分析、优化用户需求					
		3. 根据原始需求编写需求分析报告					

续表

职业岗位	工作任务	工作内容	工作人员要求				
			素质要求	技能要求	相关知识	学历要求	工作经历要求
	协调客户和开发人员，支持测试人员	4. 识别需求必要性，评估需求的成本与效益，并能提出合理化改进建议		2. 良好的文档撰写能力	1. Office 办公软件 2. 软件工程规范		
		5. 在用户和开发人员之间协调需求细化					
		6. 依据软件产品总体规划进行模块详细需求分析文档的编写，满足外包方的开发要求					
		7. 支持开发人员，对设计方案提供指导意见		3. 熟悉需求分析工作的主要方法、工具，熟悉软件开发流程	1. 软件工程规范 2. Rational Rose、PowerDesign 等建模工具和 UML 流程		
		8. 支持测试人员，对测试方案提供指导意见					
	编写用户手册	9. 编写用户手册					
软件开发工程师	软件设计开发	1. 软件开发及技术实现	1. 职业核心素质：大局观、踏实、抗挫抗压能力、应变能力、理解能力、主动性、诚信、解决问题能力、责任感、学习能力、团队合作、沟通能力 2. 岗位核心素质：熟练运用相关开发语言及工具、深入理解软件开发流程及相关规范、能够对软件过程进行质量控制	1. 熟练运用面向对象思想编程，熟悉 BS 架构	1. 面向对象知识 2. 系统架构知识	专科以上	三年以上软件开发工作经验
		2. 控制产品或相关功能模块版本		2. 熟悉关系数据库系统及开发	SQL Sever、Oracle、DB2 等数据库管理系统		
		3. 对自己所负责的产品或相关功能模块进行设计、研发和创新		3. 具备需求分析和系统设计能力，以及较强的逻辑分析和独立解决问题能力	软件工程		
		4. 根据产品、技术支持等部门反馈的需求及 BUG，不断完善及优化现有产品		4. 熟悉软件开发过程	软件工程；熟练掌握 VSS、CVS 等配置管理工具；熟练掌握 Eclipse、Visual Stdudio 开发环境；熟练使用相关开发语言；深入理解 .NET 技术或 Java 相关技术		

续表

职业岗位	工作任务	工作内容	工作人员要求				
			素质要求	技能要求	相关知识	学历要求	工作经历要求
	编写相关文档	5. 撰写相关的开发文档		5. 精通 Web 开发相关技术	熟悉 CSS 样式表、HTML 标记的运用；能熟练运用 JavaScript 处理客户端程序；熟练使用 Dreamweaver、Microsoft Visual Studio、Photoshop 等网页开发的相关软件		
	参与测试	6. 分析并解决软件开发过程中的问题，参与软件测试		6. 能熟练阅读中文、英文技术文档	IT 英语		
数据库工程师	系统数据库设计	1. 负责数据库应用的系统架构设计	职业核心素质： 大局观、踏实、抗挫抗压能力、应变能力、理解能力、主动性、诚信、解决问题能力、责任感、学习能力、团队合作、沟通能力 岗位核心素质： 深入理解数据库管理系统、熟练掌握数据库设计方法	1. 熟悉数据库语言及设计规范，精通常用的数据库设计软件	熟悉数据库语言、数据库储存过程等脚本的编写，给开发人员提供方便高效的视图和存储过程及协助优化数据查询语句；精通常用的数据库设计软件如 Erwin	本科以上	三年以上数据库工作经验
				2. 熟悉常用数据库	SQL Sever、Oracle、DB2 等数据库管理系统		

续表

职业岗位	工作任务	工作内容	工作人员要求			学历要求	工作经历要求
			素质要求	技能要求	相关知识		
		2. 对数据库性能及应用程序中的数据库操作进行规划和检验		3. 优化数据库，保证数据库高效稳定地运行	能够与业务开发人员合作共同制作《数据库设计说明书》。熟练使用相应的开发和撰写文档工具。参与项目相关技术设计、估算和项目开发团队执行项目的应用程序开发。		
				4. 数据库迁移，能够理解及快速完成数据库之间的数据迁移	能进行数据库系统部署方案的计划、设计和实施以及数据库迁移		
模块程序员	识读需求及设计文档	1. 理解需求说明书、明确系统功能要求	1. 职业核心素质：大局观、踏实、抗挫抗压能力、应变能力、理解能力、主动性、诚信、问题解决能力、责任感、学习能力、团队合作、沟通能力 2. 岗位核心素质：熟练运用相关开发语言及工具，深入理解软件开发流程及相关规范	1. 懂得软件工程规范、熟练运用面向对象思想编程	软件工程、面向对象	专科	应届毕业生
		2. 理解设计说明书，明确业务模块功能、输入、输出		2. 熟悉相关编程语言、能完成指定模块代码编写、能够对代码进行优化	JAVA、C#.NET 语言、HTML、CSS 界面编程、JavaScript 脚本编程、JSP& Severlet 或 ASP.NET Web 编程、ssh 框架技术		
				3. 会设计流程图	数据流图		

续表

职业岗位	工作任务	工作内容	工作人员要求				
			素质要求	技能要求	相关知识	学历要求	工作经历要求
		3. 设计软件流程图		4. 能理解需求说明书，明确系统功能要求	UML 图表		
	编写代码	4. 编写功能模块代码		5. 能够熟练运用数据库脚本	SQL Sever、Oracle、DB2 等数据库管理系统		
		5. 编写与图形界面有关的代码		6. 能熟练使用版本控制器	代码管理工具，如 VSS 或 CVS		
		6. 对编写的代码进行调试		7. 利用开发环境进行代码调试	集成开发环境调试工具		
	编写文档	7. 编写文档		8. 能够熟练运用软件工程规范编写代码功能说明、编写软件流程说明和系统功能说明	Office 软件使用		
测试工程师	软件测试	1. 制订测试规范 2. 制订测试计划	1. 职业核心素质：大局观、踏实、抗挫抗压能力、应变能力、理解能力、主动性、诚信、解决问题能力、责任感、学习能力、团队合作、沟通能力	1. 了解质量保证体系要求	ISO9000 或者 CMM 等	专科以上	三年以上测试工作经验
		3. 做测试准备		2. 能使用项目管理工具进行项目管理	project		
		4. 监督测试实施 5. 改进软件过程		3. 熟练使用和维护配置管理工具	CVS		
	整理和书写相关文档	6. 总结测试报告及相关文档	2. 岗位核心素质：明确软件开发流程，熟练掌握测试流程、测试方法及测试规范	4. 能掌握完整的软件测试过程。	完整测试流程		

续表

职业岗位	工作任务	工 作 内 容	工作人员要求				
			素 质 要 求	技 能 要 求	相 关 知 识	学历要求	工作经历要求
测试员	1. 编写测试用例 2. 搭建测试环境	1. 根据产品需求设计测试方案、测试用例，编写测试需求	职业核心素质： 大局观、踏实、抗挫抗压能力、应变能力、理解能力、主动性、诚信、解决问题能力、责任感、学习能力、团队合作、沟通能力 岗位核心素质： 熟练掌握测试流程、测试方法及测试规范、熟练使用相关测试工具	1. 能读懂面向对象语言	C#、Java 等语言	专科	应届毕业生
				2. 能看懂流行的脚步语言	JavaScript/Html/Ajax		
		2. 搭建测试环境		3. 能使用标准 SQL 语句	SQL Sever、Oracle、DB2 等数据库管理系统		
	执行测试	3. 根据测试方案执行手工测试，记录测试过程		4. 能配置主流操作系统	Windows/Linux 系统的基本配置		
				5. 能熟悉基本网络协议	TCP/IP 协议		
		4. 根据测试方案，利用测试工具进行功能、性能等测试工作		6. 能使用白盒测试方法进行测试用例设计	白盒测试方法		
				7. 能使用黑盒测试方法进行测试用例设计	黑盒测试方法		
	编写缺陷报告	5. 编写缺陷报告		8. 能编写相关测试文档	测试方案、测试用例、测试缺陷、测试总结报告等		
				9. 能使用测试工具进行功能和性能测试及管理	测试工具 QTP 和 LoadRunner 等、测试管理工具 TD 等		
				10. 熟练使用和维护配置管理工具	缺陷管理工具；BUG；配置管理工具：CVS 等		

续表

职业岗位	工作任务	工作内容	工作人员要求				
			素质要求	技能要求	相关知识	学历要求	工作经历要求
销售工程师	市场调研	1. 对客户群进行调查	1. 职业核心素质：大局观、踏实、抗挫抗压能力、应变能力、理解能力、主动性、诚信、问题解决能力、责任感、学习能力、团队合作、沟通能力 2. 岗位核心素质：口头表达能力、组织能力、顾客导向、情绪控制与调适、亲和力、乐群性	1. 能用流利、清楚的中/英文与客户沟通	IT 英语	专科	应届毕业生
		2. 对同类产品进行比较					
		3. 对市场容量进行估算		2. 能用数学工具和信息处理工具（Excel）分析潜在客户；能用信息处理工具（PPT）给客户演示产品	Office 软件使用		
	产品推广	4. 寻找卖点					
		5. 拓展推广渠道					
		6. 市场推广策划		3. 能遵循行业规范用信息处理工具制作规范的解决方案和标书	行业规范、标书书写规范		
	产品销售	7. 制定销售策略		4. 能操作实际产品给客户演示	操作系统、集成开发环境		
		8. 设计宣传材料					
技术支持工程师	售前技术支持	1. 为来访客户进行产品演示以及解答客户的疑问	职业核心素质：大局观、踏实、抗挫抗压能力、应变能力、理解能力、主动性、诚信、解决问题能力、责任感、学习能力、团队合作、沟通能力 岗位核心素质：口头表达能力、组织能力、逻辑思维能力	1. 能够制作相关培训课件	Office 软件使用	专科	应届毕业生
		2. 负责对公司销售人员进行产品培训		2. 熟悉数据库管理系统	SQL Sever、Oracle、DB2 等数据库管理系统		
	售后技术支持	3. 校验使用说明书					
		4. 为客户培训公司软/硬件产品的使用以及维护方法，制作产品培训教程		3. 熟悉产品性能指标、部署实施	操作系统及 IIS 等各类 Web 服务器		

（4）适合高职学生就业的职业岗位工作人员要求

表 3 覆盖了软件系统开发、销售过程的相关职业岗位。职业岗位中的需求分析师、软件开发工程师、模块程序员、测试工程师、测试员、销售工程师、技术支持工程师的职业能力适合作为高职高专院校的培养目标。可结合地域经济发展对人才的需求、自身办学实力、生源情况等，选择 2～3 个就业岗位对学生进行培养。

2. 确定专业名称及专业培养目标

（1）专业培养目标分析

• 地域人才需求

北京地区是众所周知的高科技产业最密集的地区，拥有全国巨大的产业规模，现有的人才供应速度已无法满足企业用人需要，人才需求为软件技术专业的建设提供了强大的动力。

• 自身办学实力

北京北大方正软件技术学院计算机软件技术系设有“软件技术”、“软件测试技术”、“游戏软件”3 个专业。其中“软件技术”、“软件测试技术”覆盖了典型软件系统开发过程中的主要技术。系内不但拥有硕士研究生学历的专职教师，更有来自方正电子公司等企业的多名高级技术专家担任专业建设工作及实训教学工作，师资力量雄厚。

计算机软件技术系拥有先进的教学条件和实训设施，建设有多个专业实训基地和软件开发中心，其中，计算机应用与软件技术实训基地建设项目入选 2007 年度北京市市级示范性高职实训基地，并入选中央财政支持的职业教育实训基地建设项目。计算机软件系还在方正国际、方正电子等企业建立了校外实训基地。教学设备方面配备有高性能计算机 600 余台及 IBM、SUN 等多种大型服务器等设备。

• 学制与招生对象

学制三年，招生对象为普通高中生和三校生。

• 学生就业岗位选择

北京北大方正软件技术学院结合自身教学资源，瞄准北京管理信息系统软件相关领域，选择模块程序员、测试员、销售工程师及技术支持工程师等职业岗位。

（2）专业名称

专业名称：软件技术

专业代码：590108

（3）专业培养目标描述

• 专业培养目标描述要素（见表 4）

表 4　专业培养目标描述要素

专业名称	软　件　技　术
职业面向领域	金融、医疗、教育、交通、电子政务等领域
职业岗位	需求分析师、软件开发工程师、模块程序员、测试工程师、测试员、销售工程师、技术支持工程师
职业岗位简要说明	需求分析师：要求能够撰写需求分析报告、协调客户及开发人员、支持测试人员、编写用户手册，对事物有较强认知能力 软件开发工程师：要求能够承担软件的的设计工作，编写文档，参与测试，有很强的逻辑分析能力 模块程序员：要求能够识读需求及设计文档、编写代码、编写文档，有较强的逻辑思维能力 测试工程师：要求能够完成软件测试管理工作，整理相关测试文档，理解软件开发流程，熟练掌握测试方法和测试规范 测试员：要求能够编写测试用例、搭建测试环境、执行测试、编写缺陷报告，耐心细致、擅于发现和解决问题 销售工程师：要求能够胜任市场调研、产品推广及产品销售，有较强的沟通和理解能力 技术支持工程师：要求能够胜任售前及售后技术支持工作，有很强的责任感及解决问题的能力

• 专业培养目标描述

本专业培养德、智、体、美等全面发展的高素质技能型人才，学生应具有良好政治思想素质、职业道德和创新精神，具有与本专业领域相适应的文化知识，了解软件系统知识体系及发展趋势，具有软件工程学基本理念，初步掌握软件系统构架设计基本知识，熟悉软件模块设计基本方法，熟练掌握软件实现技能、调试技能、软件系统测试技能，具有软件产品营销及技术支持能力，具有较强事业心和团队合作精神。

3. 学期项目主导的课程体系开发

学期项目主导的课程体系开发思想是基于职业岗位对高技能人才上岗快的要求。学期项目是按照企业上岗人员完成任务的难易程度，由入门→独立接受简单任务→独立接受复杂任务→独立顶岗几个阶段，每学期选取至少一个典型的独立工作任务，学期课程全部是围绕学期项目所需要的技能、相关知识和素质要求组织教学。

（1）专业面向的职业岗位对上岗人员素质、技能、相关知识和评价标准要求的分析

北京北大方正软件技术学院"软件技术"专业面向的职业岗位为模块程序员、测试员、销售工程师，其对上岗人员的素质、技能、相关知识和评价标准要求分析是为了形成学期项目或课程教学元素。这里，着重分析的是"软件技术"专业培养的毕业生上岗应该具备的素质、技能、相关知识和工作完成情况的评价标准。具体分析如表 5 所示。

表 5 “软件技术”专业毕业生应具备的素质、技能、相关知识

职业岗位	工作任务	工作内容	素质要求	技能要求	相关知识	评价标准
模块程序员	识读需求及设计文档	1. 理解需求说明书、明确系统功能要求	职业核心素质：大局观、踏实、抗挫抗压能力、应变能力、理解能力、主动性、诚信、解决问题能力、责任感、学习能力、团队合作、沟通能力 岗位核心素质：熟练运用相关开发语言及工具，深入理解软件开发流程及相关规范	1. 懂得软件工程规范、熟练运用面向对象思想编程	1. 软件工程、面向对象	准确理解设计文档意图
		2. 理解设计说明书，明确业务模块功能、输入、输出		2. 熟悉相关编程语言，能完成指定模块代码编写，能够对代码进行优化	2. JAVA、C#.NET 语言、HTML、CSS 界面编程、JavaScript 脚本编程、JSP&Severlet 或 ASP.NET Web 编程、ssh 框架技术	
				3. 会设计流程图	3. 数据流图	
		3. 设计软件流程图		4. 能理解需求说明书、明确系统功能要求	4. UML 图表	
	编写代码	4. 编写功能模块代码		5. 能够熟练运用数据库脚本	5. SQL Sever、Oracle、DB2 等数据库管理系统	逻辑正确、书写规范
		5. 编写与图形界面有关的代码		6. 能熟练使用版本控制器	6. 代码管理工具，如 VSS 或 CVS	
		6. 对编写的代码进行调试		7. 利用开发环境进行代码调试	7. 集成开发环境调试工具	
	编写文档	7. 编写文档		8. 能够熟练运用软件工程规范编写代码功能说明、编写软件流程说明和系统功能说明	8. Office 软件使用	明了易懂
测试员	编写测试用例，搭建测试环境	1. 根据产品需求设计测试方案、测试用例，编写测试需求		1. 能读懂面向对象语言	1. C#、Java 等语言	设计有效的测试用例，快速搭建测试环境
		2. 搭建测试环境		2. 能看懂流行的脚步语言	2. JavaScript/Html/Ajax	
				3. 能使用标准 SQL 语句	3. SQL Sever、Oracle、DB2 等数据库管理系统	

续表

职业岗位	工作任务	工作内容	素质要求	技能要求	相关知识	评价标准
	执行测试	3. 根据测试方案执行手工测试，记录测试过程	职业核心素质： 大局观、踏实、抗挫抗压能力、应变能力、理解能力、主动性、诚信、解决问题能力、责任感、学习能力、团队合作、沟通能力 岗位核心素质： 熟练掌握测试流程、测试方法及测试规范，熟练使用相关测试工具	4. 能配置主流操作系统	4. Windows/Linux 系统的基本配置	熟练掌握测试流程，及时发现系统中的问题
				5. 能熟悉基本网络协议	5. TCP/IP 协议	
		4. 根据测试方案，利用测试工具进行功能、性能等测试工作		6. 能使用白盒测试方法进行测试用例设计	6. 白盒测试方法	
				7. 能使用黑盒测试方法进行测试用例设计	7. 黑盒测试方法	
	编写缺陷报告	5. 编写缺陷报告		8. 能编写相关测试文档	8. 测试方案、测试用例、测试缺陷、测试总结报告等	准确反映系统缺陷
				9. 能使用测试工具进行功能和性能测试及管理	9. 测试工具 QTP 和 LoadRunner 等、测试管理工具 TD 等	
				10. 熟练使用和维护配置管理工具	10. 缺陷管理工具；BUG；配置管理工具；CVS 等	
销售工程师	市场调研	1. 对客户群进行调查	职业核心素质： 大局观、踏实、抗挫抗压能力、应变能力、理解能力、主动性、诚信、解决问题能力、责任感、学习能力、团队合作、沟通能力 岗位核心素质： 口头表达能力、组织能力、顾客导向、情绪控制与调适、亲和力、乐群性	1. 能用流利清楚的中/英文语言与客户沟通	1. IT 英语	市场调查准确、真实反映市场需求
		2. 对同类产品进行比较				
		3. 对市场容量进行估算		2. 能用数学工具和信息处理工具（Excel）分析潜在客户，能用信息处理工具（PPT）给客户演示产品	2. Office 软件使用	
	产品推广	4. 寻找卖点				推广策略理性、有效拓展推广渠道
		5. 拓展推广渠道		3. 能遵循行业规范用信息处理工具制作规范的解决方案和标书	3. 行业规范、标书书写规范	
		6. 市场推广策划				
	产品销售	7. 制定销售策略		4. 能操作实际产品给客户演示	4. 操作系统、集成开发环境	按时完成销售指标
		8. 设计宣传材料				

(2) 专业面向的职业岗位对上岗人员的素质、技能、相关知识要求分类汇总（见表6）

分类汇总是为了获得职业基本能力和职业核心能力，以及支持职业基本能力和职业核心能力的相关知识。

表6 职业岗位对专业人才的素质要求汇总表

职业核心素质	职业岗位核心素质	
大局观、踏实、抗挫抗压能力、应变能力、理解能力、主动性、诚信、解决问题能力、责任感、学习能力、团队合作、沟通能力	模块程序员	逻辑思维能力、时间管理、态度严谨、成就导向、口头表达能力、创新性、注重细节、计划性
	测试员	工作态度、注重细节、时间观念、抽象思维能力、语言表达能力
	销售工程师	口头表达能力、组织能力、顾客导向、情绪控制与调适、亲和力、乐群性

(3) 学期项目的形成（见表7）

表7 学期项目形成表

学期	素质、技能、知识元素		整合课程	学期项目
一	职业素质	大局观、踏实、诚信、解决问题能力、责任感	1. Java 编程技术 2. 数据库技术基础	企业资产管理系统
	技能	能完成指定模块代码编写 能够对数据库进行初步管理		
	知识	Java 语言编程 Eclipse 开发环境 软件调试方法 SQL Sever、Oracle、DB2 等数据库管理系统		
二	职业素质	大局观、踏实、抗挫抗压能力、应变能力、诚信、责任感	1. HTML、CSS、Java Script 编程技术 2. 数据库设计与实现 3. JSP/Servlet 编程技术 4. C#编程技术	科研信息管理系统
	技能	面向对象编程，能读懂 C#程序 能够熟练使用数据库脚本编程 能够进一步对数据库进行管理		
	知识	Java 语言编程 Eclipse 开发环境 软件调试方法 SQL Sever、Oracle、DB2 等数据库管理系统 软件工程（软件工程规范、代码编写规范）		
三	职业素质	大局观、踏实、抗挫抗压能力、应变能力、理解能力、主动性、诚信、解决问题能力、责任感、学习能力、团队合作、沟通能力		1. 网上购物平台 2. 网上书店

续表

<table>
<tr><th>学期</th><th colspan="2">素质、技能、知识元素</th><th>整合课程</th><th>学期项目</th></tr>
<tr><td rowspan="2">三</td><td>技能</td><td>能阅读简单英文资料
能组织测试需求并制定测试计划
能用相应的测试方法设计测试用例
能熟练使用配置管理工具进行系统配置
能熟练使用测试工具进行功能和性能测试
能熟练使用缺陷管理工具
熟悉网络协议
能熟练使用配置管理工具进行系统配置</td><td rowspan="2">1. 软件测试技术
2. 计算机网络基础
3. 操作系统配置与管理
4. IT 职业英语
5. ASP.NET 编程技术
6. ssh 框架技术(1)
Struts/Hibernate</td><td rowspan="2"></td></tr>
<tr><td>知识</td><td>Struts/Hibernate 技术
Windows/Linux 系统的基本配置
TCP/IP 协议
白盒测试方法；黑盒测试方法
测试方案、测试用例、测试缺陷、测试总结报告等
测试工具 QTP 和 LoadRunner 等，测试管理工具 TD 等
缺陷管理工具
IT 英语</td></tr>
<tr><td rowspan="3">四</td><td>职业素质</td><td>大局观、踏实、抗挫抗压能力、应变能力、理解能力、主动性、诚信、解决问题能力、责任感、学习能力、团队合作、沟通能力</td><td></td><td rowspan="3">铁路信息查询系统</td></tr>
<tr><td>技能</td><td>懂得软件工程规范
能理解需求说明书、明确系统功能要求
会设计流程图
能够熟练运用软件工程规范编写代码功能说明，编写软件流程说明和系统功能说明</td><td rowspan="2">1. 软件工程
2. UML
3. ssh 框架技术(2)
Spring</td></tr>
<tr><td>知识</td><td>软件工程，面向对象
UML
数据流图
Spring 技术</td></tr>
<tr><td>五</td><td colspan="3">开发岗位核心素质：
逻辑思维能力、时间管理、工作态度、成就导向、口头表达能力、创新性、注重细节、计划性
开发职业岗位核心能力：
① 理解需求说明书，明确系统功能要求；② 理解设计说明书，明确业务模块功能、输入、输出；③ 设计软件流程图；④ 编写功能模块代码；⑤ 编写与图形界面有关的代码；⑥ 对编写的代码进行调试；⑦ 编写文档</td><td>股票交易平台</td></tr>
</table>

续表

学期	素质、技能、知识元素	整合课程	学期项目
五	加强的知识： 1. Java、C#.NET 等面向对象编程语言，相关类库 2. 集成开发工具的使用 3. 开发环境中调试工具的使用 4. 分层结构思想		
	测试岗位核心素质： 态度严谨、注重细节、时间观念、抽象思维能力、语言表达能力 测试职业岗位核心能力： ① 编写测试用例；② 搭建测试环境；③ 执行测试；④ 编写缺陷报告 加强的知识： 1. 测试方法，尤其是白盒测试方法 2. 测试工具使用 3. 系统管理与配置		BBS 管理系统
	销售岗位核心素质： 口头表达能力、组织能力、顾客导向、情绪控制与调适、亲和力、乐群性 销售职业岗位核心能力： ① 挖掘潜在客户；② 分析潜在客户；③ 确定客户需求；④ 给客户演示产品；⑤ 与客户建立良好的关系；⑥ 做解决方案；⑦ 制作标书；⑧ 参加招投标；⑨ 签定合同；⑩ 项目验收；⑪ 项目回款 加强的知识： 1. 市场调研与分析（市场营销、消费者行为学、经济学） 2. 合同法、合同制定规范(经济法)		企业销售管理系统
六	开发岗位核心素质： 逻辑思维能力、时间管理、态度严谨、成就导向、口头表达能力、创新性、注重细节、计划性 形成通用能力： 自我学习能力、与人交流能力、信息处理能力、与人合作能力、数字应用能力、解决问题能力和创新能力		开发岗顶岗实习
	测试岗位核心素质： 态度严谨、注重细节、时间观念、抽象思维能力、语言表达能力 形成通用能力： 自我学习能力、与人交流能力、信息处理能力、与人合作能力、解决问题能力		测试岗顶岗实习
	销售岗位核心素质： 口头表达能力、组织能力、顾客导向、情绪控制与调适、亲和力、乐群性 形成通用能力： 自我学习能力、与人交流能力、信息处理能力、与人合作能力		销售岗顶岗实习

二、专业课程体系

1. 专业课程体系链路（以软件见图 4）

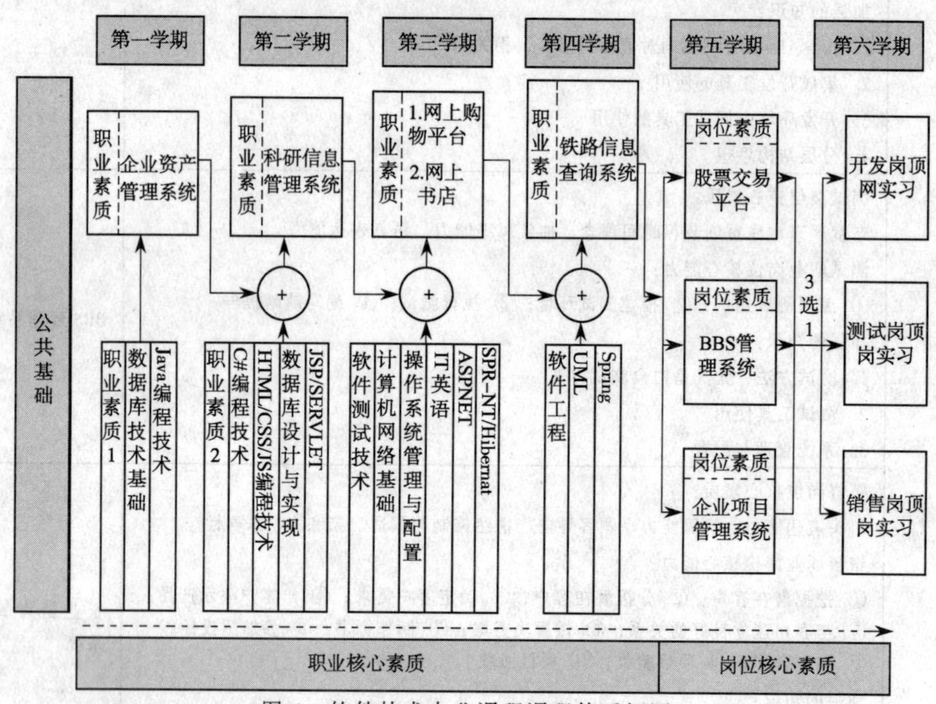

图 4　软件技术专业课程课程体系框图

2. 专业课程体系链路描述

（1）通用能力培养体系

对学生的通用能力的培养通过毛泽东思想、邓小平理论和“三个代表”重要思想，法律基础，形势教育，就业指导，军事理论，健康教育等课程教学以及大学生的相关社会实践来完成。

（2）职业基本能力培养体系

依照职业岗位中的需求，对每项职业技能及相关知识设计具体案例，并介绍案例的相关背景，使得学生能够分阶段掌握未来职业岗位所需技能及知识点。

（3）职业核心能力培养体系描述

本方案以学期项目为导向，对学生在校的 5 个学期，设计了 8 学期项目。每个学期项目体现了学期教授课程中的知识与技能，它们来自于软件开发岗位的职业分析成果，因此，学生顺利完成设计的 8 个学期项目，将在第 5 学期获得相应得软件开发综合能力及其他相关从业能力，为第 6 学期的定岗实施打下基础。

三、专业课程体系教学计划（见表8）

表8 专业教学计划表

年级	学期	课程类型		课程名称	考试方式		学分	学时				周学时（课内）
					考试	考查		总计	讲课	实训	顶岗实习	
一年级	第一学期	支撑平台课程	职业素质	职业道德		√	2	32	16	16	0	2
			技术基础课程	数据库技术基础		√	4	64	32	32	0	4
			技术专业课程	Java 编程技术	√		8	128	64	64	0	8
		学期项目		企业资产管理系统	√		1.5	24	0	24	0	1.5
		职业核心素质		大局观、踏实、诚信、解决问题能力、责任感								
		第一学年第一学期小计					15.5	248	112	136	0	15.5
	第二学期	支撑平台课程	职业素质	职业生涯规划		√	2	32	16	16	0	2
			技术技能课程	C#编程技术	√		8	128	32	96	0	8
				HTML、CSS、JavaScript	√		2	32	8	24	0	2
				数据库设计与实现		√	2	32	8	24	0	2
				JSP/Servlet 编程技术	√		8	128	32	96	0	8
		学期项目	科研信息管理系统			√	2	32	0	32	0	2
		职业核心素质	大局观、踏实、抗挫抗压能力、应变能力、诚信、责任感									
		第一学年第二学期小计					24	384	96	288	0	24
二年级	第一学期	支撑平台课程	技术基础课程	软件测试技术		√	1	16	0	16	0	1
				计算机网络基础		√	1	16	0	16	0	1
				操作系统配置与管理		√	1	16	0	16	0	1

续表

年级	学期	课程类型		课程名称	考试方式		学分	学时				周学时（课内）
					考试	考查		总计	讲课	实训	顶岗实习	
二年级				IT职业英语		√	4	64	64	0	0	4
		学期项目	网上购物平台；网上商店			√	2	32	128	32	0	2
		职业核心素质	大局观、踏实、抗挫抗压能力、应变能力、理解能力、主动性、诚信、解决问题能力、责任感、学习能力、团队合作、沟通能力									
		第二学年第一学期小计					25	400	128	272	0	25
	第二学期	支撑平台课程	技术基础课程	软件工程		√	2	32	8	24	0	2
				UML		√	2	32	8	24	0	2
			技术专业课	Spring	√		8	128	32	96	0	8
		学习项目		铁路信息查询系统		√	8	128	32	96	0	8
		职业核心素质	大局观、踏实、抗挫抗压能力、应变能力、理解能力、主动性、诚信、问题解决能力、责任感、学习能力、团队合作、沟通能力									
		第二学年第二学期小计					20	320	80	240	0	20
三年级	第一学期	模块程序员	岗位项目	股票交易平台		√	8	128	0	128	0	8
			岗位素质	逻辑思维能力、时间管理、态度严谨、成就导向、口头表达能力、创新性、注重细节、计划性								
		测试员	岗位项目	BBS 管理系统		√	8	128	0	128	0	8
			岗位素质	态度严谨、注重细节、时间观念、抽象思维能力、语言表达能力								
		销售工程师	岗位项目	企业项目管理系统		√	8	128	0	128	0	8
			岗位素质	口头表达能力、组织能力、顾客导向、情绪控制与调适、亲和力、乐群性								
		第三学年第一学期小计					24	384	0	384	0	24
	第二学期	模块程序员	顶岗实习	程序设计工作		√	20	320	0	0	320	20
			岗位素质	逻辑思维能力、时间管理、态度严谨、成就导向、口头表达能力、创新性、注重细节、计划性								

续表

年级	学期	课程类型		课程名称	考试方式		学分	学时				周学时（课内）
					考试	考查		总计	讲课	实训	顶岗实习	
三年级		测试员	顶岗实习	测试工作		√	20	320	0	0	320	20
			岗位素质	态度严谨、注重细节、时间观念、抽象思维能力、语言表达能力								
		销售工程师	顶岗实习	销售及技术支持工作		√	20	320	0	0	320	20
			岗位素质	口头表达能力、组织能力、顾客导向、情绪控制与调适、亲和力、乐群性								

四、专业课程体系实施条件

1. 实训基地

（1）实训基地建设结构（见图 5）

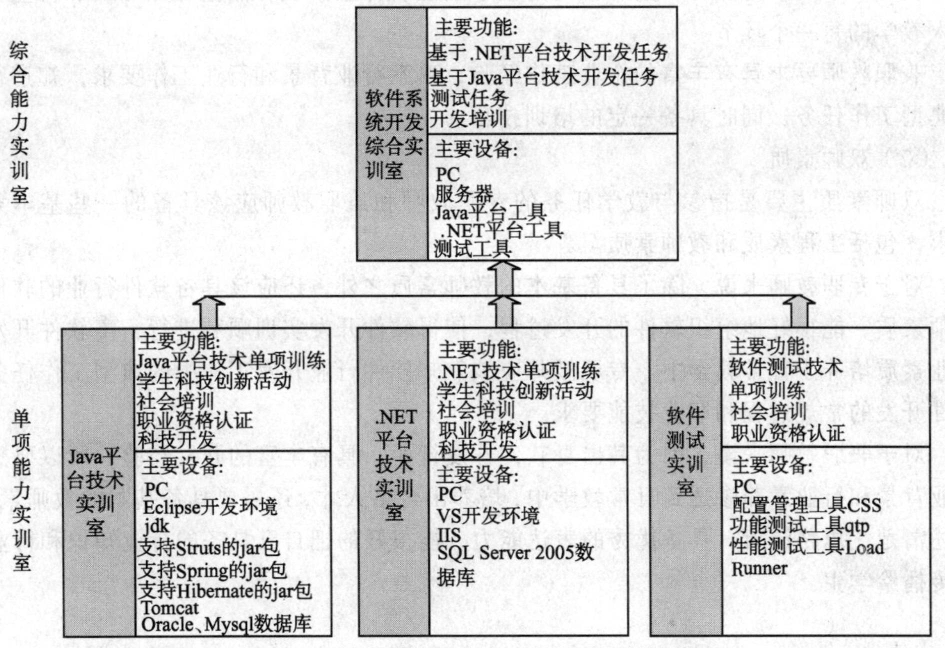

图 5 “软件技术”专业实训基地建设结构

（2）实训基地简要说明

实验实训基地融技能点训练、单项能力训练、综合能力训练、职业技能鉴定、科技开发、学生科技创新、社会服务于一体，服务区域经济，辐射周边地区。

建成 4 个能够分别容纳 40 名学生的实训室，包括：单项能力训练实训室 3 个，综合能力训练实训室 1 个。其中，单项能力训练实训室包括：Java 平台技术实训室、.NET 平台技术实训室、软件测试实训室；综合能力训练实训室即为：软件系统开发综合实训室。

单项能力训练为仿真工作环境下的学期项目训练；综合能力训练结合工作岗位，目的是通过实际操作提升工作经验，通常在真实工作环境下，进行分步骤全流程综合性工作操作，训练内容可借鉴企业实际工作岗位工作项目。

2. 师资队伍

（1）双师结构

参与教学的教师队伍由 10 人组成，其中专职教师和兼职教师各 5 人。专职教师中有 1 个专业带头人带领其余 4 名骨干教师和 5 名兼职教师共同完成教学任务。

专业带头人需要是教学领域相应行业具有多年从业经验，至少具有副教授职称，专业素质较高，对学生的学习特点和教学任务有足够的了解，经验丰富，富于创新的教师。骨干教师要求至少为讲师，具有很高的教学技能和专业素质，能把专业知识和行业背景融入教学的每一个环节。

兼职教师要求具有丰富的企业工作经验，熟悉行业背景和行业工作要求，知道行业的典型工作任务，同时具备一定的培训技巧。

（2）双师素质

双师素质主要是指参与教学任务的专职教师和兼职教师应该具备的一些基本素质要求，包括工程素质和教师素质。

对于专职教师来说，除了具备基本的教师素质之外，还应该具备软件行业的软件工程师素质，能很好地组织软件的开发过程，使得软件开发实训顺利进行，寓软件开发的职业素质培养于日常教学中。专职教师应该熟知软件行业开发工作中的典型工作任务和软件开发的常规过程和职业技能要求。

对于兼职教师来说，因为其出身软件开发行业，具有丰富的开发经验，所以要想把行业背景和行业素养渗透到日常教学中，培养出合格人才，还需要具备基本的教师素质，表述清楚，思路清晰，具备优秀的表达能力，能很好的把自己具备的行业知识和行业素养传播给学生。

五、“Java 编程技术”课程教学大纲参考案例

1. 课程的性质与任务

（1）课程的性质

“Java 编程技术”课程是“软件技术”专业的核心课程，对形成专业面向的模块程序员、测试员、技术支持工程师需要的技能、知识和素质起支撑作用，是下一步学习“Jsp&servlet 编程技术”课程的重要基础。

（2）课程的任务

通过本课程的学习，使学生对程序设计语言有初步的认识，从感性理解面向对象的相关知识，通过以该门课程为基础，完成学期项目，对软件系统开发过程有初步理解，为后续课程打下坚实基础。

2. 前导课程

无

3. 后续课程

Jsp&sevlet 编程技术

4. 课程知识和技能培养目标

通过本课程的学习，可以使学生对程序设计语言的功能、设计方法有所了解，使学生初步认识面向对象的思想、具有通过 Java 技术进行应用开发的技能，从而胜任基本的程序设计工作和软件测试等岗位工作。

（1）知识

Java 语言语法、核心概念和许多常见的应用编程接口，面向对象设计概念的中级知识、线程等相关内容。

（2）技能

能够使用 Java 语言设计程序实现一定的功能，能够使用集成开发环境提供的工具完成对程序 BUG 的调式，能够初步理解并运用面向对象思想进行程序设计并能够遵守软件工程中相关规范。

（3）素质

通过项目实践，能爱岗敬业，能热情主动地工作，形成良好的程序设计思维能力，养成良好的程序书写习惯，面对程序设计中出现的问题能够耐心细致地分析并予以解决，坚持努力学习，不断提高自身可持续发展的基础理论水平和工程经验，形成良好的职业素养和勤奋工作的基本素质。

5. 课程的教学内容与学时分配（见表9）

表9　课程的教学内容与学时分配

序号	单元	学习目标	主要内容		学时
1	开发	专业能力目标： 1. 编程时能使用访问修饰符、包声明和导入语句与示例代码交互 2. 能将类在 JAR 文件的内部和/或外部进行部署 其他能力目标： 1. 能够对工作进行合理规划 2. 能够及时解决工作中出现的问题	理论教学	1. 使用 Java 和 Javac 2. 包和搜索 3. JAR 文件 4. 静态导入	2
			实训项目	1. 使用 Javac 和 Java 命令运行 jdk 安装目录下的 demo 文件夹下的类 2. 运行资产管理系统的 demo	4
2	声明和访问控制	专业能力目标： 1. 能熟练使用各种数据类型 2. 能熟练声明静态和非静态方法 3. 编写代码，声明类、接口和枚举，以及包和导入语句的恰当使用 其他能力目标： 1. 能够对工作进行合理规划 2. 能够读懂程序代码	理论教学	1. 开发接口和抽象类 2. 使用基本类型、数组、枚举和合法标识符 3. 使用静态方法、JavaBeans 命名和 var-arg	6
			实训项目	1. 设置企业资产管理系统 2. 应用程序组织结构及相关类中的私有成员	4
3	面向对象	专业能力目标： 1. 能编写代码实现 is-a 和/或 has-a 关系 2. 能编写示范使用多态性的代码 3. 给定一个示例代码，确定一个方法是否正确重载或重写了另一个方法，并确定该方法的返回值 其他能力目标： 1. 能够读懂程序代码 2. 能够查找相关资料	理论教学	1. 声明接口 2. 声明、初始化和使用类成员 3. 使用重载和重写 4. 开发构造函数 5. 使用多态性 6. 使用 is-a 和 has-a 关系	6
			实训项目	设计企业资产管理系统中相关类及类之间的关系	4
4	赋值	专业能力目标： 1. 能编写代码，正确应用恰当的运算符，包括赋值运算符（限于：=,+=,-=） 2. 能编写代码；熟练使用基本包装器类，如 Boolean,Character,Double,Integer 等；自动装箱及取消装箱	理论教学	1. 使用类和成员 2. 开发包装器代码和自动装箱代码 3. 确定向方法传递变量的影响 4. 识别对象何时适合进行垃圾收集	6

续表

序号	单元	学习目标	主要内容		学时
4	赋值	其他能力目标： 1. 能够读懂程序代码 2. 能够查找相关资料	实训项目	1. 编写代码，正确应用恰当的运算符，包括赋值运算符（限于：=,+=,-=） 2. 编写代码使用基本包装器类 3. 进行资产管理系统相关类的初始化处理	4
5	运算符	专业能力目标： 能正确运用合适的运算符	理论教学	使用运算符	6
			实训项目	编写代码确定两个对象的相等性	4
6	流程控制、异常和断言	专业能力目标： 1. 能熟练使用分支结构 2. 能熟练使用循环结构 3. 编写利用异常和处理异常子句（try、catch、finally）的代码，并声明抛出异常的方法和重写方法 4. 认识代码段内特定点所产生的异常的影响 5. 编写利用断言的代码，并区分断言的正确使用和错误使用 其他能力目标： 1. 能够读懂程序代码 2. 能够查找相关资料	理论教学	1. 使用 if 和 switch 语句 2. 编写 for、do 和 while 循环，使用 break 和 continute 语句 3. 使用断言编写代码 4. 使用 try、catch 和 finally 语句 5. 指出异常的作用 6. 识别公共异常	4
			实训项目	进行资产管理系统相关类的实现，并对类中的安全性应用异常处理，用断言进行测试处理	2
7	字符串、i/o、格式化和解析	专业能力目标： 1. 熟练使用 java.io 中的类：BufferedReader、BufferedWriter、File、FileReader 和 PrintWriter 2. 编写代码，使用来自 java.iode 中的 API 串行化和/或反串行化对象 3. 能使用 java.text 包中的标准 J2SE API 为特定的地区正确的格式化或解析日期、数字和货币值 4. 能编写代码使用 java.util 包和 java.util.regex 包中的标准 J2SE API 来格式化或解析字符串或流 其他能力目标： 1. 能够读懂程序代码 2. 能够查找相关资料	理论教学	1. 使用 String、StringBuffer 和 StringBuilder 2. 使用 java.io 包的文件 I/O 3. 使用 java.io 包的串行化 4. 处理日期、数字和货币 5. 使用正则表达式	8
			实训项目	1. 根据要求，使用文件类操作文件 2. 根据要求，编写代码运用正则表达式进行字符查找。 3. 根据要求，对日期进行国际化和本地化处理 4. 对资产管理系统中的日期进行格式化处理和本地化处理	6

续表

<table>
<tr><th>序号</th><th>单元</th><th>学习目标</th><th colspan="2">主要内容</th><th>学时</th></tr>
<tr><td rowspan="2">8</td><td rowspan="2">泛型和集合</td><td rowspan="2">专业能力目标：
1. 能使用 java.util 包中的功能编写代码，通过排序、执行二分搜索或将列表转换到数组来操作列表
2. 编写使用 Collections API，特别是 Set、List 和 Map 接口和实现类的泛型版本的代码
其他能力目标：
1. 能够读懂程序代码
2. 能够查找相关资料</td><td>理论教学</td><td>1. 使用集合设计
2. 使用包括 Set、List 和 Map 的集合泛型版本
3. 使用类型参数编写泛型方法</td><td>6</td></tr>
<tr><td>实训项目</td><td>1. 根据情境，选择合适的集合进行编程
2. 正确使用泛型进行方法和类的设计
3. 对资产管理系统中的相关类进行泛型和集合改进</td><td>4</td></tr>
<tr><td>9</td><td>综合训练</td><td>专业能力目标：
1. 综合运用 Java 基础知识进行应用开发
其他能力目标：
1. 能够对工作进行合理规划
2. 能够及时解决工作中出现的问题
3. 能够读懂程序代码
4. 能够查找相关资料</td><td>实训项目</td><td>企业资产管理系统</td><td>24</td></tr>
<tr><td colspan="5">合计学时</td><td>100</td></tr>
</table>

6. 课程教学条件

本课程的授课在实训室进行，实训室应该具备多媒体教学的条件。其基本设施有投影仪、多媒体教学系统、教师用计算机和学生用计算机等。

7. 课程师资要求

授课教师应该具备一定的软件开发经验，能够指导学生设计完成每个实训项目，并完成最终学期项目。

8. 教学方法与手段

用演示教学法、过程教学法、案例教学法、引导文教学法等启发、引导学生对技能、知识和职业素质的理解。

（1）演示教学方法

在实际教学过程中为每项技能及相关知识设计相应演示程序，使学生能对岗位知识及技能有更为深刻的认识。

（2）过程教学

每个项目的讲解和操作都依据企业中软件设计的真实过程，体现由底向上的设计思路。

（3）案例教学法

选取典型的软件系统作为案例，从用户需求分析、概要设计、详细设计、编码、测试等，提供完整工作过程。

9. 考核方式及评分方法

总评成绩=平时成绩×30%+情境学习总成绩×40%+期末成绩×30%

平时成绩=作业成绩×30%+课堂回答问题成绩×30%+学习总结演示×10%+出勤成绩×30%

情境学习总成绩为各个学习情境成绩的综合，其中学习情境成绩来源于小组成员考核表

情境学习总成绩=情境 1 成绩×15%+情境 2 成绩×10%+情境 3 成绩×5%+情境 4 成绩×10%+情境 5 成绩×15%+情境 6 成绩×30%+情境 7 成绩×15%

期末考试采用上机抽题的形式进行考核。

10. 教材及参考资料

课程以项目为引导进行，为了培养学生解决问题和自我学习的能力，建议教材作为参考书使用，学生根据各个项目所涉及的知识点自己在教材中寻找并复习。

“软件技术”（欧美服务外包）专业课程体系参考方案

天津职业大学　王向华　王　翔　王晓星
南开越洋　张　岳　刘新伟　马　娟

一、专业课程体系开发

专业课程体系建立在欧美软件及服务外包职业岗位对人才技能、相关知识和素质要求的基础上，培养目标的确定结合区域经济发展对人才的需求情况，课程体系设计以学期项目为导向。

1．专业面向的职业岗位分析

欧美软件服务外包的应用领域众多，功能不尽相同，但其工作流程本质上是相同的，因此，可以归纳出典型的职业岗位。比如，负责市场调查与客户研究的“营销员”和负责制定客户服务计划并进行实施的“软件工程师”等。

专业面向的职业岗位分析由学校提出需求，组织企业相关的人力资源部、生产部、研发部的管理人员和工程师与专业教师共同完成。职业岗位分析所获得的数据是形成课程开发的基础。

（1）职业岗位划分

职业岗位划分从欧美软件及服务外包的售前、售中和售后来进行，欧美软件及服务外包的特点是销售与技术的紧密联系性，在工作过程中，销售人员和技术人员必须密切配合、分工合作，才能完成客户的需求，这是与其他行业的显著不同。

由欧美软件及服务外包的销售和技术支持工作流程可以划分出欧美软件及服务外包相关职业岗位，如表 1 所示。

表 1　职业岗位划分

职业岗位（一级）	岗位分类（二级）	岗位分类编号
销售岗位	营销部经理	GW1-1
	营销员	GW1-2

续表

职业岗位（一级）	岗位分类（二级）	岗位分类编号
研发岗位	软件服务部经理	GW2-1
	项目经理	GW2-2
	软件服务工程师	GW2-3

欧美软件及服务外包销售与研发所覆盖的职业岗位都是高职院校可以培养的，有的职业岗位需要有一定年限的工作经验，有的职业岗位不需要工作经验，经过岗前培训即可进行。

高职高专专业的人才培养，需要结合地域经济发展对人才的需求、自身办学实力、生源情况等，按照就业岗位对学生进行培养。

2. *确定专业名称及专业培养目标*

（1）专业培养目标分析

• 地域人才需求

软件与服务外包是近十年兴起的产业，是由社会大量的需求发展起来的，几乎涉及了 IT 产业的各个方面。

全球软件外包的发包商主要集中在北美、西欧和日本等国家，其中美国近几年的发包占了 50%以上，日本占近 10%。外包接包市场主要是印度、爱尔兰和以色列等国家。其中，美国市场被印度垄断，印度已经成为软件外包的第一大国。而欧洲市场则被爱尔兰垄断。现在菲律宾、巴西、俄罗斯、澳大利亚、越南以及东欧的一部分国家也加入了世界软件外包的竞争行列。

IDC 预计，未来 5 年来自欧美市场的外包复合增长率将达到 44.7%，是各个地区中增长最快的部分，欧美市场潜力巨大。2007 年中国软件离岸外包市场获得 50%的高速增长，市场收入达到 20 亿美元，占全球软件外包份额的 2%。IDC 预测，中国软件外包市场在 2006～2010 年的 5 年中年复合增长率将超过 40%。

另外，中国 9 部委 2007 年公布的目标，在 2010 年使国内的软件外包市场规模达到 100 亿美元。按中国软件外包企业人均产值为 1.5 万美元计算，2010 年中国将需要 67 万软件外包从业人员，而目前只有 10 万。因此，欧美软件及服务外包的人才缺口巨大。

• 自身办学实力

天津职业大学电信学院拥有计算机应用、计算机网络技术、计算机多媒体技术、软件技术、通信技术、应用电子技术 6 个专业，聚集了软件、电子、通信、网络等多方面的专业教师。同时，与具有 20 年历史的美国硅谷 IT 咨询企业“南开越洋”合作建立了“欧美服务外包项目研发生产基地”，共同培养欧美软件及服务外包人才。

学院现有实验室 14 个，包括计算机技术实验室、软件开发综合实训中心、软件产品测试中心、网络工程实训中心、多媒体制作中心、创新制作室、项目开发室、校企联合研究中心等。良好的实验实训开发环境为校企联合提供了有力的保障。

• 学制与招生对象

学制三年，招生对象为普通高中生和三校生。

• 学生就业岗位选择

天津职业大学结合自身教学资源，对于软件专业学生，针对欧美软件及服务外包方向培养销售及技术工程师等就业岗位。

（2）专业名称

专业名称：软件技术（欧美软件及服务外包方向）

专业代码：590108

（3）专业培养目标描述

本专业培养具有良好职业素质、职业道德和创新意识，能够阅读与书写英文资料，能够利用网络与欧美客户进行沟通，能够使用现代化工具进行资源搜索并形成解决方案，能够使用开发平台开发符合客户需求的资源等欧美软件及服务外包专门人才。

3. 学期项目主导的课程体系开发

学期项目主导的课程体系开发思想是基于职业岗位对高技能人才“上岗快”的要求。学期项目是按照企业上岗人员完成任务的难易程度，由入门→接受简单任务→接受复杂任务→顶岗实习几个阶段，每学期选取至少一个典型的独立工作任务，学期课程全部围绕学期项目所需要的技能、相关知识和素质要求组织教学。

（1）专业面向的职业岗位对上岗人员素质、技能、相关知识和评价标准要求的分析

欧美软件及服务外包专业面向的职业岗位为软件服务工程师、营销部经理和营销员。对上岗人员的素质、技能、相关知识和评价标准要求的分析是为了形成学期项目或课程教学元素。表 2 是软件服务工程师岗位应该具备的素质、技能、相关知识和工作完成情况的评价标准。表 3 是针对软件服务工程师职业岗位形成的以学期项目为主导的课程体系。

表2　“欧美软件及服务外包”专业毕业生应具备的素质、技术、相关知识、评价标准

职业岗位	工作任务	工作内容	素质要求	技能要求	相关知识	评价标准
软件服务工程师	售前工作	1. 理解客户需求 2. 向营销部门提供技术支持 3. 提供IT解决方案	1. 职业核心素质：大局观、踏实、抗挫抗压能力、应变能力、理解能力、主动性、诚信、解决问题能力、责任感、学习能力、团队合作、沟通能力 2. 岗位核心素质：熟悉一种或几种编程语言；基本英文通信能力；网络调研方法；欧美法律体系知识	1. 能够利用欧美等处资源平台进行网络调研；能够通过与客户的沟通，了解客户业务情况及技术需求	1. IT技术技能市场调研 2. IT英语读写知识 3. 美国100工业概况 4. 欧美法律体系知识	解决方案是否符合客户需求
	项目实施	4. 根据项目计划开展项目工作 5. 与客户进行项目进度沟通，根据客户要求进行项目调整 6. 根据项目调整进行项目契约变更 7. 项目测试 8. 项目文件归档整理		2. 能够与客户进行通信，并自觉遵守项目契约的规定 3. 能够使用一种或几种开发工具进行项目设计	5. 软件设计标准与规范 6. 网络应用基础 7. Web技术及应用 8. Flash制作 9. 程序设计语言 10. 光学字符识别与图像处理	软件质量 契约执行情况
	项目总结	9. 评估工作完成情况，评估自身绩效 10. 编写工作总结相关文档		4. 能进行快速学习，具有英文读写能力，能编写项目相关文档	11. 软件工程项目文档规范	客户反馈效果

表3　学期项目形成表

<table>
<tr><th>学期</th><th colspan="2">素质、技能、知识元素</th><th>整合课程</th><th>学期项目</th></tr>
<tr><td rowspan="3">一</td><td>职业素质</td><td>踏实、抗挫抗压能力、理解能力、主动性、诚信、解决问题能力、学习能力</td><td rowspan="3">1. C语言编程
2. 数据库技术基础
3. 实用英语
4. 静态网页设计
5. 职业素质（1）</td><td rowspan="3">公交一卡通管理系统</td></tr>
<tr><td>技能</td><td>1. Word、Excel、PowerPoint、Internet应用能力
2. 懂得软件工程规范
3. 能理解需求说明书，明确系统功能
4. 能读懂C语言程序，能完成指定模块代码编写
5. 会设计流程图
6. 能够对数据库进行初步管理
7. 能够制作静态网页</td></tr>
<tr><td>知识</td><td>1. C语言编程
2. 静态网页制作
3. 软件调试方法
4. SQL Sever数据库管理系统
5. 实用英语</td></tr>
<tr><td rowspan="3">二</td><td>职业素质</td><td>踏实、抗挫抗压能力、理解能力、主动性、诚信、解决问题能力、学习能力</td><td rowspan="3">1. 数据库管理系统
2. IT职业英语
3. 网页脚本编程技术
4. .NET编程技术
5. 职业素质（2）</td><td rowspan="3">网上购物系统</td></tr>
<tr><td>技能</td><td>1. 能理解需求说明书，明确系统功能要求
2. 能读懂C#语言程序，会设计流程图
3. 能完成指定模块代码编写
4. 能够熟练使用数据库脚本编程
5. 能够进一步对数据库进行管理
6. 懂得软件工程规范，能够熟练运用软件工程规范编写代码功能说明、系统功能说明</td></tr>
<tr><td>知识</td><td>1. Visual Studio.NET编程环境
2. 动态网页制作
3. C#语言编程
4. 软件调试方法
5. 软件工程（软件工程规范、代码编写规范）
6. SQL Sever数据库管理系统
7. IT英语</td></tr>
<tr><td>三</td><td>职业素质</td><td>踏实、抗挫抗压能力、应变能力、理解能力、主动性、诚信、解决问题能力、责任感、学习能力、团队合作、沟通能力</td><td></td><td></td></tr>
</table>

续表

<table>
<tr><th>学期</th><th colspan="2">素质、技能、知识元素</th><th>整合课程</th><th>学期项目</th></tr>
<tr><td rowspan="2">三</td><td>技能</td><td>1. 懂得软件工程规范
2. 能理解需求说明书，明确系统功能要求
3. 会设计流程图，能完成指定模块代码编写
4. 能阅读英文资料
5. 能够熟练运用软件工程规范编写代码功能说明、软件流程说明和系统功能说明
6. 能组织测试需求并制定测试计划
7. 能熟练使用配置管理工具进行系统配置
8. 能熟练使用测试工具进行功能和性能测试</td><td rowspan="2">1. 软件测试技术
2. 软件工程
3. 大型数据库管理系统及开发技术
4. IT 职业英语</td><td rowspan="2">网络点播系统</td></tr>
<tr><td>知识</td><td>1. 软件工程
2. C#语言编程及 VS 集成开发环境
3. 软件调试方法
4. SQL Sever、Oracle 等数据库管理系统
5. 软件测试
6. 配置管理工具
7. IT 英语</td></tr>
<tr><td rowspan="3">四</td><td>职业素质</td><td>大局观、踏实、抗挫抗压能力、应变能力、理解能力、主动性、诚信、解决问题能力、责任感、学习能力、团队合作、沟通能力</td><td rowspan="3">1. 美国 100 工业领域
2. 欧美民商法
3. 欧美历史文化
4. 欧美市场营销实务
5. 欧美软件服务实务</td><td rowspan="3">Money Tree Project</td></tr>
<tr><td>技能</td><td>1. 能够利用工具软件进程网络调研，了解欧美客户业务情况及技术需求
2. 能够搜索使用各类欧美软件解决方案资源库
3. 能够通过调研找到最接近的解决方案
4. 能利用欧美民商法及相关法律规定处理业务中出现的问题
5. 能够与欧美客户沟通，制定项目方案及项目契约
6. 能够熟练进行英文项目文档的编写
7. 能够与客户进行网上谈判及项目沟通
8. 能够发掘客户的潜在需求，制定针对客户的后续服务策略</td></tr>
<tr><td>知识</td><td>1. 市场调研及定位
2. 网络营销策划
3. 欧美软件工程
4. 系统设计
5. 欧美民商法
6. 欧美服务协议及法律
7. 欧美工程英文通信
8. 文档及邮件通信规范</td></tr>
</table>

续表

<table>
<tr><th>学期</th><th colspan="2">素质、技能、知识元素</th><th>整合课程</th><th>学期项目</th></tr>
<tr><td>四</td><td>知识</td><td>9. 跨海项目制作
10. 欧美工程英文
11. 网络营销策划
12. 欧美营销英文通信
13. 营销策略方案制定
14. 服务建议书制定
15. 客户关系沟通</td><td></td><td></td></tr>
<tr><td rowspan="3">五</td><td colspan="3">营销岗位核心素质：
口头表达能力、组织能力、顾客导向、情绪控制与调适、亲和力、乐群性
营销职业岗位核心能力：
① 挖掘潜在客户；② 分析潜在客户；③ 与客户沟通，了解客户需求并制定符合客户要求的服务方案；④ 熟悉欧美民商法及法律、契约规定，并与客户进行谈判；⑤ 与客户沟通项目进展情况；⑥ 对客户信息进行追踪
加强的知识：
1. 欧美法律体系知识
2. 欧美客户思维习惯与生活、工作习惯
3. 与欧美客户的营销策略、沟通技巧</td><td>City Creator for Website</td></tr>
<tr><td colspan="3">工程技术岗位核心素质：
逻辑思维能力、时间管理、态度严谨、成就导向、口头表达能力、创新性、注重细节、计划性
工程技术职业岗位核心能力：
① 理解项目需求；② 制定项目开发计划；③ 熟悉一种或几种编程语言及其编程环境；④ 掌握资源搜索技巧；⑤ 具有快速学习能力；⑥ 编程规范性；⑦ 编写项目相关文档；⑧ 项目测试与实施
加强的知识：
1. 快速学习的方法
2. 搜索资源的技巧
3. 编程的规范性养成
4. 书写相关文档的习惯</td><td>www.readytolearn.edu.hk Website</td></tr>
<tr><td colspan="3">营销经理岗位核心素质：
口头表达能力、组织能力、顾客导向、情绪控制与调适、亲和力、乐群性、时间管理
营销经理职业岗位核心能力：
① 部门人员管理；② 理解项目需求并与客户谈判，制定服务计划；③ 合理分配人员与时间；④ 掌握资源搜索技巧；⑤ 帮助技术人员与客户沟通；⑥ 协调部门间工作
加强的知识：
1. 部门管理
2. 客户沟通方法与技巧
3. 欧美法律体系知识</td><td>Poker Player Performance Analysis Service Website</td></tr>
</table>

续表

学期	素质、技能、知识元素	整合课程	学期项目
六	1. 养成岗位核心素质 2. 形成通用能力，主要包括：自我学习能力、与人交流能力、信息处理能力、与人合作能力、数字应用能力、解决问题能力和创新能力		顶岗实习（选择一个岗位实习）

二、专业课程体系

1. 专业课程体系链路（见图1）

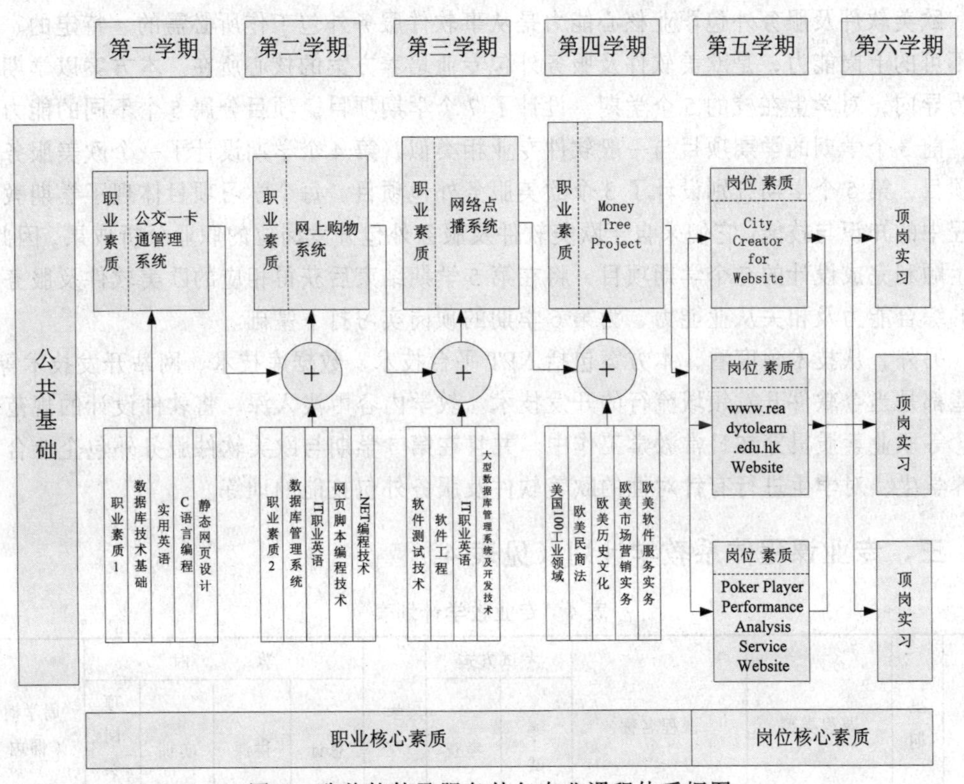

图1 欧美软件及服务外包专业课程体系框图

2. 专业课程体系链路描述

（1）通用能力培养体系

对学生通用能力的培养主要从政治素质、职业道德、身心素质、法律意识及人文素质几个方面入手，通过课程教学，使学生能够树立正确的人生观、价值观，懂得如何运用马克思主义的立场、观点、理论和方法观察事物，分析矛盾，处理问题，充分认识职业道德对集体与个人发展的作用，养成良好的个人习惯和意志品质，形成运用法律工具的意识。通用能力的培养通过毛泽东思想、邓小平理论和“三个代表”重要思想概论、思想道德修养与法律基础、形势教育、就业指导、军事理论、健康教育等课程及大学生的相关社会实践来完成。其团队协作理念和心理素质可以在工作强度较大的项目实训过程中得到锻炼。

（2）职业基本能力培养体系

职业基本能力的培养将在单项课程中予以进行，在课程教授及训练过程中，依照职业岗位中的需求，对每项职业技能及相关知识设计具体案例，并介绍案例的相关背景，使学生能够分阶段掌握未来职业岗位所需技能及知识点，并有助于未来对所学知识以及技能的整合。

（3）职业核心能力培养体系描述

欧美软件及服务外包职业核心能力是从事软件服务外包工作所必需的、特定的、缺之不可的上岗能力，是欧美软件及服务外包专业培养方案的核心所在。本方案以学期项目为导向，对学生在校的 5 个学期，设计了 7 个学期项目。项目分属 5 个不同的能力级别，前 3 个学期的学期项目与一般软件专业相类似，第 4 个学期设计了一个欧美服务外包项目，第 5 个学期分别设计了 3 个欧美服务外包项目。每个学习项目体现了学期教授课程中的知识与技能，它们来自于欧美软件及服务外包开发岗位的职业分析成果，因此，学生顺利完成设计的 7 个学期项目，将在第 5 学期结束后获得相应的欧美软件及服务外包的综合能力及相关从业能力，为第 6 学期的顶岗实习打下基础。

另外，从技术角度看，本方案包括.NET 平台技术、数据库技术、网站开发技术等，这些都是当今软件开发领域流行的开发技术。教学内容由浅入深，将软件设计的规范、理念等职业素质贯穿在日常教学工作中。并且在第 5 学期与欧美软件服务外包企业合作培养学生，对学生进行有针对性的欧美软件及服务外包技能的训练。

三、专业课程体系教学计划（见表 4）

表 4　专业教学计划表

年级	学期	课程类型		课程名称	考试方式		学分	学时				周学时（课内）
					考试	考查		总计	讲课	实训	顶岗实习	
一年级	第一学期	支撑平台课程	职业素质	职业素质（1）		√	2	20	20	0	0	2
			技术基础课程	数据库技术基础		√	4	80	40	40	0	4
				实用英语	√		2	40	40	0	0	2
			技术专业课程	C 语言编程	√		8	100	40	60	0	8
				静态网页设计	√		3	60	20	40	0	3

续表

年级	学期	课程类型		课程名称	考试方式		学分	学时				周学时（课内）
					考试	考查		总计	讲课	实训	顶岗实习	
一年级	第一学期	学期项目		公交一卡通管理系统	√		2	40	10	30	0	2
		职业核心素质		大局观、踏实、诚信、解决问题能力、责任感								
		第一学年第一学期小计					21	340	170	170	0	21
	第二学期	支撑平台课程	职业素质	职业素质（2）		√	2	20	20	0	0	2
			技术基础课程	数据库管理系统	√		2	60	30	30	0	4
				IT 职业英语		√	4	64	64	0	0	4
			技术技能课程	网页脚本编程技术	√		2	32	8	24	0	2
				.NET 编程技术	√		12	160	80	80	0	10
		学期项目		网上购物系统	√		2	60	20	40	0	2
		职业核心素质		大局观、踏实、抗挫抗压能力、应变能力、诚信、责任感								
		第一学年第二学期小计					24	396	222	174	0	24
二年级	第一学期	支撑平台课程	技术基础课程	软件测试技术		√	1	16	0	16	0	1
				软件工程		√	2	32	8	24	0	2
				IT 职业英语		√	2	32	32	0	0	2
			技术专业课程	大型数据库管理系统及开发技术	√		8	128	32	96	0	8
		学期项目		网络点播系统		√	4	100	20	80	0	2
		职业核心素质		大局观、踏实、抗挫抗压能力、应变能力、理解能力、主动性、诚信、解决问题能力、责任感、学习能力、团队合作、沟通能力								
		第二学年第一学期小计					17	308	92	216	0	15
	第二学期	支撑平台课程	技术基础课程	美国 100 工业领域		√	4	100	50	50	0	4
				欧美民商法		√	2	50	50	0	0	2
				欧美历史文化		√	2	50	50	0	0	2
			技术技能课程	欧美市场营销实务	√		8	100	50	50	0	8
				欧美软件服务实务	√		8	100	50	50	0	8

续表

年级	学期	课程类型		课程名称	考试方式：考试	考试方式：考查	学分	学时：总计	学时：讲课	学时：实训	学时：顶岗实习	周学时（课内）
二年级	第二学期	学期项目		Money Tree Project		√	2	60	20	40	0	2
二年级	第二学期	职业核心素质		大局观、踏实、抗挫抗压能力、应变能力、理解能力、主动性、诚信、问题解决能力、责任感、学习能力、团队合作、沟通能力								
二年级	第二学期	第二学年第二学期小计					26	460	270	190	0	26
三年级	第一学期	营销员	岗位项目	City Creator for Website		√	8	128	0	128	0	8
三年级	第一学期	营销员	岗位素质	口头表达能力、顾客导向、情绪控制与调试、亲和力、乐群性、时间管理								
三年级	第一学期	软件工程师	岗位项目	www.readytolearn.edu.hk Website		√	8	128	0	128	0	8
三年级	第一学期	软件工程师	岗位素质	逻辑思维能力、时间管理、态度严谨、成就导向、口头表达能力、创新性、注重细节、计划性								
三年级	第一学期	营销部经理	岗位项目	Poker Player Performance Analysis Service Website		√	8	128	0	128	0	8
三年级	第一学期	营销部经理	岗位素质	口头表达能力、组织能力、顾客导向、情绪控制与调试、亲和力、乐群性，时间管理								
三年级	第一学期	第三学年第一学期小计					24	384	0	384	0	24
三年级	第二学期	营销员	顶岗实习	实习企业营销人员工作		√	20	400	0	0	400	20
三年级	第二学期	营销员	岗位素质	口头表达能力、组织能力、顾客导向、情绪控制与调试、亲和力、乐群性、时间管理								
三年级	第二学期	软件工程师	顶岗实习	实习软件工程师岗位工作		√	20	400	0	0	400	20
三年级	第二学期	软件工程师	岗位素质	逻辑思维能力、时间管理、态度严谨、成就导向、口头表达能力、创新性、注重细节、计划性								
三年级	第二学期	第三学年第二学期小计				√	40	800	0	0	800	40

四、专业课程体系实施条件

1. 实训基地

（1）实训基地建设结构

实验实训基地可以由校内实训基地和校外实训基地组成。校内实训基地主要为校内的计算机实验室，校外实训基地为与学校合作的相关企业，学生需要到企业进行真正的顶岗实习。

也可以将企业引入学校，建立校企联合实训室，由企业工程师直接指导学生进行项目的训练或者进行实际项目的操作。

实验实训基地主要设备为计算机，并能够保证实时接入互联网，建议使用机房作为实验和实训基地。按照企业工作环境进行布置，每4～6人为一组，每组包括销售人员和技术服务人员，他们之间能够实时进行沟通，每组中有 1 人作为 leader，负责该组的项目进展。

（2）实训基地简要说明

实验实训基地融技能点训练、单项能力训练、综合能力训练、职业技能鉴定、科技开发、学生科技创新、社会服务于一体，服务区域经济，辐射周边地区。

建成 4 个能够分别容纳 40 名学生的实训室，包括：单项能力训练实训室 3 个，职业岗位综合能力训练实训室 1 个，其中，单项能力训练实训室包括：.NET 平台技术实训室、软件测试实训室、综合职业能力训练实训室。

单项能力训练为仿真工作环境下的学期项目训练；综合能力训练结合工作岗位，目的是通过实际操作提升工作经验，通常在真实工作环境下，进行分步骤、全流程、综合性工作操作，训练内容可借鉴企业实际工作岗位工作项目。

建议实验实训基地中的计算机设备的硬件配置为：

CPU：2.60GHz

内存：1GB 以上

硬盘：80GB 以上

软件配置为：

操作系统：Windows XP 及以上

软件：网页制作工具、图形处理工具、.NET 编程环境

2. 师资队伍

（1）双师结构

参与教学的教师队伍由 10 人组成，其中专职教师和兼职教师各 5 人。专职教师中有一个专业带头人带领其余 4 名骨干教师和 5 名企业兼职教师共同完成教学任务。

专业带头人需要在教学领域相应行业有多年从业经验，至少具有副教授职称，专业素质较高，对学生的学习特点和教学任务有足够的了解，经验丰富，富于创新。骨干教师要求至少为讲师，具有很高的教学技能和专业素质，能把专业知识和行业背景融入教学的每一个环节。

兼职教师要求具有丰富的企业工作经验，熟悉行业背景和行业工作要求，知道行业的典型工作任务，同时具备一定的培训技巧。

对于学生前 3 个学期的学习，主要由校内教师负责完成。

对于学生第 4 学期及以后的学习，主要由企业中的业务骨干来负责完成，以保证学生在学习之后，能够做到与企业的无缝对接，为学生的就业提供保证。

（2）双师素质

双师素质主要是指参与教学的专职教师和兼职教师应该具备的一些基本素质要求，包括工程素质和教师素质。

各专业带头人要能够站在专业领域的发展前沿，熟悉行业企业最新技术和市场动态，把握专业技术改革方向。

专业教学骨干要求实践经验丰富，在教学过程中帮助学生学习技术并引导学生分析问题和解决问题，为第 3 年的学习打下良好的基础。

企业兼职教师要有丰富的实践经验并擅长表达，能够在教学过程中严格管理并善于发展学生的技术特长。

第二部分

职业竞争力导向的工作过程—支撑平台系统化课程体系参考方案

“计算机信息管理”专业课程体系参考方案

北京联合大学　　樊月华　赵　玮　陈艳燕

北京联合大学计算机信息管理专业自1993年起，开始试点高等职业教育，全过程经历了高等职业教育的第一、二阶段，从2008年初开始以职业竞争力为导向的第三次改革。专业项目组通过工人专家访谈会，项目组的研讨、分析，确定：计算机信息管理是技术含量较高的专业，采用技术为主专业课程体系构架2。

一、确定专业培养目标

职业竞争力导向课程体系开发的第一步要求开发者依据准备开发的专业，确定其面向的职业和职业岗位，并对该职业岗位做简要说明，明确专业培养目标。一般职业教育的专业培养目标应针对一个职业的某些职业岗位，也可以是多个职业的不同职业岗位。这一步骤的工作主要由专业带头人负责，以行业工人专家为主来完成。具体如表1所示。

表1　专业及其面向的职业岗位对应表

专业名称	计算机信息管理
职业名称	1. 助理企业信息管理师 2. 初级职业信息分析师
职业岗位及简要说明	1. 助理企业信息管理师（国家职业资格三级）：从事企业信息化建设，承担信息技术应用和信息系统开发、维护、管理以及信息资源开发利用工作的复合型人员 企业信息管理师分为三个等级，分别为：助理企业信息管理师（国家职业资格三级）、企业信息管理师（国家职业资格二级）、高级企业信息管理师（国家职业资格一级）。高职高专的培养目标是助理企业信息管理师 2. 初级职业信息分析师（国家职业资格三级）：从事信息采集、传递、整理、分析、发布等工作的人员。职业信息分析师共分三个等级：初级职业信息分析师（国家职业资格三级），职业信息分析师（国家职业资格二级），高级职业信息分析师（国家职业资格一级）。高职高专的培养目标是初级职业信息分析师 其他工作岗位： 信息处理技术员、信息系统运行管理员、网页制作员、电子商务技术员、现场信息安全工程师、信息系统测试技术员、数据库管理员、现场开发工程师、数据维护员、程序员、一线测试操作工程师
专业培养目标与高素质技术技能性人才初步描述	本专业面向首都经济建设和社会发展需要，培养德、智、体、美等全面发展的，具备信息管理基础理论知识，了解信息系统开发全过程，理解管理信息系统的需求分析和系统设计，掌握信息组织、处理的基本技术与技能，具有信息系统的实现与维护能力，了解信息管理职业领域基本规范，能够满足从事信息管理、信息系统建设、信息系统运行维护和信息资源开发利用领域一线工作需要的高素质技术技能型人才

二、确定典型工作任务与典型工作任务所需的理论知识技术

（1）确定典型工作任务

职业教育课程开发的起点是职业分析，用工作中的典型工作任务，对现代职业活动进行整体化的分析和描述，称为典型职业工作任务分析法（BAG）。典型工作任务指职业活动中具有代表性的职业行动，并能反映该职业本质特征的工作过程（职业中为完成一项工作任务并获得工作成果而进行的完整的工作过程），它反映了该职业的典型工作内容和形式，包含完成一项任务（项目或工作）的计划、实施和评估等完整过程。

一般情况下，分析描述一个职业由10~20个典型工作任务组成。具体如表2所示。确定和分析典型工作任务的方法是"工人专家访谈会"和"典型工作任务分析"。

表2 典型工作任务汇总表

职业名称：助理企业信息管理师　初级职业信息分析师	
典型工作任务编号	典型工作任务名称
典型工作任务1	信息系统文档处理
典型工作任务2	信息采集、组织与更新
典型工作任务3	客户信息系统开发
典型工作任务4	年级信息系统开发
典型工作任务5	商品（或产品）管理信息系统开发
典型工作任务6	公文流转系统实现
典型工作任务7	认证系统制作
典型工作任务8	企业资源调查与计划
典型工作任务9	购物车制作
典型工作任务10	企业营销系统实现（或网上购物系统制作）
典型工作任务11	电子政务系统制作（或企业办公自动化系统制作）

（2）确定典型工作任务所需的理论知识和技术

支持典型工作任务的理论知识和技术，是完成典型工作任务所必备的，并有可能分布在不同的典型工作任务中，在不同典型工作任务中讲解，可能引起重复或使学生对知识和技术产生片面理解，需要将其归纳总结起来，为课程链路开发提供依据。具体如表3所示。归纳总结理论知识和技术的方法是"工人专家和学校专业教师联席会议"。开发一个职业竞争力导向的课程体系，一般要召开3次左右的工人专家访谈会和3次联席会议。确定典型工作任务是第一次工人专家访谈会的主要内容。一般在第2步召开第一次以工人专家为主的工人专家和学校专业教师联席会议，明确支持本专业典型工作任务的主要理论知识和技术。

表 3　支持典型工作任务的理论知识和技术汇总表

支持典型工作任务的理论知识和技术
理论知识与技术 1：信息处理基本理论、知识和处理技术
理论知识与技术 2：管理基础理论、知识和管理技术
理论知识与技术 3：财务管理基础知识
理论知识与技术 4：计算机应用基本理论知识和应用技术（编码、数据库、Web 应用等）

三、确定典型工作任务学习难度范围和支撑平台课程学习链路

（1）确定典型工作任务学习难度范围

根据第 2 步确定的典型工作任务，依照职业成长模式理论，继续对典型工作任务进行归类，将典型工作任务分为 4 个学习难度范围：初学者、有能力者、熟练者和专家。具体如表 4 所示。确定典型工作任务学习难度范围是第 2 次工人专家访谈会的主要内容。

表 4　典型工作任务学习难度范围表

职业名称：助理企业信息管理师　初级职业信息分析师		
学习难度与范围		典型工作任务编号与名称
学习难度范围 1	具体的工作任务 （职业定向的工作任务）	1. 信息系统文档处理 2. 信息采集、组织与更新
学习难度范围 2	整体性的工作任务 （系统的工作任务）	3. 客户信息系统开发 4. 年级信息系统开发 5. 商品（或产品）管理信息系统开发
学习难度范围 3	蕴含问题的特殊工作任务	6. 公文流转系统实现 7. 认证系统制作 8. 企业资源调查与计划 9. 购物车制作
学习难度范围 4	无法预测的工作任务	10. 企业营销系统实现（或网上购物系统制作） 11. 电子政务系统制作（或企业办公自动化系统制作）

（2）确定支撑平台课程学习链路

根据第 2 步确定的支持典型工作任务的理论知识和技术，依据知识和技术的学习难度范围、高职高专学生的学习规律和熟练掌握这些知识与技术的过程，构建课程链路。一般分为 3 个阶段。阶段 1 是入门阶段，了解理论知识与技术的概貌，并学会最基本应用，重整体及正确方法，而不是细节。阶段 2 是基础阶段，基本的理论知识、技术理论基础和主要应用。阶段 3 是熟练掌握，通过行业专家的指导，实际任务模块反复训练，直到熟练掌握理论知识和技术的实际应用和主要技巧。课程链路是支持学习领域课程、为典型工作任务服务、根据学习领域课程的难度，开发课程链路内的课程。确定课程学习链路以专业教师为主，是第 2 次工人专家和学校专业教师联席会议的主要内容。其链路图如图 1 所示。

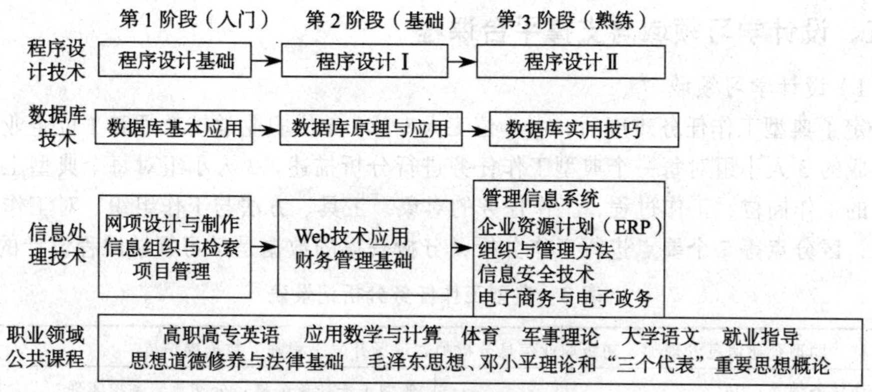

图 1　支撑平台课程学习链路图

四、确定课程体系结构

第 3 步确定了典型工作任务难度和课程学习链路，需要综合考虑学习领域课程的难度和课程学习链路的阶段，使它们有机地结合起来。故此制定图 2 所示的课程体系结构图。

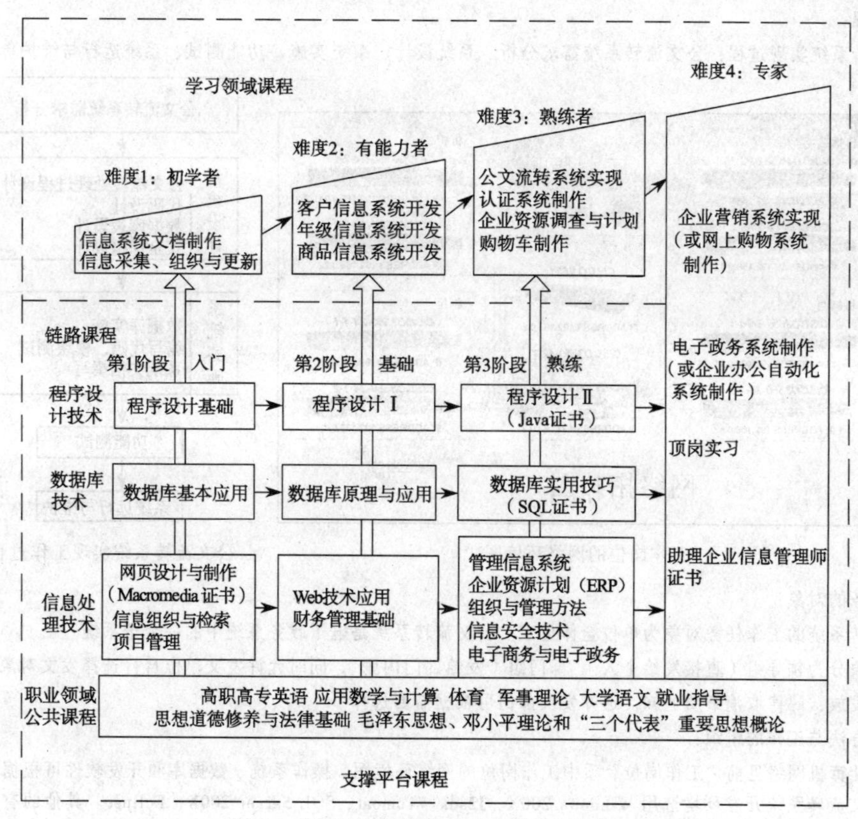

图 2　计算机信息管理课程体系结构图

五、设计学习领域与支撑平台课程

（1）设计学习领域

确定了典型工作任务难度后，由1位工人专家、1位职业学校教师和1位企业的实训教师组成的3人小组对每一个典型工作任务进行分析描述。3人小组对每个典型工作任务所应对的工作岗位，工作过程，工作任务的对象，工具、方法与工作组织，对工作和技术的要求，区分点等7个要点进行工作分析，分析获得的数据是学习领域课程设计的基础。

表5 典型工作任务分析记录表

职业名称：助理企业信息管理师、初级职业信息分析师、现场开发工程师、数据维护员	
典型工作任务编号：06	典型工作任务名称：公文流转系统实现

工作岗位：

单位信息开发中心，该中心约有40个开发工位，具有Internet/Intranet网络环境，安装常用开发平台（Windows/Linux/UNIX）和开发软件。研发中心防尘防静电，基本恒温，照明良好，室内卫生、光线良好。工作环境具有少量辐射，工作中基本是坐姿。长久坐姿和少量辐射可能对员工身体会产生不良影响。改善方法：加强室内通风，采用辐射小的设备，增加工间操等

工作过程：

公文流转系统实现过程：公文流转系统需求分析、系统设计、系统实施、功能测试、系统运行与维护等

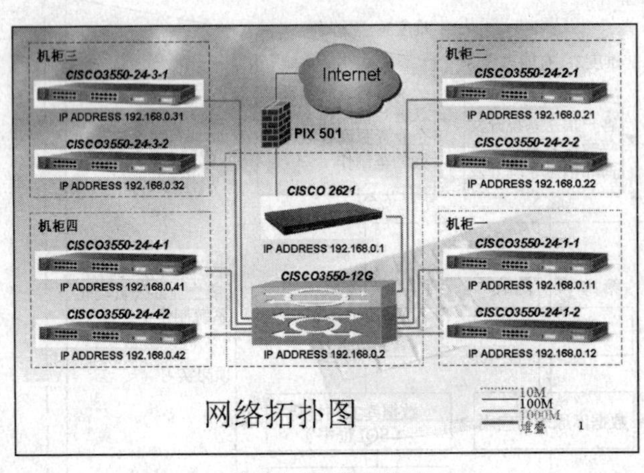

工作岗位的网络环境图

公文流转系统需求分析

↓

系统设计：公文流转处理过程设计、代码设计、数据库表设计、安全保密设计

↓

系统实施：数据库实施、编写代码、模块测试、系统文档撰写

↓

功能测试

↓

系统远行与维护

公文流转系统实现工作过程

工作任务的对象：

公文流转系统的工作任务对象为单位全体员工。公文流转系统是电子政务系统中的一个子系统

发文对象分为领导组（直接发给个人）、部门组（发给部门内勤），同时允许发文单位自行选择发文对象

通知的发放：一律取消纸质通知。通知发文部门可根据需要选择

工具、方法与工作的组织：

工具：计算机网络见前"工作岗位"项中工作岗位的网络环境图。操作系统、数据库和开发软件可根据需要选择，公文流转系统开发环境选用Windows 200X、J2sdk、Tomcat、SQL Server 200X、Eclipse。其他的有图书、论文和网上资料，办公用品等

续表

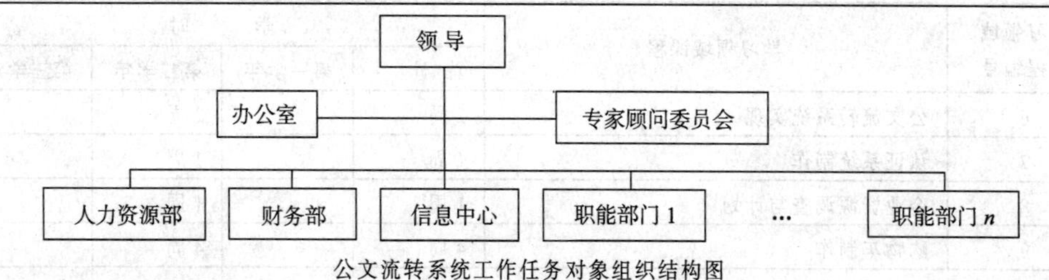

公文流转系统工作任务对象组织结构图

方法：子项目间协调工作法，注意项目整体协调；面向对象法

组织：要求学生具有独立工作能力和组织、管理、协调能力，能在项目组的规范下，与其他子项目协调工作，注意项目范围管理，时间管理与进度控制

对工作和技术的要求：

1. 遵守单位的各项规章制度，做一个合格员工
2. 学会与用户沟通，明确是单位用户的公文流转系统，尽可能满足用户需求
3. 系统功能正确，满足用户要求
4. 公文流转过程合理
5. 公文安全，对未经授权的人发行或阅读公文的企图，系统能够控制。具有完整的日志功能，用户的操作均有记录可查
6. 界面友好，便于用户使用。要求界面美观大方，为用户带来视觉享受
7. 技术文档完备

区分点：

公文流转系统是一个相当典型的办公自动化子系统，需要对不同员工制定不同的发文和阅读权限，具有一定的特殊性。系统的实现需经历信息系统开发的主要过程，子系统具有一定的系统性和完整性。之前的典型工作任务 3~5 学习难度范围为Ⅱ。公文流转系统主要应用可视化技术开发，需要将可视化技术与编码结合起来，使用多种技术完成实现任务

六、编制学习领域课程教学计划

通过前5个步骤的分析，得到分析结果后，进入编制学习领域课程计划阶段，制作学习领域教学计划表。（见表6~表10）

表6 学习领域课程教学计划

学习领域课程编号	学习领域课程	学时			
		总计	第一学年	第二学年	第三学年
1	信息系统文档制作	3周	3周		
2	信息采集、组织与更新	3周	3周		
3	客户信息系统开发	2周	2周		
4	年级信息系统开发	1周	1周		
5	商品（或产品）信息系统开发	3周	3周		

续表

学习领域课程编号	学习领域课程	学时			
		总计	第一学年	第二学年	第三学年
6	公文流转系统实现	2周		2周	
7	认证系统制作	1周		1周	
8	企业资源调查与计划	1周		1周	
9	购物车制作	4周		4周	
10	企业营销系统实现（或网上购物系统制作）	10周		10周	
11	电子政务系统制作（或企业办公自动化系统制作）	12周			12周
12	军事技能训练	2周	2周		
13	顶岗实习	16周			16周
	合计学时	60周	14周	18周	28周

七、制定专业教学计划

根据课程体系结构，教学计划制定要求，制定教学计划，填写表7专业教学计划表。课程开设顺序与周课时安排可根据实际情况自行确定。

表7 专业教学计划表

年级	学期	课程类型		课程名称	考核方式		学分	学时				周学时（课内）
					考试	考查		总计	讲课	实验	其他	
一年级	第一学期	支撑平台课程	职业领域公共课程	思想道德修养与法律基础		*	3	44	44			3
				高职高专英语Ⅰ	*		4	60	60			4
				应用数学与计算A	*		4	60	60			4
				形势与政策		*	1	(8)	(8)			
				体育Ⅰ		*	1	30	30			2
				小计			13	194	194			13
			链路课程	信息组织与检索		*	2	30	16	14		2
				程序设计基础	*		3	44	22	22		2
				小计			5	74	38	36		4
		学习领域课程		信息系统文档制作		*	3	3周				
				信息采集、组织与更新	*		3	3周				
				入学教育				1周				
				军事技能训练	*		2	2周				
				小计			8	9周				
		第一学年第一学期小计					26	268	232	36	0	17

续表

年级	学期	课程类型		课程名称	考核方式		学分	学时				周学时（课内）
					考试	考查		总计	讲课	实验	其他	
一年级	第二学期	支撑平台课程	职业领域公共课程	高职高专英语 II	*		4	60	60			4
				军事理论	*		2	30	30			2
				大学语文		*	2	30	30			2
				体育 II		*	1	30	30			2
				小计			9	150	150			10
			链路课程	网页设计与制作	*		3	44	22	22		3
				数据库基本应用	*		3	44	22	22		3
				程序设计(I)		*	3	44	22	22		3
				项目管理		*	2	30	14		16	2
				小计			11	162	80	66	16	11
		学习领域课程		客户信息系统开发		*	2	2 周				
				年级信息系统开发		*	1	1 周				
				商品管理信息系统开发	*		3	3 周				
				小计			6	6 周				
		第一学年第二学期小计					26	312	230	66	16	21
二年级	第一学期	支撑平台课程	职业领域公共课程	高职高专英语 III	*		4	60	60			4
				小计			4	60	60			4
			链路课程	程序设计(II)	*		2	30	14	16		2
				数据库原理与应用	*		4	60	30	30		4
				计算机网络技术应用		*	3	44	22	22		3
				Web 技术应用	*		3	44	22	22		3
				财务管理基础		*	2	30	16		14	2
				小计			14	208	104	90	14	14
		学习领域课程		公文流转系统实现		*	2	2 周				
				认证系统制作		*	1	1 周				
				企业资源调查与计划		*	1	1 周				
				购物车制作	*		4	4 周				
				小计			8	8 周				
		第二学年第一学期小计					22	268	164	90	14	18

续表

年级	学期	课程类型		课程名称	考核方式		学分	学时				周学时（课内）
					考试	考查		总计	讲课	实验	其他	
二年级	第二学期	支撑平台课程	职业领域公共课程	高职高专英语Ⅳ	*		4	60	60			4
				毛泽东思想、邓小平理论和“三个代表”重要思想概论	*		4	60	60			4
				小计			8	120	120			8
			链路课程	数据库实用技巧	*		2	30	14	16		2
				操作系统应用		*	2	30	14	16		2
				管理信息系统	*		4	60	30	30		4
				企业资源计划(ERP)		*	2	30	14		16	2
				小计			10	150	72	62	16	10
		学习领域课程		企业营销系统实现（或网上购物系统制作）	*		10	10周				
				小计			10	10周				
		第二学年第二学期小计					28	270	192	62	16	18
三年级	第一学期	支撑平台课程	职业领域公共课程	就业指导		*	1	14	14			1
				小计			1	14	14			
			链路课程	信息安全技术	*		3	44	22	22		3
				电子商务与电子政务	*		4	60	30	30		4
				组织与管理方法	*		3	44	22		22	3
				选修课		*	5	74	52	22		5
				小计			17	250	154	74	22	16
		学习领域课程		电子政务系统制作（或企业办公自动化系统制作）	*		12	12周				
				小计			12	12周				
		第三学年第一学期小计					29	250	154	74	22	16
	第二学期	学习领域课程		顶岗实习	*		16	16周				
				毕业教育				1周				
				小计			16	17周				
		第三学年第二学期小计					16					
理论教学环节总计							90	1344	958	328	68	
集中实践教学环节总计							60					

总学分：150

职业领域公共课程学分：35　　占总学分比例：23.3%

技术技能平台（链路）课程学分：55　　占总学分比例：36.7%

学习领域课程学分：60　　占总学分比例：40%

八、“公文流转系统实现”教学大纲制作

1. 分析学习领域

项目类型和实验步骤分析确定表如表8所示。

表8 项目类型和实施步骤分析确定表

学习领域编号：6	学习领域名称：公文流转系统实现
学习领域对应典型工作任务中的项目类型： 按工作情景实施	
学习领域对应典型工作任务中的项目实施工作步骤： 项目调查：通过初步调查，可行性分析，定义项目目标，立项并签合同。 组织分工：成立项目组，项目任务分解，定义分工内容，明确界面与分工。 方案决策：通过详细调查，系统分析，需求分析，形成系统逻辑，选定总体方案。 计划制定：绘制任务网络图，资源、费用需求估算与分配计划制定，时间管理计划，质量保障计划，测试方案与计划。 项目实施：系统实施，项目协调与变更控制，风险管理，进度控制，质量监控，人员调配。 结果测试：系统测试，试运行。 项目交接：项目提交，用户培训，技术资料提交，文档提交，资金结算。	
通过学习领域课程分析确定子学习领域： 子学习领域编号	子学习领域名称
6-01	公文流转系统立项
6-02	公文流转系统需求分析与设计
6-03	公文流转系统实施与测试
6-04	公文流转系统试运行
6-05	公文流转系统项目提交

2. 分析子学习领域工作过程

公文流转系统实现共5个子学习领域，填写5张子学习领域工作过程分析表，如表9～表13所示。

表9 子学习领域（学习情境）工作过程分析表（1）

学习领域编号：6	学习领域名称：公文流转系统实现		
子学习领域编号：6-01	子学习领域名称：公文流转系统立项		
工作过程	工作任务	行动环境	教学组织与实施
1. 项目初步调查	对企业业务、组织结构、业务流程、岗位职责、公文流转过程作初步调研	企业各部门，领导与员工配合，企业提供有关资料	学生5人左右为一组，在企业系统分析工程师的指导下，召开调查会、访问、参加业务实践，对企业整体概况作初步调查，对公文流转过程作重点调查

续表

学习领域编号：6	学习领域名称：公文流转系统实现		
子学习领域编号：6-01	子学习领域名称：公文流转系统立项		
工 作 过 程	工 作 任 务	行 动 环 境	教学组织与实施
2. 可行性分析	根据初步调研，公文流转系统可行性分析的主要任务：管理可行性分析，技术可行性分析，资源可行性分析。明确系统目标、功能与规模，完成可行性分析报告	学校多媒体教室(学生可演示)、企业会议室	以组为单位，完成可行性分析报告，由教师组织评选，综合成一份可行性分析报告，并由企业项目经理认定
3. 草拟合同	根据用户需求、意图、系统目标，草拟合同	学校多媒体教室（学生可演示讨论）	根据项目目标，在教师指导下，草拟合同
4. 合同谈判，并签合同	本着双赢的原则，与企业谈判，签定项目合同	企业会议室	在学生中选出代表，成立项目谈判组，与企业代表谈判，签定合同
5. 成立项目组	根据合同，成立项目组，选出项目负责人。任务初步分解，制定项目初步计划	企业信息开发中心	学生大约5人左右一组，选出项目负责人，由项目负责人协调，在组内进行初步分工，指定初步计划。由企业信息开发中心主任划分工作岗位

表10　子学习领域（学习情境）工作过程分析表（2）

学习领域编号：6	学习领域名称：公文流转系统实现		
子学习领域编号：6-02	子学习领域名称：公文流转系统需求分析与设计		
工 作 过 程	工 作 任 务	行 动 环 境	教学组织与实施
1. 详细调查	掌握现行系统现状，为新系统设计做准备。主要工作任务：组织结构调查、管理功能调查、业务流程调查、数据流程调查，重点在公文流转流程调查	企业与公文流转相关工作岗位	由项目负责人组织，召开调查会、访问、发调查表，参加业务实践。其中参加业务实践是最主要的调查方法，公文流转业务实践必须参加
2. 需求分析	主要任务：根据详细调查对可行性报告中系统目标再次论证，业务流程分析，数据流程分析。重点是公文流转中的业务流程和数据流程分析	企业信息开发中心	项目负责人负责分工协作，完成需求分析报告。企业系统分析工程师指导鉴定
3. 项目管理计划制定	绘制任务网络图，制定资源费用分配计划、时间管理计划、质量保障计划、测试计划	企业信息开发中心	在企业项目经理指导下，完成项目管理计划，并由项目经理检查通过

续表

<table>
<tr><td>学习领域编号：6</td><td colspan="3">学习领域名称：公文流转系统实现</td></tr>
<tr><td>子学习领域编号：6-02</td><td colspan="3">子学习领域名称：公文流转系统需求分析与设计</td></tr>
<tr><th>工 作 过 程</th><th>工 作 任 务</th><th>行 动 环 境</th><th>教学组织与实施</th></tr>
<tr><td>4. 系统总体设计</td><td>软件体系结构设计，数据存储总体设计。绘出公文流转的业务流程图、功能结构图、功能模块图和数据流程图，并建立数据字典</td><td>企业信息开发中心</td><td>在系统设计工程师指导下，完成公文流转系统的总体设计。由系统设计工程师确认</td></tr>
<tr><td>5. 系统详细设计</td><td>代码设计、数据库设计、用户界面设计（输入、输出设计，人机对话设计）、处理过程设计、安全密级设计，编写系统设计说明书</td><td>企业信息开发中心</td><td>以项目组为单位，在项目负责人的组织下，根据分工独立完成代码设计、用户界面设计（输入、输出设计，人机对话设计）、处理过程设计、和安全密级设计。在企业系统设计工程师指导下完成数据库设计和系统设计说明书的编写</td></tr>
</table>

表 11　子学习领域（学习情境）工作过程分析表（3）

<table>
<tr><td>学习领域编号：6</td><td colspan="3">学习领域名称：公文流转系统实现</td></tr>
<tr><td>子学习领域编号：6-03</td><td colspan="3">子学习领域名称：公文流转系统实施与测试</td></tr>
<tr><th>工 作 过 程</th><th>工 作 任 务</th><th>行 动 环 境</th><th>教学组织与实施</th></tr>
<tr><td>1. 安装、配置开发环境</td><td>根据系统设计的软件环境，安装、配置开发环境
Windows 200X，J2sdk，Tomcat，SQL Server 200X，Eclipse</td><td>企业信息开发中心</td><td>项目负责人负责，项目组成员独立完成项目组开发环境的安装配置</td></tr>
<tr><td>2. 建立数据库系统</td><td>根据系统设计，建立数据库，完成数据库表制作</td><td>企业信息开发中心</td><td>项目组根据分工独立完成</td></tr>
<tr><td rowspan="5">3. 编码与调试</td><td>1. 桌面平台制作，主要使用可视化技术</td><td rowspan="5">企业信息开发中心，项目开发岗位</td><td rowspan="5">独立完成，需按系统测试计划，每一模块编码完成后进行测试，最后联调</td></tr>
<tr><td>2. 组织机构功能建立，建立 4 种职位：总经理、部门负责人、部门内勤、部门员工。将可视化技术与编码结合起来完成开发任务</td></tr>
<tr><td>3. 添加/修改人员信息对话框制作，主要应用可视化技术</td></tr>
<tr><td>4. 工作流程制作，建立公文流转的工作流程，主要应用编码技术</td></tr>
<tr><td>5. 电子表单制作，制作公文管理所需的电子表格</td></tr>
</table>

续表

学习领域编号：6	学习领域名称：公文流转系统实现		
子学习领域编号：6-03	子学习领域名称：公文流转系统实施与测试		
工 作 过 程	工 作 任 务	行 动 环 境	教学组织与实施
4. 系统测试	黑箱测试、数据测试、穷举测试、操作测试。各模块分调无误后，进行系统联调。完成测试报告制作	企业信息开发中心，项目开发岗位	在项目负责人组织下完成系统测试，提交测试报告，并由企业系统测试工程师验收

表 12　子学习领域（学习情境）工作过程分析表（4）

学习领域编号：6	学习领域名称：公文流转系统实现		
子学习领域编号：6-04	子学习领域名称：公文流转系统试运行		
工 作 过 程	工 作 任 务	行 动 环 境	教学组织与实施
1. 系统投入试运行、管理与维护	1. 系统转换，系统初始化，输入原始数据记录	企业信息中心	在企业信息中心总工程师指导下，将新系统投入运行，总工程师指导项目组负责人，进行试运行分工
	2. 编写用户手册，对选择用户进行初始培训和推广		
	3. 选择用户试用新系统，对新系统进行管理维护		
	4. 记录系统运行数据和状况		
	5. 输入/输出方式是否方便、安全可靠、效率、误操作保护等性能考察		
	6. 系统实际运行、响应速度（传递速度、查询速度、输出速度）的实际测试		
2. 收集用户意见	1. 深入各试用岗位，征集意见与建议	企业试用部门	在项目负责人领导下，深入各试用岗位，广泛、客观地征集用户意见与建议
	2. 意见汇总，制订改进方案	企业信息中心	在教师指导下，将意见、建议汇总，提出改进方案，并由企业信息中心总工程师认可
3. 根据用户意见改进	根据改进方案，对公文流转系统进行修改到用户满意为止	企业信息中心	项目负责人组织完成

表 13　子学习领域（学习情境）工作过程分析表（5）

学习领域编号：6	学习领域名称：公文流转系统实现		
子学习领域编号：6-05	子学习领域名称：公文流转系统项目提交		
工作过程	工作任务	行动环境	教学组织与实施
1. 公文流转系统提交	公文流转系统实际运行	企业信息中心	在企业信息中心总工程师指导下，将新系统投入实际运行，总工程师领导项目组负责人，进行运行分工
2. 用户培训	对所有用户培训	企业信息中心培训室	从项目负责人中选出代表，根据用户手册对用户培训
3. 系统文档提交	测试报告，验收报告，用户意见书，设备清单，用户手册	企业信息中心	由项目负责人组织，将资料提交用户
4. 技术资料提交	系统设计说明书，技术手册	企业信息中心	由项目负责人组织，将资料提交用户
5. 项目结算验收	完成项目验收与结算工作	企业	项目负责人和企业主管

3. 分析子学习领域课程内容和组织教学（见表 14～表 18）

表 14　子学习领域课程内容和教学组织分析表

子学习领域编号：6-01	子学习领域名称：公文流转系统立项（12 学时）
学生行动内容	学生 5 人左右为一组，在企业系统分析工程师的指导下，召开调查会、访问、参加业务实践，对企业整体概况作初步调查，对公文流转过程作重点调查。根据初步调研，对系统进行可行性分析。根据可行性分析中的系统目标、用户需求，草拟合同。选取学生代表与企业用户谈判，签合同。根据合同成立项目组，选出项目负责人，对任务初步分解，制订项目初步计划
行动环境	企业各部门，企业领导与员工的配合，企业资料，企业信息开发中心，会议室，学校多媒体教室。
教师传授知识	教学单元（初步） 知识点：目管理知识，事务处理知识，企业管理知识，商务谈判知识
教学法选择	行动导向教学法，项目教学法
教（学）件	企业资料，可行性分析报告，合同范本
学生提交	可行性分析报告，合同，项目初步计划
考核方式	企业项目经理评价可行性分析报告是否可用、合同是否可用。企业信息开发中心主任检查项目分工与项目初步计划。等级为通过与不通过

表 15　子学习领域课程内容和教学组织分析表（2）

子学习领域编号：6-02	子学习领域名称：公文流转系统需求分析与设计（12 学时）
学生行动内容	由项目负责人组织，召开调查会、访问、发调查表，参加业务实践。主要内容是组织结构调查、管理功能调查、业务流程调查、数据流程调查，重点在公文流转流程调查。公文流转业务实践时间必须保证。通过详细调查，掌握现行系统现状，为新系统设计做准备。根据详细调查对可行性报告中系统目标再次论证，业务流程分析，数据流程分析。重点是公文流转中的业务流程和数据流程分析。在企业项目经理指导下，完成项目管理计划制订（绘制任务网络图，制订资源费用分配计划、时间管理计划、质量保障计划，测试计划）。在系统设计工程师指导下，完成公文流转系统的总体设计（软件体系结构设计，数据存储总体设计，绘出公文流转的业务流程图、功能结构图、功能模块图和数据流程图，并建立数据字典）。以项目组为单位，在项目负责人的组织下，根据分工独立完成代码设计，用户界面设计（输入、输出设计，人机对话设计），处理过程设计和安全密级设计。在企业系统设计工程师指导下完成数据库设计
行动环境	企业与公文流转相关工作岗位，企业信息开发中心
教师传授知识	教学单元（初步） 知识点：系统、详细地调查过程与方法，需求分析方法，系统总体设计知识，详细设计知识，数据库知识，程序设计知识
教学法选择	行动导向教学法，项目教学法
教（学）件	企业资料，公文流转系统可行性分析报告，项目合同，项目管理计划范本
学生提交	公文流转系统需求分析报告，项目管理计划（任务网络图，资源费用分配计划，时间管理计划，质量保障计划，测试计划），公文流转系统总体设计，系统设计说明书（详细设计部分）
考核方式	需求分析报告：企业系统分析工程师鉴定，可用为通过，不可用为不通过 项目管理计划：企业项目经理检查，5 级评分 系统设计说明书（详细设计部分）：企业系统设计工程师鉴定，5 级评分

表 16　子学习领域课程内容和教学组织分析表（3）

子学习领域编号：6-03	子学习领域名称：公文流转系统实施与测试（40 学时）
学生行动内容	“公文流转系统实施与测试”子学习领域要求学生独立完成。学生独立完成项目开发环境的安装配置工作。根据系统设计，建立数据库，完成数据库表制作。使用可视化技术完成桌面平台制作。使用可视化技术与编码，完成组织机构功能建立，建立 4 种职位：总经理、部门负责人、部门内勤、部门员工。完成添加/修改人员信息对话框制作。以编码技术为主，建立公文流转的工作流程。完成制作公文管理所需的电子表格。在项目负责人组织下完成系统测试、黑箱测试、数据测试、穷举测试、操作测试。各模块分调无误后，进行系统联调
行动环境	企业信息开发中心，项目开发岗位
教师传授知识	教学单元（初步） 知识点：计算机网络知识，软件体系结构相关知识，多种技术综合应用方法，系统测试知识
教学法选择	行动导向教学法，项目教学法
教（学）件	企业资料，可行性分析报告，合同，需求分析报告，项目管理计划，系统总体设计，系统设计说明书，测试报告样本

续表

子学习领域编号：6-03	子学习领域名称：公文流转系统实施与测试（40学时）
学生提交	公文流转系统，测试报告
考核方式	公文流转系统：企业测试工程师根据项目合同验收，5级评分，占总成绩50% 测试报告：企业测试工程师验收，2级评分，通过，不通过

表17　子学习领域课程内容和教学组织分析表（4）

子学习领域编号：6-04	子学习领域名称：公文流转系统试运行（12学时）
学生行动内容	在企业信息中心总工程师指导下，将新系统投入运行。总工程师指导项目负责人，进行项目组内试运行分工。在总工程师指导下，项目负责人协调，进行系统转换、系统初始化、输入原始数据记录工作，编写用户手册。项目负责人对选择用户进行初始培训和推广。由选择用户试用新系统。项目组对新系统进行运行管理维护，记录系统运行数据和状况。考查输入/输出方式是否方便、安全可靠、效率、误操作保护等性能，对系统实际运行、响应速度（传递速度、查询速度、输出速度）进行实际测试。在项目负责人领导下，深入各试用岗位，广泛、客观征集用户意见与建议。在教师指导下，将意见、建议汇总，提出改进方案，并由企业信息中心总工程师认可。根据改进方案，对公文流转系统修改到用户满意
行动环境	企业信息中心，企业试用部门
教师传授知识	教学单元（初步） 知识点：系统运行、管理与维护知识
教学法选择	行动导向教学法，项目教学法
教（学）件	企业资料，可行性分析报告，合同，需求分析报告，项目管理计划，系统总体设计，系统设计说明书，测试报告，用户手册样本
学生提交	用户手册
考核方式	由企业信息中心总工程师考核《公文流转系统试运行》过程，2级评分，通过，不通过

表18　子学习领域课程内容和教学组织分析表（5）

子学习领域编号：6-05	子学习领域名称：公文流转系统项目提交（4学时）
学生行动内容	在企业信息中心总工程师指导下，将新系统投入实际运行，总工程师指导项目组负责人，进行运行分工。总工程师从项目负责人中选出代表，根据用户手册，对用户培训。由项目负责人组织，将系统资料（测试报告，验收报告，用户意见书，设备清单，用户手册，系统设计说明书，技术手册）提交用户。项目负责人和企业主管共同完成项目验收与结算工作
行动环境	企业信息中心，企业信息中心培训室
教师传授知识	教学单元（初步） 知识点：
教学法选择	行动导向教学法，项目教学法
教（学）件	企业资料，可行性分析报告，合同，需求分析报告，项目管理计划，系统总体设计，系统设计说明书，测试报告，用户手册样本
学生提交	
考核方式	由企业项目经理为项目负责人评分，5级评分，成绩占总成绩的10%

4. 汇总学习领域课程内容（见表19）

表19 学习领域课程内容汇总表

学习领域课程编号：6	学习领域课程名称：公文流转系统实现				
	子学习领域1（12学时）	子学习领域2（12学时）	子学习领域3（40学时）	子学习领域4（12学时）	子学习领域5（4学时）
学生行动	学生5人左右为一组，在企业系统分析工程师的指导下，召开调查会、访问、参加业务实践，对企业整体概况作初步调查，对公文流转过程作重点调查。根据初步调研，对系统进行可行性分析。根据可行性分析中的系统目标、用户需求，草拟合同。选取学生代表与企业用户谈判，签合同。根据合同成立项目组，选出项目负责人，对任务初步分解，制定项目初步计划	由项目负责人组织，召开调查会、访问、发调查表，参加业务实践。重点在公文流转流程调查。公文流转业务实践时间必须保证。根据详细调查对可行性报告中系统目标再次论证，业务流程分析，数据流程分析。重点是公文流转中的业务流程和数据流程分析。在企业项目经理指导下，完成项目管理计划制订。在系统设计工程师指导下，完成公文流转系统的总体设计（绘出公文流转的业务流程图、功能结构图、功能模块图和数据流程图，并建立数据字典）。以项目组为单位，在项目负责人的组织下，根据分工独立完成代码设计，用户界面设计，处理过程设计和安全密级设计。在企业系统设计工程师指导下完成数据库设计	要求学生独立完成。学生独立完成项目开发环境的安装配置工作。根据系统设计，建立数据库，完成数据库表制作。使用可视化技术完成桌面平台制作。使用可视化技术与编码，完成组织机构功能建立，建立4种职位：总经理、部门负责人、部门内勤、部门员工。完成添加/修改人员信息对话框制作。以编码技术为主，建立公文流转的工作流程。完成制作公文管理所需的电子表格。在项目负责人组织下完成系统测试、黑箱测试、数据测试、穷举测试、操作测试。各模块分调无误后，进行系统联调	在企业信息中心总工程师指导下，将新系统投入运行。总工程师指导项目负责人，进行项目组内试运行分工。在总工程师指导下，进行系统转换、系统初始化、输入原始数据记录工作。编写用户手册，项目负责人对选择用户进行初始培训和推广。由选择用户试用新系统。项目组对新系统进行运行管理维护，记录系统运行数据和状况。在项目负责人领导下，深入各试用岗位，广泛、客观征集用户意见与建议。在教师指导下，将意见、建议汇总，提出改进方案，并由企业信息中心总工程师认可。根据改进方案，对公文流转系统修改到用户满意	在企业信息中心总工程师指导下，将新系统投入实际运行，总工程师指导项目组负责人，运行分工。总工程师从项目负责人中选出代表，根据用户手册，对用户培训。由项目负责人组织，将系统资料（测试报告，验收报告，用户意见书，设备清单，用户手册，系统设计说明书，技术手册）提交用户。项目负责人和企业主管共同完成项目验收与结算工作

续表

学习领域课程编号：6	学习领域课程名称：公文流转系统实现				
	子学习领域 1（12 学时）	子学习领域 2（12 学时）	子学习领域 3（40 学时）	子学习领域 4（12 学时）	子学习领域 5（4 学时）
行动环境	企业各部门，企业领导与员工的配合，企业资料，企业信息开发中心，会议室，学校多媒体教室	企业与公文流转相关工作岗位，企业信息开发中心	企业信息开发中心，项目开发岗位	企业信息中心，企业试用部门	企业信息中心，企业信息中心培训室
教师传授	项目管理知识，事务处理知识，企业管理知识，商务谈判知识	系统详细调查过程与方法，需求分析方法，系统总体设计知识，详细设计知识，数据库知识，程序设计知识	计算机网络知识，软件体系结构相关知识，多种技术综合应用方法，系统测试知识	系统运行、管理与维护知识	
教（学）件	企业资料，可行性分析报告，合同范本	企业资料，可行性分析报告，项目合同，项目管理计划范本	企业资料，可行性分析报告，合同，需求分析报告，项目管理计划，系统总体设计，系统设计说明书，测试报告样本	企业资料，可行性分析报告，合同，需求分析报告，项目管理计划，系统总体设计，系统设计说明书，测试报告，用户手册样本	
学生提交	可行性分析报告，合同，项目初步计划	公文流转系统需求分析报告，项目管理计划，公文流转系统总体设计，系统设计说明书	公文流转系统，测试报告	用户手册	
考核方式	企业项目经理评价可行性分析报告是否可用、合同是否可用。企业信息开发中心主任检查项目分工与项目初步计划。等级为通过与不通过	需求分析报告：企业系统分析工程师鉴定，可用为通过，不可用为不通过 项目管理计划：企业项目经理检查，5 级评分 系统设计说明书（详细设计部分）：企业系统设计工程师鉴定，5 级评分	公文流转系统：企业测试工程师根据项目合同验收，5 级评分，占总成绩 50% 测试报告：企业测试工程师验收，2 级评分，及格，不及格	由企业信息中心总工程师考核《公文流转系统试运行》过程，2 级评分，通过，不通过	由企业项目经理为项目负责人评分，5 级评分，成绩占总成绩的 10%
	∑=子学习领 1 *10% + 子学习领域 2 *10% + 子学习领域 3 * 50% + 子学习领域 4 * 20% + 子学习领域 5*10%				

7. 汇总学习领域课程行动环境（见表20）

表20 学习领域课程行动环境汇总表

学习领域课程编号：6		学习领域课程名称：公文流转系统实现			
子学习领域编号	子学习领域名称	学校实训室	企业训练中心	企业生产现场	其他学习训练环境
6-01	公文流转系统立项			企业各部门，企业信息开发中心	学校多媒体教室会议室
6-02	公文流转系统需求分析与设计			企业与公文流转相关工作岗位，企业信息开发中心	
6-03	公文流转系统实施与测试			企业信息开发中心，项目开发岗位	
6-04	公文流转系统试运行			企业信息中心，企业试用部门	
6-05	公文流转系统项目提交			企业信息中心，企业信息中心培训室	

学习领域课程行动环境分析：

"公文流转系统"是企业办公自动化系统的一个子系统，最适合的开发环境是在企业，便于随时与用户交流、沟通。如果企业开发环境不许可，也可以在学校实训室开发。开发环境设备见表5中"工作岗位网络环境图"和网络结构图

8. 汇总学习领域课程教学-学习资源（见表21）

表21 学习领域课程教学-学习资源汇总表

学习领域编号	学习领域名称	电子教案	主教材	学件（学生手册、作业纸等）	教件（教师手册等）	参考资料（理论依据、技术规范）	电子资源库（题库、试题库、案例库等）
6	公文流转系统实现		公文流转系统项目指导书	企业资料，可行性分析报告，合同范本，项目管理计划范本，测试报告样本，用户手册样本	教学大纲，教学进度表，教学大纲实施计划，教案，学生考勤表，学生成绩单，教学小结	信息系统开发规范	网络资源

9. 制作学习领域课程教学大纲（见表22）

表22 学习领域课程教学大纲表

<table>
<tr><td>学习领域序号 6</td><td colspan="2">学习领域课程名称：公文流转系统实现</td></tr>
<tr><td rowspan="5">讲授单元</td><td>名 称</td><td>学 时</td></tr>
<tr><td>项目管理知识，事务处理知识，企业管理知识，商务谈判知识</td><td>1</td></tr>
<tr><td>系统详细调查过程与方法，需求分析方法，系统总体设计知识，详细设计知识，数据库知识，程序设计知识</td><td>2</td></tr>
<tr><td>计算机网络知识，软件体系结构相关知识，多种技术综合应用方法，系统测试知识</td><td>4</td></tr>
<tr><td>系统运行、管理与维护知识</td><td>1</td></tr>
<tr><td>行动单元</td><td colspan="2">子学习领域编号：6-01　　　子学习领域名称：公文流转系统立项
项目名称：项目初步调查
项目教学性质：完全设计，由学生自己设计调查过程，实际调查
工作程序：对企业业务、组织结构、业务流程、岗位职责、公文流转过程作初步调研，要求在调查前有充分准备，对企业资料进行研究
教学程序：在企业系统分析工程师指导下，学生分工合作，每人完成一项调查工作，时间为6学时小组汇总为2学时
职业竞争力培养要点：获取信息能力，与用户沟通能力，协调能力，团队工作能力
教学环境：企业各部门，领导与员工配合
教（学）件：企业提供有关资料
考核方式：不单独考核
学 时：8
项目名称：可行性分析
项目教学性质：部分设计，由学生根据可行性报告范本，设计编写步骤
工作程序：根据初步调研，编写管理可行性分析、技术可行性分析、资源可行性分析。明确系统目标、功能与规模，完成可行性分析报告
教学程序：以组为单位，完成可行性分析报告，由教师组织评选，综合成一份可行性分析报告，并由企业项目经理认定。用课外学时
职业竞争力培养要点：分析能力，综合能力，应用文档撰写能力
教学环境：学校多媒体教室，企业会议室
教（学）件：企业提供有关资料，可行性分析报告范本
考核方式：企业项目经理评价可行性报告是否可用，可用为通过，不可用为不通过
学 时：0
项目名称：草拟合同
项目教学性质：完全模拟，模仿合同范本，草拟合同
工作程序：根据用户需求、意图、系统目标，草拟合同
教学程序：教师指导，用课外学时
职业竞争力培养要点：用户沟通能力，应用文档编写能力
教学环境：学校多媒体教室
教（学）件：合同范本
考核方式：企业项目经理评价合同是否可用，可用为通过，不可用为不通过
学 时：0</td></tr>
</table>

续表

<table>
<tr><td colspan="2">学习领域序号　6</td><td>学习领域课程名称：公文流转系统实现</td></tr>
<tr><td>行动单元</td><td colspan="2">项目名称：合同谈判，并签合同
项目教学性质：完全设计，学生代表将自己设计谈判目标、目标阈值
工作程序：与企业谈判，签定项目合同
教学程序：2 学时
职业竞争力培养要点：竞争力，协调能力，口头表达能力
教学环境：企业会议室
教（学）件：合同
考核方式：项目交接后，在项目负责人项中评价
学　时：2 学时
项目名称：成立项目组
项目教学性质：完全设计
工作程序：选出项目负责人。任务初步分解，制订项目初步计划
教学程序：项目组成立后，企业信息开发中心主任划分项目工作岗位，2 学时
职业竞争力培养要点：组织能力，任务分解能力，团队工作能力
教学环境：企业信息开发中心
教（学）件：可行性分析报告，合同，项目初步计划
考核方式：企业信息开发中心主任检查项目分工和项目初步计划，等级为通过与不通过
学　时：2 学时</td></tr>
<tr><td>行动单元</td><td colspan="2">子学习领域编号　6-02　　子学习领域名称：公文流转系统需求分析与设计
项目名称：详细调查
项目教学性质：完全设计，根据可行性分析报告，设计详细调查过程
工作程序：由项目负责人组织，召开调查会、访问、发调查表，参加业务实践。公文流转业务实践必须参加
教学程序：调查会、访问、发调查表，时间为 2 学时；　公文流转业务实践为 4 学时
职业竞争力培养要点：信息获取能力，信息处理能力，用户沟通能力，团队工作能力
教学环境：企业与公文流转相关工作岗位
教（学）件：可行性分析报告，合同，项目初步计划
考核方式：与需求分析联动考核
学　时：6
项目名称：需求分析
项目教学性质：完全设计，通过前期学习，学生能够掌握一个小型子系统的需求分析过程
工作程序：根据详细调查，对可行性报告中系统目标再次论证，业务流程分析，数据流程分析，并完成需求分析报告的编写。重点是公文流转中的业务流程和数据流程分析
教学程序：项目负责人负责分工协作。课外完成
职业竞争力培养要点：分析能力，文档撰写能力，团队工作能力
教学环境：企业信息开发中心
教（学）件：企业资料，可行性分析报告，合同，项目初步计划
考核方式：需求分析报告由企业系统分析工程师鉴定，可用为通过，不可用为不通过
学　时：0</td></tr>
</table>

续表

学习领域序号　6	学习领域课程名称：公文流转系统实现
行动单元	项目名称：项目管理计划制定 项目教学性质：部分设计 工作程序：绘制任务网络图，资源费用分配计划、时间管理计划、质量保障计划，测试计划 教学程序：在企业项目经理指导下，根据项目管理计划范本，制定项目管理计划。课外完成 职业竞争力培养要点：　项目管理能力 教学环境：企业信息开发中心 教（学）件：项目管理计划范本 考核方式：由项目经理检查，5 级评分 学　时：0 项目名称：系统总体设计 项目教学性质：模拟 工作程序：软件体系结构设计，数据存储总体设计。绘出公文流转的业务流程图、功能结构图、功能模块图和数据流程图，并建立数据字典 教学程序：在系统设计工程师指导下，完成公文流转系统的总体设计。课外完成 职业竞争力培养要点：综合能力 教学环境：企业信息开发中心 教（学）件：企业资料，可行性分析报告，合同，项目初步计划，需求分析报告 考核方式：由企业系统设计工程师确认，不评成绩 学　时：　0 项目名称：系统详细设计 项目教学性质：完全设计，工作过程与内容的设计由学生独立自主完成 工作程序：代码、数据库、用户界面设计，处理过程设计，安全密级设计，编写系统设计说明书 教学程序：以项目组为单位，在项目负责人的组织下，根据分工独立完成，6 学时+课外学时 职业竞争力培养要点：系统详细设计能力，团队工作能力 教学环境：企业信息开发中心 教（学）件：企业资料，可行性分析报告，合同，项目初步计划，需求分析报告 考核方式：由企业系统设计工程师评定，5 级评分 学　时：6 学时+课外学时
	子学习领域编号：6-03　　　　　子学习领域名称：公文流转系统实施与测试 项目名称：安装、配置开发环境 项目教学性质：完全设计，每个学生独立自主设计开发环境安装步骤 工作程序：根据系统设计的软件环境，安装、配置开发环境 教学程序：由项目负责人负责，项目组成员独立完成项目组开发环境的安装配置，2 学时 职业竞争力培养要点：实际操作、动手能力 教学环境：企业信息开发中心 教（学）件：系统设计说明书 考核方式：不单独考核 学　时：2 学时

续表

<table>
<tr><td>学习领域序号　6</td><td>学习领域课程名称：公文流转系统实现</td></tr>
<tr><td>行动单元</td><td>项目名称：建立数据库系统
项目教学性质：完全设计
工作程序：根据系统设计，建立数据库，完成数据库表制作
教学程序：独立完成，2学时
职业竞争力培养要点：实际操作能力，动手能力
教学环境：企业信息开发中心
教（学）件：系统设计说明书
考核方式：不单独考核
学　时：2学时
项目名称：编码与调试
项目教学性质：完全设计
工作程序：根据系统设计说明书，完成公文流转系统的实施与测试工作
教学程序：
1. 桌面平台制作，主要使用可视化技术，4学时+课外学时
2. 组织机构功能建立，建立 4 种职位：总经理、部门负责人、部门内勤、部门员工。将可视化技术与编码结合起来完成开发任务，4学时+课外学时
3. 添加/修改人员信息对话框制作，主要应用可视化技术，4学时+课外学时
4. 工作流程制作，建立公文流转的工作流程，主要应用编码技术，16学时+课外学时
5. 电子表单制作，制作公文管理所需的电子表格，4学时+课外学时
职业竞争力培养要点：实际操作能力，动手能力
教学环境：企业信息开发中心，项目开发岗位
教（学）件：系统设计说明书
考核方式：不单独考核
学　时：32学时
项目名称：系统测试
项目教学性质：完全设计，由学生自主设计测试计划
工作程序：在项目负责人组织下完成系统测试
教学程序：黑箱测试、数据测试、穷举测试、操作测试。各模块分调无误后，进行系统联调。完成测试报告制作
职业竞争力培养要点：实际操作能力，动手能力，文档撰写能力，团队工作能力
教学环境：企业信息开发中心，项目开发岗位
教（学）件：系统设计说明书
考核方式：不单独考核
学　时：4学时
公文流转系统实施与测试考核方式：公文流转系统部分，企业测试工程师根据项目合同验收，5级评分，占总成绩的50%；测试报告部分，由企业测试工程师验收，2级评分，通过，不通过</td></tr>
</table>

续表

<table>
<tr><td>学习领域序号　6</td><td>学习领域课程名称：公文流转系统实现</td></tr>
<tr><td>行动单元</td><td>子学习领域编号：6-04　　　子学习领域名称：公文流转系统试运行
项目名称：系统投入试运行、管理与维护
项目教学性质：部分设计，在企业信息中心总工指导下，设计系统试运行过程
工作程序：将新系统投入运行、管理与维护
教学程序：
1. 系统转换，系统初始化，输入原始数据记录
2. 编写用户手册，对选择用户进行初始培训和推广
3. 选择用户试用新系统，对新系统进行管理维护
4. 记录系统运行数据和状况
5. 输入/输出方式是否方便、安全可靠、效率、误操作保护等性能考察
6. 系统实际运行、响应速度（传递速度、查询速度、输出速度的）进行实际测试
共 8 学时+课外学时
职业竞争力培养要点：实际操作能力，动手能力，团队协作能力
教学环境：企业信息中心
教（学）件：系统设计说明书，测试报告，用户手册样本
考核方式：不单独考核
学　时：8 学时
项目名称：收集用户意见
项目教学性质：完全设计　，在项目负责人领导下，设计意见征集工作过程
工作程序：深入各试用岗位，征集用户意见与建议，意见汇总，制定改进方案
教学程序：与一些项目同步进行，课外学时
职业竞争力培养要点：组织协调能力，沟通能力
教学环境：企业信息中心
教（学）件：系统设计说明书，测试报告，用户手册样本
考核方式：不单独考核
学　时：0
项目名称：根据用户意见改进
项目教学性质：完全设计
工作程序：根据改进方案，对公文流转系统修改到用户满意
教学程序：4 学时
职业竞争力培养要点：动手能力，实际操作能力
教学环境：企业信息中心
教（学）件：修改方案
考核方式：不单独考核
学　时：4 学时
公文流转系统试运行考核方式：由企业信息中心总工程师考核《公文流转系统试运行》过程，2 级评分，分为通过与不通过</td></tr>
</table>

续表

<table>
<tr><td>学习领域序号　6</td><td>学习领域课程名称：公文流转系统实现</td></tr>
<tr><td>行动单元</td><td>子学习领域编号：6-05　　　　子学习领域名称：公文流转系统项目提交
项目名称：公文流转系统提交
项目教学性质：部分设计
工作程序：在企业信息中心总工程师指导下，将新系统投入实际运行，总工程师领导项目组负责人，进行运行分工
教学程序：课外学时
职业竞争力培养要点：组织协调能力，团队协作能力
教学环境：企业信息中心
教（学）件：用户手册
考核方式：不单独考核
学　时：公文流转系统项目提交主要由项目负责人参加，故基本不占课内学时
项目名称：用户培训
项目教学性质：部分设计
工作程序：从项目负责人中选出代表，根据用户手册，对用户培训
教学程序：4学时
职业竞争力培养要点：组织协调能力，表达能力
教学环境：企业信息中心，企业信息中心培训室
教（学）件：　无
考核方式：不单独考核
学　时：4学时
项目名称：系统文档提交
项目教学性质：完全设计
工作程序：项目负责人组织，将测试报告、验收报告、用户意见书、设备清单、用户手册提交
教学程序：课外学时
职业竞争力培养要点：组织协调能力
教学环境：企业信息中心
教（学）件：无
考核方式：不单独考核
学　时：课外学时
项目名称：技术资料提交
项目教学性质：完全设计
工作程序：由项目负责人组织，将系统设计说明书、技术手册提交
教学程序：课外学时
职业竞争力培养要点：组织协调能力
教学环境：企业信息中心
教（学）件：无
考核方式：不单独考核
学　时：课外学时
项目名称：项目结算验收
项目教学性质：完全设计
工作程序：项目负责人和企业主管完成项目验收与结算工作
教学程序：课外学时
职业竞争力培养要点：组织协调能力
教学环境：企业信息中心
教（学）件：无
考核方式：不单独考核
学　时：课外学时
公文流转系统项目提交考核方式：由企业项目经理为项目负责人评分，5级评分，成绩占总成绩的10%</td></tr>
</table>

“计算机信息管理”专业课程体系参考方案

北京信息职业技术学院　韩毓文　苏家洪　亢华爱

一、确定专业培养目标

专业及面向的职业岗位如表1所示。

表1　专业及其面向的职业岗位表

专业名称	计算机信息管理
职业名称	1. 助理企业信息管理师 2. 初级职业信息分析师 3. 信息系统运行管理员
职业岗位	1. 助理企业信息管理师 助理企业信息管理师（国家职业资格三级）是劳动保障部根据国家职业资格证书制度，是专门面向企业信息化复合型人才推出的一个新职业，与普通高校及高职高专的信息管理与信息系统专业完全对口。要求具有较强的学习、信息处理和应变能力；善于判断和解决问题；善于沟通与协调，合作意识强；语言表达、逻辑思维能力强 2. 助理职业信息分析师 助理职业信息分析师是国家职业资格，分三级，主要从事劳动保障及相关信息采集、整理、分析等工作 3. 信息系统运行管理员 信息系统运行管理员是全国计算机技术与软件专业技术资格证书。能在信息系统管理工程师的指导下，熟练、安全地进行信息系统的运行管理，安装和配置相关设备，熟练地进行信息处理操作，记录信息系统运行文档；能正确描述信息系统运行中出现的异常情况，具备一定的问题受理和故障排除能力，能处理信息系统运行中出现的常见问题；具有助理工程师（或技术员）的实际工作能力和业务水平 可以应聘的职位包括：信息系统日常维护、系统文档管理、系统监督监控等。
职业岗位简要说明	1. 助理企业信息管理师 主要是面向从事企业信息化建设，承担信息技术应用和信息系统开发、维护、管理以及信息资源开发利用工作的复合型人员 2. 助理职业信息分析师 助理职业信息分析师主要工作内容： （1）对劳动保障及相关信息进行采集； （2）对劳动保障及相关信息进行整理加工； （3）对劳动保障及相关信息进行分析，提出工作建议乃至政策建议

续表

专业名称	计算机信息管理
职业岗位简要说明	3. 信息系统运行管理员 信息系统运行管理员是全国计算机技术与软件专业技术资格证书，应该具备以下技能： （1）熟悉计算机系统的组成及各主要设备的基本性能指标，掌握安装与配置方法； （2）掌握操作系统、数据库系统、计算机网络的基础知识，及其常用系统的安装、配置和使用； （3）熟悉多媒体设备、电子办公设备的安装、配置及使用；熟悉常用办公软件的安装、配置及使用； （4）了解信息化及信息系统开发的基本知识；熟练掌握信息处理基本操作； （5）掌握信息系统运行管理的基本方法与技术； （6）了解常用信息技术标准、信息安全以及有关法律、法规基本知识； （7）正确阅读和理解计算机使用中常见的简单英文
专业培养目标	本专业面向首都经济建设和社会发展需要，培养德、智、体、美等方面全面发展的，具备现代管理学理论基础、计算机科学技术知识及应用能力，掌握信息组织、处理的基本技术和技能，具有信息系统的管理与维护能力，了解信息管理职业领域基本规范，能够满足从事信息管理、网络运行与维护、信息系统运行维护和信息资源开发利用等领域一线工作需要的专门人才。

二、确定典型工作任务

典型工作任务如表 2 所示。

表 2　典型工作任务汇总表

助理企业信息管理师　助理职业信息分析师　信息系统运行管理员	
典型工作任务编号	典型工作任务名称
典型工作任务 1	信息采集
典型工作任务 2	数据分析
典型工作任务 3	独立模块程序设计
典型工作任务 4	数据库开发与维护
典型工作任务 5	信息项目管理
典型工作任务 6	网络运行与维护
典型工作任务 7	专题信息调研
典型工作任务 8	管理信息系统开发

三、确定典型工作任务学习难度范围和支撑平台课程学习链路

（1）典型工作任务学习难度范围（见表 3）

表 3　典型工作任务学习难度范围表

助理企业信息管理师　助理职业信息分析师　信息系统运行管理员		
学习难度范围		典型工作任务编号与名称
学习难度范围 1	具体的工作任务（职业定向的工作任务）	典型工作任务 1： 信息采集

续表

助理企业信息管理师　助理职业信息分析师　信息系统运行管理员		
学习难度范围		典型工作任务编号与名称
学习难度范围 2	整体性的工作任务（系统的工作任务）	典型工作任务 2： 数据分析 典型工作任务 3： 独立模块程序设计 典型工作任务 4： 数据库开发与维护
学习难度范围 3	蕴含问题的特殊工作任务	典型工作任务 5： 信息项目管理 典型工作任务 6： 网络运行维护
学习难度范围 4	无法预测的工作任务	典型工作任务 7： 专题信息调研 典型工作任务 8： 管理信息系统开发

（2）课程链路图（见图 1）

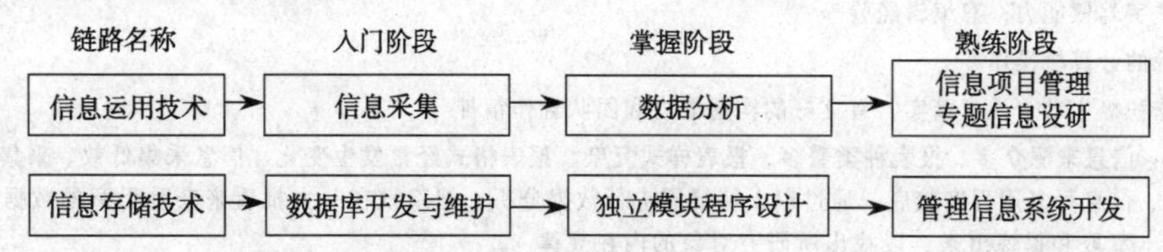

图 1　课程链路图

四、确定课程体系结构

课程体系结构如图 2 所示。

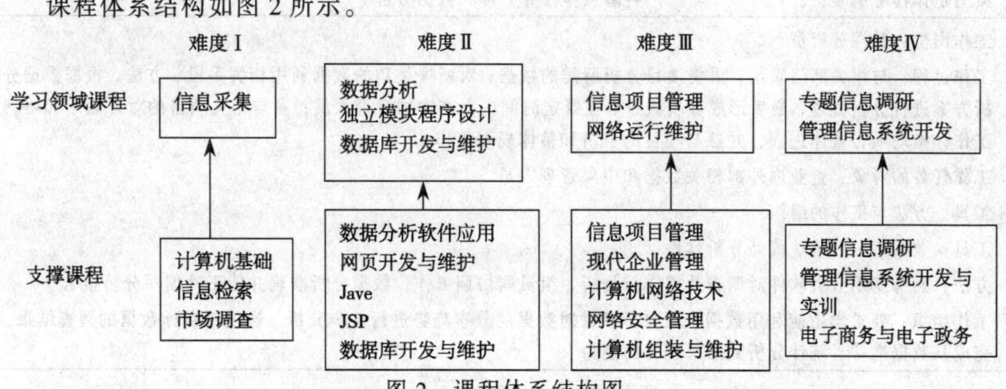

图 2　课程体系结构图

五、分析典型工作任务与确定典型工作任务所需技术

（1）分析典型工作任务

典型工作任务分析如表 4～表 11 所示。

表 4　典型工作任务分析记录表（1）

助理企业信息管理师　助理职业信息分析师　信息系统运行管理员	
典型工作任务编号：1	典型工作任务名称：信息采集
工作岗位：信息采集员 工作过程：要求信息采集员应提高对信息的敏感度，通过各种途径对相关信息进行搜索、归纳、整理并最终形成所需有效信息的过程。增强信息意识，随时“捕捉”有价值的信息。学会用科学的方法进行信息的收集、整理、加工、分类、标引、索引，提高独立创新能力。通过所搜集的信息进行信息角度的确定。信息采集员应掌握分析技巧，抓信息重点。信息要简洁，学会取舍，并进行合理的文字编辑排版。 工作任务的对象：网站、某些特定单位 工具：电话、网络、交通工具、录音设备、问卷 方法：计算机上网或通过实地调查、采访、亲身经历、亲眼目睹获得第一手资料 工作组织：参与校外相关组织开展的问卷调查，访谈类或调查类工作 工作和技术的要求： 1. 业务能力强，善于沟通，对网站有一定了解 2. 有文字驾驭能力，有编辑经验 3. 熟练的计算机操作 4. 工作积极主动，认真踏实，有良好的沟通能力和团队合作精神 区分点：信息来源众多、报表种类繁多，报表样式复杂，报表格式经常发生变化、信息采集低效、采集处理成本高昂、信息可复用程度较底。通过以上特征需进行数据分析，把隐没在一大批看来杂乱无章的数据中的信息集中、萃取和提炼出来，以找出所研究对象的内在规律	

表 5　典型工作任务分析记录表（2）

助理企业信息管理师　助理职业信息分析师　信息系统运行管理员	
典型工作任务编号：2	典型工作任务名称：数据分析
工作岗位：数据分析员 工作过程：与相关部门联系，采集项目分析所需的数据；对所搜集到的数据利用相关手段、方法，根据数据分析方案进行分析处理，最后形成分析报告，在既定时间内上交中层管理人员；参与相关项目的对外联络和协调工作，推动项目整体进程，并参与项目的分析和整体规划工作 工作任务的对象：企业内外部相关数据和中层管理人员 工具、方法与工作的组织： 工具：数据库、网络、统计分析软件 方法：熟练应用分析软件对调查数据进行分析，组员间协调工作，数据分析准确并能正确编写分析报告 工作组织：要求学生能利用数据统计分析软件对数据的分布趋势进行初步分析。通过对目标数据的调查结果，完成从数据准备、统计分析到结果解释的能力	

续表

助理企业信息管理师　助理职业信息分析师　信息系统运行管理员	
典型工作任务编号：2	典型工作任务名称：数据分析
工作和技术的要求： 1. 遵守企业的各项规章制度，做一个合格企业员工 2. 学会与用户沟通，明确企业用户需求 3. 熟练掌握主要的市场研究方法和手段 4. 熟练使用 Excel、PPT 及 SPSS、SAS 等各种统计分析软件 5. 数据来源可靠，分析报告完整，技术文档完备 区分点：由于上一任务采集来的信息来源众多、信息可复用程度低下、信息采集低效、报表种类繁多、报表样式复杂、报表格式经常发生变化等原因，所以需进行数据分析，把隐没在一大批看来杂乱无章的数据中的信息集中、萃取和提炼出来，以找出所研究对象的内在规律，这样可以降低运作成本、提高工作效率、完美支持表单经常变化的情形，将数据真正转化为辅助决策的信息，为下一步进行管理和规划打下基础	

表 6　典型工作任务分析记录表（3）

助理企业信息管理师　助理职业信息分析师　信息系统运行管理员	
典型工作任务编号 3	典型工作任务名称　独立模块程序设计
工作岗位：程序员 工作过程：能阅读模块的需求分析，根据需求分析进行合理的模块设计，包括概要设计和详细设计。能对采集到的客户信息进行分析，并进行数据库的简单设计。针对这一模块进行独立的代码开发，并对开发完成的代码进行简单的测试。最终可以与其他开发组的成员进行代码整合，完成整体开发。 工作任务的对象：设计文档，数据库模型，被开发系统及代码，项目经理及项目组人员 工具：计算机、MyEclipse 或其他企业级开发工具、TomCat 、Office 软件、Oracle、SQL 数据库等、CVS/SVN/VSS 版本控制工具的使用、Java 语言的使用、Windows/Linux 操作系统、需求规格说明书、页面原型、用户手册、代码规范 工作方法：从项目经理处领取开发任务，由项目经理指定人员培养该人员工作和技术，在规定的时间内完成模块的开发；用配置管理工具进行小组源代码的管理 工作组织：作为项目的一个成员进行团队开发 工作和技术的要求： 1. 编码一定要规范，命名规范一定要符合规则 2. 为代码填写适当的注释，这是良好的编码习惯 3. 开发完成后，如有较敏感接口，需要与客户签定保密协定 4. 会写测试用例 区分点：前一任务把杂乱无章的数据中的信息集中、萃取和提炼出来，能将数据真正转化为辅助决策的信息，但信息是相对独立的，本任务可以通过 JSP、数据库和 Java 等相应技术将获取的信息通过网站的形式表现出来，完美支持信息的添加、删除、查找、修改等操作，为下一步的开发打下基础	

表7　典型工作任务分析记录表（4）

助理企业信息管理师　助理职业信息分析师　信息系统运行管理员	
典型工作任务编号：4	典型工作任务名称：数据库开发与维护
工作岗位：数据库开发员	
工作过程：对客户需求进行分析，创建数据库的模型，使用数据库系统进行数据库的创建，在数据库系统中进行各种操作，编写简单数据库访问程序，进行数据库的连接与操作，使用 SQL 语言进行数据库的基本操作，对已有的数据库系统进行数据的备份与维护	
工作任务的对象：企业单位数据库应用系统管理人员和用户	
工具：计算机、数据库建模工具 PowerDesigner、程序开发工具 MyEclipse、程序运行服务器 TomCat、数据库服务器、SQL Server、文档编写工具 Office 软件、开发语言 SQL,Java,JSP	
方法：从系统分析人员处领取开发任务,使用数据库建模工具创建数据库模型，对数据库模型进行分析并创建脚本文件从而创建数据库。对数据库数据进行操作，并可以维护和管理数据库文件	
工作组织：小组人员分工完成	
工作和技术的要求： 1. 文档符合规范 2. 满足用户的需求 3. 使用不同的数据库连接方法 4. 数据库访问程序达到功能	
区分点：本任务是在掌握了 JSP 网页开发技术和 Java 程序设计技术基础上开展的，该工作任务为后续的网站开发和管理信息系统开发打下基础	

表8　典型工作任务分析记录表（5）

助理企业信息管理师　助理职业信息分析师　信息系统运行管理员	
典型工作任务编号：5	典型工作任务名称：信息项目管理
工作岗位：信息项目管理员	
工作过程：项目内部统筹安排，协调资源与进度，并负责项目过程中的一切沟通，确保项目按计划完成；并且要负责跨部门的项目沟通及外协沟通，全程协调监督控制，根据项目管理流程模板要求编制项目进度报告和项目总结报告；根据项目管理规范和标准，收集整理项目过程文档，完善项目信息资源库；协助主管进行项目人员分工和计划安排	
工作任务的对象：与项目相关的内部信息跨部门的项目沟通及外协沟通	
工具：计算机、项目计划、Project 软件、网络	
方法：了解项目环境，运用项目管理的相关知识，通过对内部与外部的协调、沟通，使用项目得以顺利进行，并且编制各种相关的文档	
工作组织：小组成员分工完成	
工作和技术的要求： 1. 通过与项目内部与外部的协调、沟通，确保项目按计划完成 2. 文档符合规范要求	
区分点：信息项目管理是在学习信息采集、数据分析、数据库开发与维护等专业技术知识后进行，学习信息项目管理为后续的专题信息调研和管理信息系统开发做准备	

表 9 典型工作任务分析记录表（6）

助理企业信息管理师 助理职业信息分析师 信息系统运行管理员	
典型工作任务编号：6	典型工作任务名称：网络运行与维护
工作岗位：网络管理员	
工作过程：要求网络管理员提高观察问题和解决问题的能力，通过对计算机网络的硬件（设备、服务器等）平台的运行和维护工作，增强安全意识，随时查找平台的漏洞。学会采用科学手段，进行企业网络的软件（NOS、网络协议软件、各种 Internet 服务器软件）的正常运行和故障检测，排除工作。对内部网络结点的 IP 地址分配、管理、回收及客户端软件的运行维护、故障排除等。网络管理员应掌握分析技能，不断更新系统防病毒能力，维护系统和数据安全高效地运行	
工作任务的对象：网站、网络平台	
工具：网络、设备维护工具、软件系统的维护工具、系统检测工具	
方法：通过对计算机网络的硬件（设备、服务器等）平台和网络操作系统及应用程序运行和维护工作，获得第一手资料	
工作组织：参与校内外相关的对计算机网络的硬件（设备、服务器等）平台和网络操作系统及应用程序运行和维护工作	
工作和技术的要求： 1. 业务能力强，善于沟通，对网络平台有一定了解 2. 有计算机网络硬件维护维修的能力 3. 熟悉网络操作系统和网络安全的基本技能 4. 有一定的数据库基础知识 5. 工作积极主动，认真踏实，有良好的沟通能力和团队合作精神	
区分点：前序，信息管理、数据分析、独立模块程序设计、数据库开发与维护；后序，专题信息调研、管理信息系统开发	

表 10 典型工作任务分析记录表（7）

助理企业信息管理师 助理职业信息分析师 信息系统运行管理员	
典型工作任务编号：7	典型工作任务名称：专题信息调研
工作岗位：信息采集员、信息管理员	
工作过程：通过采访、问卷调查、市场调查、电话采访等手段获得第一手资料，然后能够对调查资料进行系统整理、分类、挑选、汇总，对经过筛选后的数据进行分析归纳并提取有用数据，形成文字报告或报表。在工作中还能很好地对信息处理设备进行维护、管理	
工作任务的对象：企业内部信息，企业外部信息，竞争对手，销售市场，政策法规	
工具：计算机、广域网、局域网、统计软件、采访通信工具等	
方法：熟练应用分析软件或某一方法对特定行业或岗位进行调研并对数据分析，数据分析准确并能正确编写分析报告	
工作组织：独立或小组成员共同完成	

续表

助理企业信息管理师　助理职业信息分析师　信息系统运行管理员	
典型工作任务编号：7	典型工作任务名称：专题信息调研
工作和技术的要求： 1. 有良好的沟通能力，对用户需求有良好的理解能力 2. 能使用多种方法或手段对专题信息情报进行采集，经过筛选、归纳后形成文字报告或报表 3. 能进行系统的运行维护、系统开发中的辅助性和操作性工作 4. 熟练使用 Excel、Access、PPT 及 SPSS、SAS 等各种统计分析软件 5. 对相关行业热点有一定了解和关注 区分点：上一任务已经完成信息采集并进行数据分析，把隐没在一大批看来杂乱无章的数据中的信息集中、萃取和提炼出来，在此基础上，要求学生能针对一专业领域的信息进行采集、分析。访问目标更具有专业性，因此不仅需要有较强的通用能力，还要求掌握所涉及专业的更多的专业知识	

表 11　典型工作任务分析记录表（8）

助理企业信息管理师　助理职业信息分析师　信息系统运行管理员	
典型工作任务编号：8	典型工作任务名称：管理信息系统开发
工作岗位：程序员 工作过程：对系统进行调查与规划之后，构建新系统逻辑模型，在此基础上撰写系统设计说明书，根据系统设计说明书进行软件开发，完成某个子系统的设计及对相应数据表的添加、删除、修改、查询等操作的实现 工作任务的对象：系统分析报告模板、系统设计说明书模板、数据库管理系统、MyEclipse 集成开发环境等 工具：计算机、办公软件、数据库建模工具、数据库管理系统、系统分析工具、系统设计工具、系统开发工具 方法： 1. 根据实际需求进行系统规划，使用相应的工具完成系统分析和设计，在集成开发环境下完成模块的编码 2. 进行模块单元测试及集成测试 工作组织：小组人员分工完成 工作和技术要求：文档符合规范、满足用户的需求、代码编写规范、代码的重用性好 区分点：本任务是在完成独立模块设计、数据库开发与维护、网络运行与维护任务的基础上开展的，属于一个综合性任务	

（2）典型工作任务技术要求汇总（见表 12）

表 12　典型工作任务技术要求汇总表

助理企业信息管理师　助理职业信息分析师　信息系统运行管理员	
典型工作任务编号与名称	典型工作任务技术要求
典型工作任务 1：信息采集	技术 1：计算机基本操作技术 技术 2：Word、Excel、PowerPoint 等使用技术 技术 3：信息检索 技术 4：网络基本知识

续表

助理企业信息管理师　助理职业信息分析师　信息系统运行管理员	
典型工作任务编号与名称	典型工作任务技术要求
典型工作任务 2： 数据分析	技术 1：计算机基本操作技术 技术 2：Word、Excel、PowerPoint、SPSS 等软件使用技术 技术 3：撰写电子简报、业务报告的能力
典型工作任务 3： 独立模块程序设计	技术 1：HTML、JSP 技术 2：Java 等语言的语法与结构 技术 3：数据库的设计、开发 技术 4：项目管理 技术 5：软件测试
典型工作任务 4： 数据库开发与维护	技术 1：计算机基本操作技术、数据库技术、程序开发技术 技术 2：PowerDesigner、Project、MyEclipse、SQL Server 200X 等软件使用技术 技术 3：MVC 框架、Spring 框架、Hibernate 框架、JSP/Servlet、EL/JSTL 表达式
典型工作任务 4： 数据库开发与维护	技术 1：计算机基本操作技术、数据库技术、程序开发技术 技术 2：PowerDesigner、MyEclipse、SQL Server 等软件使用技术 技术 3：MVC 框架、Spring 框架、Hibernate 框架、JSP/Servlet、EL/JSTL 表达式
典型工作任务 5： 信息项目管理	技术 1：计算机基本操作技术 技术 2：Project 等软件使用技术 技术 3：项目管理基础知识 技术 4：人际关系沟通
典型工作任务 6： 网络运行与维护	技术 1：网络安全技术 技术 2：计算机网络技术 技术 3：网络管理技术 技术 4：数据库管理技术 技术 5：网络操作系统
典型工作任务 7： 专题信息调研	技术 1：根据企业或用户经营战略和阶段性经营重点，对相关行业信息进行收集、处理、动态管理。 技术 2：根据企业或用户要求进行行业专题调研或联合课题调研，并撰写相关调研报告。 技术 3：协助信息库动态建设和信息分类、分级管理工作。
典型工作任务 8： 管理信息系统开发	技术 1：计算机基本操作技术、数据库技术、系统分析技术、系统设计技术、系统开发中的项目管理技术 技术 2：Visio、PowerDesigner、Project、MyEclipse 等软件使用技术 技术 3：MVC 框架、Spring 框架、Hibernate 框架、JSP/Servlet、EL/JSTL 表达式、Java Excel 存取

六、设计学习领域与支撑平台课程

（1）设计学习领域课程

学习领域设计如表 13～表 20

表 13　学习领域设计表（1）

计算机信息管理		
学习领域编号 1 学习难度范围：1	学习领域/典型工作任务名称：信息采集	时间安排：企业 2 周；学校 72 学时
职业行动领域描述： 信息采集是通过电话访谈、专家（企业领导）的深入访谈、调查问卷等调查手段获得一手信息资料；通过网络、媒体、杂志、专业书籍等媒介搜集二手信息资料。学会用科学的方法进行信息的收集、整理、加工、分类、标注、索引，提高学生在学习和工作中的自学能力和独立创新能力		
各学习场所的学习目标		
（企业）实践教学： 学生可采用电话访谈、专家（企业领导）的深入访谈、调查问卷等获取企业所需的一手资料，或网络、媒体、杂志、专业书籍等媒介收集二手资料。通过对企业信息的采集，能把相关信息进行搜索、归纳、整理并最终形成所需有效信息的过程	（学校）理论学习： 学习各种调查方法，获得信息收集的能力；掌握一手、二手资料的搜集方法及技巧；与访谈对象进行有效沟通；对不同的信息需求，确定不同的信息收集方法，并学会对信息的整理、加工、分类、标引、索引，掌握网络资源的搜索技巧、调查问卷的设计	
职业行动领域描述： 信息采集是通过电话访谈、专家（企业领导）的深入访谈、调查问卷等调查手段获得一手信息资料；通过网络、媒体、杂志、专业书籍等媒介搜集二手信息资料		
各学习场所的学习目标		
（企业）实践教学： 学生通过对企业信息的采集，可采用电话访谈、专家（企业领导）的深入访谈、调查问卷等，或网络、媒体、杂志、专业书籍等获取企业所需的一手资料	（学校）理论学习： 学习各种调查方法，获得信息收集的能力；掌握一手、二手资料的搜集方法及技巧；与访谈对象进行有效沟通；对不同的信息需求确定不同的信息收集方法；掌握网络资源的搜索技巧、调查问卷的设计	
工作与学习内容		
工作对象： ● 对行业专家、企业领导访谈 ● 对具有代表性的下游消费者 / 客户访谈 ● 对网络进行搜集 ● 对杂志书刊查阅 ● 对专业性网站搜索	工具： 电话 ● 录音笔 ● 调查问卷 ● 访谈大纲 ● Office 软件 工作方法： ● 访谈技巧 ● 与人沟通获得有效资料的技巧 ● 信息检索、查阅 ● 专家访谈 ● 街头拦访 ● 座谈会 ● 问卷调查等 工作组织： ● 信息部门主管分配任务 ● 根据项目的大小来确定是个人完成或集体合作，收集工作中将与信息收集人员合作 ● 信息收集整理后将与信息分析员沟通	工作要求： ● 明确信息使用的目的 ● 根据信息的需求，按质按量地完成收集工作 ● 对收集工作进行总结 ● 与调研对象的沟通，要求语言规范、要求技巧，个人形象代表公司 ● 对调研内容保密，对客户提供的信息保密 ● 电话约访或电话访谈时，打电话的方式和技巧，可以变换多种角色

表 14 学习领域设计表（2）

<table>
<tr><td colspan="3">计算机信息管理</td></tr>
<tr><td>学习领域编号 2
学习难度范围：2</td><td>学习领域/典型工作任务名称：
数据分析</td><td>时间安排：企业 4 周；学校 72 学时</td></tr>
<tr><td colspan="3">职业行动领域描述：
对所搜集到的数据利用相关手段、方法进行分析处理，最后形成分析报告，上交中层管理人员</td></tr>
<tr><td colspan="3">各学习场所的学习目标</td></tr>
<tr><td colspan="2">（企业）实践教学：
通过学生对企业信息的有效整理，并通过对相关数据深层的挖掘，提取有价值的数据，完成分析报告。最后通过用户认可，提交调查报告与数据分析报告。学生需遵守企业的规章制度，按项目规定时间保质保量完成项目</td><td>（学校）理论学习：
学生通过链路课程学习基本具有信息采集能力、数据库应用能力。“数据分析”难度Ⅱ学习领域学习阶段，是对专业技术熟悉、熟练和应用的阶段。学生开始学会将基础知识和基本技技能进行简单的综合应用，并开始学习如何应用技巧。在学习中学生掌握信息的去伪存真的能力，数据的归纳整理能力和会用基本的统计分析方法，通过企业实际案例，对信息采集、数据库等知识进行综合应用，加以总结与提升</td></tr>
<tr><td colspan="3">工作与学习内容</td></tr>
<tr><td>工作对象：
● 企业用户
● 项目合同
● 企业内外部相关数据
● 数据部经理以及相关部门
● 市场研究人员
● 分析报告
● 系统管理员</td><td>工具：
● 数据库
● 计算机网络
● 统计分析软件
● 项目合同、调查报告
● 项目管理计划
工作方法：
● 项目管理
● 信息检索
● 软件安装、调试与配置
● 分析软件应用
● 与用户沟通
● 质量监控
● 项目交接
● 劳动组织
● 团队
● 个人</td><td>工作要求：
● 遵守企业的各项规章制度
● 学会与用户沟通，明确企业、用户需求
● 熟练掌握主要的市场研究方法和手段
● 熟练使用 Excel、PPT 及 SPSS、SAS 等各种统计分析软件
● 数据来源可靠，分析报告完整，技术文档完备。系统文档规范、完整
● 掌握项目收尾交接技巧
● 注意相关数据的保密</td></tr>
</table>

表 15　学习领域设计表（3）

<table>
<tr><td colspan="6">计算机信息管理</td></tr>
<tr><td colspan="2">学习领域编号 3
学习难度范围 2</td><td colspan="2">学习领域/典型工作任务名称：
独立模块设计</td><td colspan="2">时间安排：企业 3 周；学校 72 学时</td></tr>
<tr><td colspan="6">职业行动领域描述：
信息管理专业人员能够独立进行模块的设计，要求需要理解项目需求文档，通过对项目需求作出合理的设计，如编写概要设计与详细设计文档，编写详细模块设计。会通过文档进行代码的开发，并优化代码，提高代码的重用率。同时，要求建立并连接数据库。在出现问题时要能进行改正及进行代码的测试</td></tr>
<tr><td colspan="6">各学习场所的学习目标</td></tr>
<tr><td colspan="3">（企业）实践教学：
受训者能采集客户的信息，自己先分析，并在项目组长、项目经理的协助下完成对数据库的简单设计。可以阅读模块的需求分析，按项目文档的需求作合理的设计，包括概要和详细设计。了解编程规范，能独立进行代码的开发，并对开发完成的代码进行简单的测试。最终可以与其他开发组的成员进行代码整合，完成整体开发</td><td colspan="3">（学校）理论学习：
学生通过链路课程的学习，已经了解 Java 语言的编程规范，能够通过 Java 完成逻辑结构设计。能够通过 JSP 设计动态网页。学会分析客户需求，完成概要文档和详细设计文档的编写，并考虑模块的详细设计。了解代码开发的重要性，学会参看帮助文件。能正确编写及测试源代码。能通过客户需求完成数据库的设计</td></tr>
<tr><td colspan="6">工作与学习内容</td></tr>
<tr><td colspan="2">工作对象：
● 需求分析文档
● 概要设计文档模版
● 详细设计文档模版
● 数据库结构设计表
● 被开发系统及代码
● 可沟通的项目组人员
● 下发任务的项目经理</td><td colspan="2">工具：
● 计算机
● MyEclipse 或其他企业级开发工具
● TomCat、Office 软件
● Oracle、SQL 数据库等
● CVS/SVN/VSS 版本控制工具的使用
● Java 语言的使用
● Windows/Linux 操作系统
● 需求规格说明书
● 页面原型
● 用户手册
● 代码规范
工作方法：
● 从项目经理片领取开发任务,在规定的时间内完成
● 用配置管理工具进行小组源代码的管理
● 劳动组织：
● 团队
● 个人</td><td colspan="2">工作要求：
● 符合专业和实际要求的文档
● 编码一定要规范，命名规范一定要符合规则
● 为代码填写适当的注释，这是良好的编码习惯
● 开发完成后，如有较敏感接口，需要与客户鉴定保密协定
● 会写测试用例</td></tr>
</table>

表 16　学习领域设计表（4）

<table>
<tr><td colspan="3">计算机信息管理</td></tr>
<tr><td>学习领域编号 4
学习难度范围 2</td><td>学习领域/典型工作任务名称：
数据库开发与维护</td><td>时间安排：企业 3 周；学校 72 学时</td></tr>
<tr><td colspan="3">职业行动领域描述：
数据库设计管理人员可以根据客户需求设计规范的数据库模型，根据数据库模型编写数据库设计说明书，使用 SQL 语言编写数据库脚本文件，在数据库服务器中生成数据库；可以编写简单的数据库访问表单页面，并可以使用代码进行数据库访问；可以对数据库文件进行维护和备份等操作</td></tr>
<tr><td colspan="3">各学习场所的学习目标</td></tr>
<tr><td colspan="2">（企业）实践教学：
通过对客户的需求进行分析，可以设计出符合需求的数据库模型，根据所设计数据库模型，编写出具数据库设计说明书，并编写 SQL 脚本文件，使用 SQL 脚本文件生成数据库；根据数据库的表结构设计 JSP 表单页；使用 Java 语言编写代码进行数据库连接并对数据库进行增、删、改、查的基本操作；对数据库进行维护和备份等操作</td><td>（学校）理论学习：
掌握数据库建模工具的使用方法，设计结构简单的数据库模型，使用 JSP 语言编写简单的表单页面，对数据库可以进行简单的连接设置，并可以通过代码对数据库进行数据操作，对数据库数据进行维护和备份的操作</td></tr>
<tr><td colspan="3">工作与学习内容</td></tr>
<tr><td>工作对象：
● 数据库模型
● 数据库访问简单程序
● SQL 语言</td><td>工具：
● 计算机
● 数据库建模工具：PowerDesigner
● 程序开发工具：MyEclipse
● 程序运行服务器：TomCat
● 数据库服务器：SQL Server
● 文档编写工具：office 软件
● 开发语言：SQL,Java,JSP
工作方法：
● 教师进行指导讲解，学生分组合作方式，以规范的企业工作流程遍历项目调研、分析、设计、实施、评价等完整的工作过程
劳动组织：小组</td><td>工作要求：
● 文档符合规范、满足用户的需求、使用不同数据库连接方法
● 数据库访问程序达到功能</td></tr>
</table>

表 17　学习领域设计表（5）

<table>
<tr><td colspan="3">计算机信息管理</td></tr>
<tr><td>学习领域编号 5
学习难度范围 3</td><td>学习领域/典型工作任务名称：
信息项目管理</td><td>时间安排：企业 5 周；学校 66 学时</td></tr>
<tr><td colspan="3">职业行动领域描述：
针对企业决策层，对已确定的信息项目实施过程进行项目范围管理、项目时间管理、项目成本管理、项目质量管理、项目人力资源管理、项目沟通管理、项目风险管理、项目采购管理、项目集成管理，结果是使项目如期完成，将项目验收报告提交给决策层</td></tr>
</table>

续表

各学习场所的学习目标	
（企业）实践教学： 能对项目组成员进行很好的协调沟通，及时处理项目信息，能应用项目管理 Project 软件对项目进行管理，使项目得以顺利完成；并且要编制项目所需要的各种文档资料和总结	（学校）理论学习： 学习项目管理基础知识及项目管理软件 Project，使得学生具有一定的组织协调能力。通过前期链路课程对信息采集方法、数据分析方法的学习，全面掌握信息管理、人力资源管理的基本方法；掌握经费预算基本方法；掌握项目运行过程控制方法，进而为后期的综合实训课程打下基础

工作与学习内容		
工作对象： ● 与项目相关的企业内外部信息	工具： ● 办公软件 ● 计算机 ● 内部网络 ● Project 软件 工作方法： ● 了解项目环境，运用项目管理的相关知识 ● 对内部与外部的协调、沟通，使用项目得以顺利进行 ● 并且编制各种相关的文档 劳动组织：小组	工作要求： ● 不能泄露企业项目机密 ● 尊重人权 ● 文档符合规范

表 18　学习领域设计表（6）

计算机信息管理		
学习领域编号 6 学习难度范围 3	学习领域/典型工作任务名称： 网络运行与维护	时间安排：企业 3 周；学校 72 学时
职业行动领域描述： 网络运行与维护必须保证（企事业单位）组织所拥有的计算机网络的硬件（设备、展览、服务器等）平台的正常运行和维护工作。通过对上述企业网络的软件（NOS、网络协议软件、各种 Internet 服务器软件）的正常运行和故障检测，排除工作，使企业内部网络及其应用软件正常运行，内部网络结点的 IP 地址分配、管理、回收及客户端软件的运行维护、故障排除等。同时要完成网络界面（内/外网接口）设备、系统软件的使用、操作和网络数据库的维护等工作		

各学习场所的学习目标	
（企业）实践教学： 能够检查（企事业单位）组织所拥有的计算机网络的硬件（设备、展览、服务器等）平台的正常运行状态，通过对单位网络服务器系统软件的配置和使用以及特殊网络设备的操作使用技术，按照网络运行管理的安全规范原则（如工作计划，测试规定，安全标准、日期等），对网络的安全、数据安全和正确、网络设备的工作状态、操作系统的运行情况和企业专用网络软件或应用系统的运行状况进行检测和维护。了解系统的缺陷，及时补救	（学校）理论学习： 学生通过链路课程的学习，了解（企事业单位）组织所拥有的计算机网络的硬件（设备、展览、服务器等）平台的典型环境，并通过本学习领域的学习，熟悉和掌握对单位网络服务器系统软件的配置和使用以及特殊网络设备的操作使用技术；掌握网络平台的硬件维护以及网络操作系统安装维护方法和技巧，能对网络安全状态和信息的安全进行合理的防护和设置。掌握网络平台运行维护的技术和技能

续表

工作与学习内容		
工作对象： ● 企业所拥有的网络环境（硬、软件平台） ● 网络管理中心 ● 企业主干网络 ● 网上各种通信设备（路由器、交换机） ● 连入企业网络的客户机（计算机） ● 企业网络的各种服务器软件 ● 企业网络上运行的各种专用软件系统	工具： ● 网络组网和设备维护工具 ● 各种网络设备或线路所需配件 ● 软件系统的维护工具（如专业测试诊断软件等） ● 系统检测工具 工作方法： ● 课堂教学：以自然班为系统开设相关专业知识和理论课程（如网络课、Internet 原理、Web 技术等） ● 实验/实践教学： （1）校内：与课程内容相关的实验教学环节（如分组进行组网实验、网络配置和软件操作等） （2）校外（或专业实习基地）：企业实践网络环境中的运行、维护实践 劳动组织： ● 简单维护任务，可以个人承担 ● 复杂或系统行维护工作（如网络运行故障、系统软件瘫痪、数据机系统安全问题）等须由专业小组实施	工作要求： ● 企业应针对本企业网络的具体环境做简单培训 ● 要配备齐全的网络运行或维护工具 ● 需配备必要的安全防护设备 ● 重大故障的维护须由专业小组集体处理，企业网络上运行的各种专用软件系统

表 19　学习领域设计表（7）

计算机信息管理		
学习领域编号 7 学习难度范围 4	学习领域/典型工作任务名称： 专题信息调研	时间安排：企业 6 周；学校 0 学时
职业行动领域描述： 对某一个特定行业有较深的了解，并对这一行业相关热点或技术有一定关注，对专题相关背景进行深入细致了解，提出需求分析，然后进行方案设计，在全面进行信息搜集的基础上进行信息分析，最后生成调研报告		
各学习场所的学习目标		
（企业）实践教学： 学生在企业接受调研任务后，能够根据客户的需求，利用掌握的信息采集方法展开调查，并能够对所收集到的信息进行归纳、整理，能够协助企业专业人员进行信息提炼、文档整理和数据分析等工作	（学校）理论学习： 学生通过链路课程和学习领域课程学习，已经掌握多种调查方法，具有信息采集能力、调查问卷设计及实施、数据分析能力、数据库应用能力、商务文书写作等能力。在“专题信息调研”难度Ⅳ学习领域学习阶段，是对专业技术熟练和对未知事物可以独立解决问题、判断问题的应用阶段。学生开始学会将所学到的知识和技术灵活地综合应用，并开始掌握应用技巧。在学习中学生掌握对专业信息的阅读、理解和应用能力，通过对大量数据的归纳整理和统计分析，熟悉企业工作流程	
工作与学习内容		
工作对象/题材： ● 本企业相关信息 ● 竞争对手信息 ● 政府信息	工具/材料： ● 统计分析软件 ● 基本办公软件 ● 数据库软件 ● 网络 ● 计算机 劳动组织： ● 小组	工作要求： ● 调研时注意保密，不要侵犯别人的权益 ● 行业间应信息公开，无壁垒

表 20　学习领域设计表（8）

<table>
<tr><td colspan="6">计算机信息管理</td></tr>
<tr><td colspan="2">学习领域编号 8
学习难度范围 4</td><td colspan="2">学习领域/典型工作任务名称：
管理信息系统开发</td><td colspan="2">时间安排：企业 10 周；学校 72 学时</td></tr>
<tr><td colspan="6">职业行动领域描述：
对系统进行调查与规划之后，构建新系统逻辑模型，在此基础上撰写系统设计说明书。使用数据库管理系统进行数据库及对象的创建，在进行系统开发环境的配置之后，根据系统设计说明书及软件开发流程，运用高级程序设计语言完成某个子系统的设计及对相应数据表的添加、删除、修改、查询等操作的实现。编制测试用例，将开发完成的功能模块进行测试。根据管理信息系统的特性和要求，设计基本的系统安全方案，进行系统设置、数据备份和恢复</td></tr>
<tr><td colspan="6">各学习场所的学习目标</td></tr>
<tr><td colspan="3">（企业）实践教学：
学习者能够对系统进行分析、设计、实施及维护的实际运用，并能够通过实践完成企业管理信息系统开发实际工作流程：分析、设计、开发、测试和维护</td><td colspan="3">（学校）理论学习
理解管理信息系统相关理论、业务分析、数据流程分析、数据字典、新系统逻辑模型的理论，并能够对系统功能及其结构、系统功能处理模块、数据库、编码、输入输出的设计理论有深入认识；掌握程序设计的规则与方法以及系统测试理论。通过学习掌握对知识的综合运用能力，并能够对系统发生的不可预知的问题具有独立解决和分析的综合能力</td></tr>
<tr><td colspan="6">工作与学习内容</td></tr>
<tr><td colspan="2">工作对象：
● 系统分析报告模版
● 系统设计说明书模版
● 测试报告模板</td><td colspan="2">工具：
● 计算机
● 数据库建模工具：PowerDesigner
● 开发工具：MyEclipse
● 服务器：TomCat
● 文档编写工具：Office 软件
● 分析设计工具：PowerDesigner,Visio
● 开发语言：Java
工作方法：
● 以教师为指导，学生以分工合作方式、以规范的企业工作流程遍历项目调研、分析、设计、实施、评价等完整的工作过程
劳动组织：
● 团队
● 小组</td><td colspan="2">工作要求：
● 文档书写规范、内容合理全面
● 代码编写规范、代码的重用性好
● 会写测试用例</td></tr>
</table>

注：学习领域编号用“学习领域+阿拉伯数字”表示，数字为 1 ~ N, N 为学习领域数目。

（2）支撑学习领域课程的理论与知识（见表21）

表21　支撑学习领域理论知识表

计算机信息管理			
学习领域编号 学习难度范围	学习领域/典型工作任务名称	学习领域所需理论	学习领域所需知识
学习领域1 学习难度范围1	信息采集	理论1：信息检索 理论2：市场调研	知识1：Office基本知识 知识2：网络基础知识
学习领域2 学习难度范围2	数据分析	理论1：信息检索 理论2：数据分析软件应用 理论3：报告编写规范	知识1：Office基本知识 知识2：计算机基本操作 知识3：网络基础知识
学习领域3 学习难度范围2	独立模块设计	理论1：项目管理理论 理论2：数据库设计理论 理论3：程序开发	知识1：静态及动态网页基本知识 知识2：编程语言的基本知识 知识3：数据库建立的基本知识 知识4：软件测试基本知识
学习领域4 学习难度范围2	数据库开发与维护	理论1：数据库模型设计 理论2：数据库基本概念 理论3：JSP语言语法 理论4：Java语言基本语法	知识1：业务分析、数据流程分析、数据字典、新系统逻辑模型的方法 知识2：数据库基本操作 知识3：JSP表单设计 知识4：Java语言数据库访问方法 知识5：数据库维护与备份
学习领域5 学习难度范围3	信息项目管理	理论1：项目管理知识 理论2：通用管理知识	知识1：应用领域知识、标准与规章制度 知识2：理解项目环境 知识3：通用管理知识与技能 知识4：处理人际关系技能
学习领域6 学习难度范围3	网络运行与维护	理论1：计算机网络技术理论 理论2：网络安全理论 理论3：网络管理理论 理论4：数据库基础理论 理论5：网络操作系统理论	知识1：IP地址分配、管理、回收及客户端软件的运行维护、故障排除等基本知识 知识2：网络安全基本知识 知识3：网络管理基础知识 知识4：网页设计基础知识 知识5：网络数据库基本知识 知识6：网络操作系统基本知识

续表

计算机信息管理			
学习领域编号 学习难度范围	学习领域/典型工作任务名称	学习领域所需理论	学习领域所需知识
学习领域 7 学习难度范围 4	专题信息调研	理论 1：信息检索 理论 2：数据分析软件应用	知识 1：Office 基本知识 知识 2：计算机基本操作 知识 3：网络基础知识
学习领域 8 学习难度范围 4	管理信息系统开发	理论 1：管理信息系统规划 理论 2：业务分析、数据流程分析、数据字典、新系统逻辑模型的理论 理论 3：系统功能及其结构、系统功能处理模块、数据库、编码、输入输出的设计方法 理论 4：程序设计的规则与方法 理论 5：系统测试理论	知识 1：管理信息系统基本知识 知识 2：管理信息系统分析基本知识 知识 3：管理信息系统设计基本知识 知识 4：数据库基本操作 知识 5：Java 语法 知识 6：软件测试基本知识

七、编制学习领域课程教学计划

学习领域课程教学计划如表 22 所示。

表 22　学习领域课程教学计划表

学习领域课程编号	学习领域课程	学　时（周）			
		总 计	第一学年	第二学年	第三学年
1	信息采集	2	2		
2	数据分析	4	4		
3	独立模块程序设计	3		3	
4	数据库开发与维护	3		3	
5	信息项目管理	5			5
6	网络运行与维护	3			3
7	专题信息调研	6			6
8	管理信息系统开发	10			10
合计学时		36	6	6	24

八、制定专业教学计划

专业教学计划如表 23 所示。

表 23　专业教学计划表

年级	学期	课程类型		课程名称	考核方式		学分	学时			
					考试	考查		总计	讲课	实验	其他
一年级	第一学期	支撑平台课程	职业领域公共课程	思想道德修养与法律基础	*		2	34	34		
				公共英语	*		4	68	68		
				数学	*		4	68	68		
				心理健康教育		*	2	34	34		
				体育 I		*	2	34	34		
				公共任选课		*	2	34	34		
				小计			16	272	272		
			技术技能平台课程	信息检索		*	2	34		34	
				计算机应用基础		*	2	34		34	
				网页开发与维护		*	4	68	28	40	
				小计			8	136	28	108	
		第一学年第一学期小计					24	408	300	108	
	第二学期	支撑平台课程	职业领域公共课程	公共英语	*		4	72	72		
				科学思维训练	*		4	72	72		
				职业沟通		*	2	36	36		
				思想道德修养与法律基础	*		2	36	36		
				体育		*	2	36	36		
				公共任选课		*	4	72	72		
				小计			18	324	324		
			技术技能平台课程	Java	*		4	72	22	50	
				小计			4	72	22	50	
		学习领域课程		信息采集		*	4	72	12	60	
				小计			4	72	12	60	
		第一学年第二学期小计					26	468	358	110	

续表

年级	学期	课程类型		课程名称	考核方式		学分	学时			
					考试	考查		总计	讲课	实验	其他
二年级	第一学期	支撑平台课程	职业领域公共课程	公共英语	*		2	30	30		
				毛泽东思想、邓小平理论和“三个代表”重要思想概论	*		2	30	30		
				公共任选课		*	4	60	60		
				小计			8	120	120		0
			技术技能平台课程	JSP	*		6	108	58	50	
				计算机网络技术	*		4	72	36	36	
				小计			10	180	94	86	0
		学习领域课程		数据分析	*		4	72	12	60	
				数据库开发与维护	*		4	72	12	60	
				小计			8	144	24	120	0
		第二学年第一学期小计					26	444	238	206	
	第二学期	支撑平台课程	职业领域公共课程	公共英语	*		2	30	30		
				毛泽东思想、邓小平理论和“三个代表”重要思想概论	*		2	30	30		
				职业生涯准备		*	2	24	24		
				公共任选课		*	4	60	60		
				小计			10	144	144		
			技术技能平台课程	网络安全管理	*		4	48	30	18	
				小计			4	48	30	18	0
		学习领域课程		独立模块程序设计	*		4	72	32	40	
				管理信息系统开发	*		4	72	0	72	
				专题信息调研		*	6	180	0	180	
				小计			14	324	32	292	
		第二学年第二学期小计					28	516	206	310	0

续表

年级	学期	课程类型		课程名称	考核方式		学分	学时			
					考试	考查		总计	讲课	实验	其他
三年级	第一学期	支撑平台课程	职业领域公共课程	公共任选课		*	4	60	60		
				小计			4	60	60		
		学习领域课程		信息项目管理	*		4	66	0	66	
				网络运行维护	*		4	72	22	50	
				管理信息系统开发综合实训	*		10	300	0	300	
				顶岗实习			6	180	0	180	
				小计			24	618	22	596	
	第三学年第一学期小计						28	678	82	596	
	第二学期	学习领域课程		毕业设计与顶岗实习	*		12	360		360	
				小计			12	360		360	
	第三学年第二学期小计						12	360		360	

总学分：144

职业领域公共课程学分：40　　　　占总学分比例：27.8%

技术技能平台（链路）课程学分：26　　　　占总学分比例：18.1%

学习领域课程学分：40　　　　占总学分比例：27.8%

九、《管理信息系统》教学大纲制作

1. 分析学习领域

学习领域分析如表24所示。

表24　学习领域分析表

学习领域编号：8	学习领域名称：管理信息系统开发
学习领域对应典型工作任务中的项目类型：按工作情境实施	
学习领域对应典型工作任务中的项目实际工作步骤（基于八步法）： 1. 了解项目的运行现状，进行可行性分析和论证 2. 深入进行业务分析、数据分析、明确用户需求，确定方案 3. 制订配置计划、系统开发计划、测试和评估计划、验收计划、质量保证计划和系统工程管理计划 4. 组成项目组，指定负责人，进行人员分工 5. 系统开发，同时从技术和管理角度对项目实施进行管理 6. 进行内部测试和外部测试 7. 提交系统规划文档、系统分析文档、系统设计文档、系统实现文档、系统运行与维护文档 8. 采用多指标评价体系对项目进行评价	
通过学习领域分析确定子学习领域（学习情境） 子学习领域编号　　子学习领域名称 01　　阳光财险自助卡投保系统区域管理模块设计与开发 02　　阳光财险自助卡投保系统产品管理模块设计与开发	

2. 分析子学习领域工作过程

子学习领域工作过程分析如表25所示。

表25 子学习领域（学习情境）工作过程分析表

学习领域编号 8	学习领域名称：管理信息系统开发		
子学习领域编号 01	子学习领域名称：阳光财险自助卡投保系统区域管理模块设计与开发		
工作过程	工作任务	行动环境	教学组织与实施
1. 进行系统组织结构调查，定义管理目标、数据类、信息系统结构，确定子系统开发顺序及计算机逻辑配置，编写项目开发计划	对系统有总体上的了解，进行系统的总体规划，并编写项目开发计划	学校多媒体教室，企业提供有关资料	学生分为5人左右的小组，推选负责人，进行人员分工,以组为单位，编写项目开发计划
2. 对系统进行分析，建立新系统逻辑模型	运用管理信息系统分析的工具和方法，对系统进行分析，并构建新系统逻辑模型	学校实训室，需要讨论时可以到会议室	以组为单位，完成新系统逻辑模型，由教师点评及小组之间互评，提出不足，进行改进
3. 完成系统结构图，进行编码、数据库、输入输出及界面设计，完成系统设计说明书	运用管理信息系统设计的工具和方法，对系统进行简单的设计并编写系统设计说明书	学校实训室，需要讨论时可以到会议室	以组为单位，编写系统设计说明书，由教师点评及小组之间互评，提出不足，进行改进
4. 安装及配置数据库管理系统，完成数据库用户的创建及权限分配及用户模式下数据库对象（表、表空间、约束等）的创建和管理。根据《系统设计说明书》，将设计好的数据库在数据库管理系统中进行实施	使用数据库管理系统，进行数据库及对象的创建和管理	学校实训室	学生以小组为单位，进行数据库及数据表的创建，每个小组分别在数据库建立用户并在数据库中实现数据库的各种对象
5. 配置MyEclipse开发平台，配置Tomcat服务器和JDK开发环境，配置Oracle数据库	进行集成开发环境、Web服务器、JDK开发环境、及数据库管理系统的配置	学校实训室	每个学生都在自己的计算机上进行数据库应用系统开发环境的配置
6. 根据软件开发的流程运用Java语言和Oracle数据库进行软件开发，实现阳光财险自助卡投保系统区域管理模块，代码实现对区域数据表的添加、删除、修改的操作	使用 Spring MVC、Hibernate 框架完成Web工程，实现对区域数据表的添加、删除、修改的操作，使用 My Eclipse的调试工具，调试Web应用程序。	学校实训室，需要讨论时可以到会议室	每个小组成员进行分工，分别完成对区域数据表的添加、删除、修改的功能，组长负责进行代码整合
7. 单元测试	编制测试用例，测试本单元	学校实训室，需要讨论时可以到会议室	以小组为单位将整合后的代码进行测试

续表

学习领域编号 8	学习领域名称：管理信息系统开发		
子学习领域编号 02	子学习领域名称：阳光财险自助卡投保系统产品管理模块设计与开发		
工作过程	工作任务	行动环境	教学组织与实施
1. 根据系统设计说明书，将设计好的数据模型转换为数据库中的表结构并在 Oracle 中实现数据库及其对象	在特定数据库中进行表结构的转换并将数据库中的表及其它数据库对象在数据库中进行物理实现	学校实训室，需要讨论时可以到会议室	学生以小组为单位，进行表结构的转换，每个小组分别在数据库建立用户并在数据库中实现数据库的各种对象
2. 配置 MyEclipse 开发平台，配置 Tomcat 服务器和 JDK 开发环境，配置 Oracle 数据库	进行集成开发环境、Web 服务器、JDK 开发环境及数据库管理系统的配置	学校实训室	每个学生都在自己的计算机上进行数据库应用系统开发环境的配置
3. 根据软件开发的流程运用 Java 语言和 Oracle 数据库进行软件开发，实现阳光财险自助卡投保系统产品管理模块，代码实现对产品数据表的添加、删除、修改、查询的操作，并且实现事务控制	在阳光财险自助卡投保系统中实现对产品数据表的添加、删除、修改、查询功能，使用 MyEclipse 的调试工具，调试 Web 应用程序	学校实训室，需要讨论时可以到会议室	每个小组成员进行分工，分别完成对区域数据表的添加、删除、修改、查询的功能，组长负责进行代码整合
4. 单元测试	编制测试用例，测试本单元	学校实训室，需要讨论时可以到会议室	以小组为单位将整合后的代码进行测试
5. 集成测试	制定测试计划、编制测试用例、将区域管理和产品管理功能模块进行集成，编写测试报告	学校实训室，需要讨论时可以到会议室	以小组为单位进行集成测试
6. 管理信息系统的维护及评价	根据管理信息系统的特性和要求，设计基本的系统安全方案，进行系统设置、数据备份和恢复	学校实训室，需要讨论时可以到会议室	以小组为单位进行维护计划，小组互评

3. 分析子学习领域课程内容和组织教学

子学习领域课程内容和教学组织分析如表 26 所示。

表 26　子学习领域课程内容和教学组织分析表

子学习领域编号 01	子学习领域名称：阳光财险自助卡投保系统区域管理模块设计与开发（42 学时）
学生行动内容	学生 5 人左右为一个小组，在教师的指导下，对系统进行调查与规划之后，构建新系统逻辑模型，在此基础上撰写系统设计说明书。在 Oracle 中进行数据库及对象的创建，在进行系统开发环境的配置之后，对区域数据表实现添加、删除、修改操作。编制测试用例，进行区域管理模块的测试

续表

行动环境	学校实训室，小型会议室
教师传授知识	管理信息系统基本知识，系统分析知识，系统设计知识，数据库知识，Struts、Spring、Hibernate 框架知识，系统测试知识
教学法选择	行动导向教学法、项目教学法
教（学）件	系统分析报告模版 系统设计说明书模版 测试报告模板
学生提交	项目进度表、会议纪要、系统分析报告、系统设计说明书、测试报告、代码
考核方式	对表 2 中每个工作过程分别进行考核，包括项目计划、逻辑模型的构建、系统设计、数据库及数据表的创建、开发环境的配置、分小组编写的代码，测试报告。考核等级分为优秀、良好、及格、不及格
子学习领域编号 02	子学习领域名称：阳光财险自助卡投保系统产品管理模块设计与开发（30 学时）
学生行动内容	以小组为单位，在 Oracle 中进行数据库及对象的创建，在进行系统开发环境的配置之后，实现对产品数据表的添加、删除、修改、查询功能。编制测试用例、进行产品管理模块的测试。完成阳光财险自助卡投保系统的系统测试。对系统进行运行管理维护，记录系统运行数据和状况
行动环境	学校实训室，小型会议室
教师传授知识	Struts、Spring、Hibernate 框架知识，事务控制、系统测试知识，系统维护知识
教学法选择	行动导向教学法、项目教学法
教（学）件	测试报告模板
学生提交	项目进度表、会议纪要、测试报告、代码
考核方式	对表 2 中每个工作过程分别进行考核，包括项目计划、开发环境的配置、分小组编写的代码和测试报告。考核等级分为优秀、良好、及格、不及格

4. 学习领域课程内容汇总（见表 27）

表 27　学习领域课程内容汇总表

学习领域课程编号 7	学习领域课程名称：数据库设计与开发	
	子学习领域 1（42 学时）	子学习领域 2（30 学时）
学生行动	学生 5 人左右为一个小组，在教师的指导下，对系统进行调查与规划之后，构建新系统逻辑模型，在此基础上撰写系统设计说明书。在 Oracle 中进行数据库及对象的创建，在进行系统开发环境的配置之后，对区域数据表实现添加、删除、修改操作。编制测试用例，进行区域管理模块的测试	以小组为单位，在 Oracle 中进行数据库及对象的创建，在进行系统开发环境的配置之后，实现对产品数据表的添加、删除、修改、查询功能。编制测试用例，进行产品管理模块的测试。完成阳光财险自助卡投保系统的系统测试。对系统进行运行管理维护，记录系统运行数据和状况

续表

	子学习领域 1（42 学时）	子学习领域 2（30 学时）
行动环境	学校实训室，小型会议室	学校实训室，小型会议室
教师传授	管理信息系统基本知识，系统分析知识、系统设计知识，数据库知识，Struts、Spring、Hibernate 框架知识，系统测试知识	Struts、Spring、Hibernate 框架知识，事务控制、系统测试知识，系统维护知识
教（学）件	系统分析报告模版 系统设计说明书模版 测试报告模板	测试报告模板
学生提交	项目进度表、会议纪要、系统分析报告、系统设计说明书、测试报告、代码	项目进度表、会议纪要、测试报告、代码
考核方式	对表 2 中每个工作过程分别进行考核，包括项目计划、逻辑模型的构建、系统设计、数据库及数据表的创建、开发环境的配置、分小组编写的代码，测试报告。考核等级分为优秀、良好、及格、不及格。	对表 2 中每个工作过程分别进行考核，包括项目计划、开发环境的配置、分小组编写的代码，测试报告。考核等级分为优秀、良好、及格、不及格
	总成绩=子学习领 1*40% + 子学习领域 2*60%	

5. 汇总学习领域课程行动环境

学习领域课程行动环境汇总如表 28 所示。

表 28　学习领域课程行动环境汇总表

学习领域课程编号 8		学习领域课程名称：管理信息系统开发			
子学习领域编号	子学习领域名称	学校实训室	企业训练中心	企业生产现场	其他学习训练环境
01	阳光财险自助卡投保系统区域管理模块设计与开发	系统开发实训室			学校多媒体教室、会议室
02	阳光财险自助卡投保系统产品管理模块设计与开发	系统开发相关实训室			学校多媒体教室、会议室
学习领域课程行动环境分析：					
本学习领域主要的行动环境是学校的系统开发实训室，需要配备的设备有：数据库服务器/客户端，正常运行的网络环境。安装的软件有：数据库服务器和客户端软件、办公软件、Tomcat、MyEclipse、Project、PowerDesinger、Visio					

6. 汇总学习领域课程教学-学习资源

学习领域课程教学-学习资源汇总如表 29 所示。

表 29 学习领域课程教学-学习资源汇总表

学习领域编号	学习领域名称	电子教案	主教材	学件（学生手册、作业纸等）	教件（教师手册等）	参考资料（理论依据、技术规范）	电子资源库（题库、试题库、案例库等）
8	管理信息系统开发		管理信息系统开发项目指导书	系统分析报告模板系统设计说明书模板 测试报告模板	课程标准 授课计划 教案 教学记录	ISO 9001-3-97 标准	网络资源

7. 制作学习领域课程教学大纲

学习领域课程教学大纲如表 30 所示。

表 30 学习领域课程教学大纲表

学习领域课程编号 8	学习领域课程名称：管理信息系统开发	
讲授单元	名 称	学 时
	管理信息系统知识	2
	系统分析知识、系统设计知识，数据库知识	8
	Struts、Spring、Hibernate 框架知识，事务控制	4
	系统测试知识	2
	系统维护知识	1
行动单元	子学习领域课程编号 子学习领域课程名称 学时：72 项目名称：阳光财险自助卡投保系统区域管理模块设计与开发 项目教学性质：在教师指导下完成设计开发 工作程序：以小组为单位，完成阳光财险自助卡投保系统的分析、设计、表和其他数据库对象的创建、开发环境的配置、区域管理模块的实施，测试用例的编制 教学程序：教师指导完成 职业竞争力培养要点：沟通能力，文档编写能力，团队合作能力，编程能力，综合素质 教学环境：实训室、学校多媒体教室、会议室 教（学）件：系统分析报告模版、系统设计说明书模版、测试报告模板 考核方式：对每个工作过程分别进行考核 学时：42 项目名称：阳光财险自助卡投保系统产品管理模块设计与开发 项目教学性质：完全设计与开发 工作程序：根据系统设计说明书进行产品管理模块设开发并进行测试 教学程序：小组独立完成 职业竞争力培养要点：编程能力，沟通能力，团队合作能力，综合素质 教学环境：实训室、学校多媒体教室、会议室 教（学）件：测试报告模板 考核方式：对每个工作过程分别进行考核 学时：30	

“软件技术”专业课程体系参考方案

河北工业职业技术学院　姜　波　姜艳芳　李　玮

一、确定专业培养目标

经过市场调研、毕业生跟踪调查分析、近百所河北省IT企业的调研，召开工人专家访谈会、专业建设研讨会，经学院专业指导委员会论证，结合劳动和社会保障部的《计算机程序设计员国家职业标准》(高级程序员)的要求，参考《普通高等学校高职高专教育专业概览》,确定了我院软件技术专业的主要面向的职业岗位是:网站策划、网页设计、网站开发、网站维护、技术支持。

具体采用方法如表1所示，职业岗位表如表2所示。

表1　调研专业就业行业领域工作步骤及方法

工作步骤	工作目标	方法	地点	参加人员	输出
1. 到企业进行调研	对企业人才需求进行调研,确定专业所面向的职业及工作岗位、职责、任务、流程、对象、方法、所需知识、能力和职业素养等	访谈、调查表	企业	企业一线人员+专业教师	《访谈、问卷记录表》
2. 进行毕业生调研	对毕业生进行跟踪调查	访谈、调查表	企业+学校	毕业生+专业教师	《毕业生跟踪调查表》
3. 市场调研	对本地区、本行业进行调研	参加专题会议	社会	专业教师	调查报告
4. 市场人才需求调研	对本地区、职业岗位需求调研	人才招聘会、网络招聘等	社会人才招聘会等	专业教师	分析报告
5. 召开学院专业建设研讨会	根据调研结果、《普通高等学校高职高专教育指导性专业目录专业简介》,初步确定专业所面向的职业岗位(岗位群)	研讨会、职业资料分析。职业资料分析包括该职业的发展趋势、人才结构与需求状况等	学校	教学研究人员+专业教师	《专业及其面向的职业岗位表》

表 2　专业及其面向的职业岗位表

专业名称	软件技术专业
职业名称	①高级程序员；②测试工程师；③软件销售员；④数据库工程师；⑤界面（UI）设计师；⑥项目经理；⑦技术支持
职业岗位	网页设计、网站开发、软件测试、技术支持、产品销售
职业岗位简要说明	① 网页设计：负责网站页面设计和平面设计；负责页面的制作及美术设计和创意工作；负责广告和相关图片、动画的设计制作工作。 ② 网站开发：负责网站项目的开发和维护工作；负责配合技术主管进行项目的管理及项目文档的制作；负责网站日常专题、后台管理系统等技术方面的开发和维护工作；负责网站代码的编写。 ③ 软件测试：负责测试方案的实施；负责测试报告的撰写与提交。 ④ 技术支持：负责项目的整体规划；负责制定项目的建设方案；负责制定测试方案；负责协调公司各部门，监控、敦促项目内容及时更新与完善。 ⑤ 产品销售：负责公司产品的销售；负责公与客户沟通
专业培养目标	本专业旨在主要为京、津、冀地区培养拥护党的基本路线，适应新型工业化生产、建设、服务和管理第一线需要的，德、智、体、美等方面全面发展的，以网站开发为载体，贯穿软件开发整个流程，具有计算机基本操作、数据库设计与开发、软件程序开发与测试等所必备的基础理论知识和专门知识，掌握从事计算机基本操作、数据库设计与开发、Windows 应用程序开发与测试、网站设计、制作、测试、发布、维护等实际工作的基本能力和基本技能，具有上手快、善协作、懂开发、肯吃苦的高素质技能型专门人才

二、确定典型工作任务与确定典型工作任务所需的理论知识技术

（1）确定典型工作任务（见表 3）

表 3　典型工作任务汇总表

职业名称： ①高级程序员；②测试工程师；③软件销售员；④数据库工程师；⑤界面（UI）设计师；⑥项目经理；⑦技术支持	
典型工作任务编号	典型工作任务名称
典型工作任务 1	用户界面的设计
典型工作任务 2	软件的营销
典型工作任务 3	技术文档的管理
典型工作任务 4	数据库的管理
典型工作任务 5	数据库的开发
典型工作任务 6	代码的编写与调试
典型工作任务 7	代码文档的编写
典型工作任务 8	测试方案的实施
典型工作任务 9	产品售后的技术服务
典型工作任务 10	数据库的设计
典型工作任务 11	功能模块的设计

续表

职业名称： ①高级程序员；②测试工程师；③软件销售员；④数据库工程师；⑤界面（UI）设计师；⑥项目经理；⑦技术支持	
典型工作任务编号	典型工作任务名称
典型工作任务 12	测试方案的制定
典型工作任务 13	产品的技术咨询
典型工作任务 14	用户需求的调研及分析
典型工作任务 15	项目计划的制定
典型工作任务 16	项目的组织与实施

（2）确定典型工作任务所需的理论知识和技术（见表4）

表4　支持典型工作任务的理论知识和技术

支持典型工作任务的理论知识和技术
（1）具有高等技术应用性人才必备的数学、外语和其他文化知识 （2）了解计算机软硬件基本理论 （3）桌面操作系统的基本使用 （4）网络基础知识和基本应用 （5）Internet 基本知识及基本应用 （6）掌握系统开发环境的配置 （7）掌握程序设计流程图的画法 （8）掌握面向过程的程序设计方法 （9）掌握数据库应用开发环境，熟悉一门计算机高级语言程序设计和数据库程序设计 （10）掌握调试程序语法、语义、逻辑和调试程序功能的方法 （11）掌握整理和编写程序文档的方法

三、确定典型工作任务学习难度范围和支撑平台课程学习链路

（1）确定典型工作任务学习难度范围（见表5）

表5　典型工作任务学习难度范围表

职业名称：①高级程序员；②测试工程师；③软件销售员；④数据库工程师；⑤界面（UI）设计师；⑥项目经理；⑦技术支持		
学习难度范围		典型工作任务编号与名称
学习难度范围 1	具体的工作任务（职业定向的工作任务）	典型工作任务 1：用户界面的设计 典型工作任务 2：软件的营销 典型工作任务 3：技术文档的管理
学习难度范围 2	整体性的工作任务（系统的工作任务）	典型工作任务 4：数据库的管理 典型工作任务 5：数据库的开发 典型工作任务 6：代码的编写与调试 典型工作任务 7：代码文档的编写 典型工作任务 8：测试方案的实施 典型工作任务 9：产品售后的技术服务

续表

<table>
<tr><td colspan="3">职业名称：①高级程序员；②测试工程师；③软件销售员；④数据库工程师；⑤界面（UI）设计师；⑥项目经理；⑦技术支持</td></tr>
<tr><td colspan="2">学习难度范围</td><td>典型工作任务编号与名称</td></tr>
<tr><td>学习难度范围 3</td><td>蕴含问题的特殊工作任务</td><td>典型工作任务 10：数据库的设计
典型工作任务 11：功能模块的设计
典型工作任务 12：测试方案的制定
典型工作任务 13：产品的技术咨询</td></tr>
<tr><td>学习难度范围 4</td><td>无法预测的工作任务</td><td>典型工作任务 14：用户需求的调研及分析
典型工作任务 15：项目计划的制定
典型工作任务 16：项目的组织与实施</td></tr>
</table>

（2）确定支撑平台课程学习链路

分为 3 个阶段：

第 1 阶段：了解和理解程序设计基础、掌握数据库基本应用、能简单进行网页设计与制作。

第 2 阶段：能进一步用面向对象程序语言进行设计，进行数据库设计，简单地动态网站开发。

第 3 阶段：能更进一步采用面向对象程序设计，熟练进行数据库管理与应用，熟练进行动态网站开发。

四、确定课程体系结构

专业课程体系结构如图 1 所示。

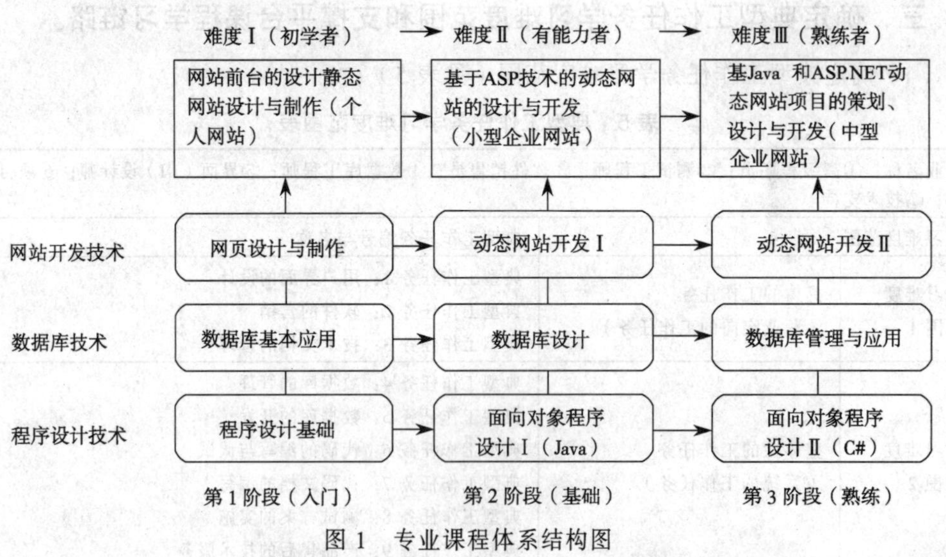

图 1 专业课程体系结构图

五、分析典型工作任务与确定典型工作任务所需技术

（1）分析典型工作任务（见表 6～表 8）

表 6　典型工作任务分析记录表

职业名称：数据库设计师	
典型工作任务编号：5	典型工作任务名称：数据库开发

工作岗位：

软件公司，被分析的岗位位于公司的开发部，在该部门工作的各类技术人员共有 8 人，工位主要是计算机操作台，每一个计算机操作台都有玻璃隔断进行阻隔，便于个人操作，避免影响他人。室内温度适宜，照明情况良好

工作过程：

数据库开发的主要任务是根据数据库设计的结果进行数据库开发，开发出代码设计阶段必须数据表、视图和存储过程。它是进行软件开发中很重要的一部分，也是代码的编写和调试的前提，它分布在开发软件的详细设计阶段，随着数据库设计的完成，整个项目的后台数据支持就建立起来了，这样使得每一个程序员所操纵的数据的类型、长度、名称等都是一样的，为以后的模块合并提供了便利条件。

完成该任务的步骤如下：

第 1 步：数据库设计师仔细阅读、详细设计说明书、项目代码编写规范，前期与客户进行沟通后得出的需求分析说明书。

第 2 步：数据库设计师根据要求编写代码设计阶段所必需的数据库和数据表。

第 3 步：把某些通用的功能独立出来，设计一些存储过程，方便程序员们编写代码的时候直接调用。

第 4 步：程序员们对已经设计好的数据库给予意见后，数据库设计师继续修改，直到满足客户和程序员们的要求。

第 5 步：数据库设计师提交完整的数据库以及数据库说明书和数据库使用说明书。

工作任务的对象：

- 数据库设计图：数据库设计图是进行具体数据库设计的基础，通过它能够了解本数据库中的实体，实体中包括哪些属性，实体之间的关系如何，实体之间是否有数据依赖关系。
- 数据库：数据库包含着很多数据表、视图、触发器和存储过程，通过建立数据表，确定了表与表之间的主从关系，编写代码人员才能根据客户需求对数据表进行浏览、查询、插入、更新和修改等操作。为了系统的安全需要，不同权限的人登录进入系统以后，应该看到不同的系统数据，这就需要引入视图。而且对于不同的数据表进行操作的时候，肯定有一些重复性的动作，如果这些重复动作都要进行编写代码，这无疑增加了代码编写人员的工作量，同时也浪费时间，所以数据库设计师在设计数据库的时候要封装一些存储过程，当代码编写人员需要的时候，直接调用即可。
- 日志：数据库设计师在一天工作完成之后，一定要对一天的工作进行总结，项目负责人通过检查日志能够了解项目完成情况，也能对项目进度进行及时的监督。本人通过每天的日志，也能对自己的工作进行记录。
- 数据库设计规范：数据库设计规范是进行数据库设计的规则手册，在进行数据库设计的时候要遵守该规范，满足数据库设计的范式。至少满足第一范式和第二范式。至于第三范式，要看客户对系统的要求，如果客户对系统操作难度可以承受，那就可以让数据库尽量满足第三范式，因为如果满足了第三范式，可能减少了数据冗余，但是增加了操作的难度。在进行数据库设计的时候要尽力兼顾各个方面的问题。

工具、方法与工作的组织：

- 工具：数据库开发所要求的基本工具数据库开发软件和操作系统。数据库开发软件要适合本项目的要求，不同大小和类型项目对数据库的要求是不同的，有的数据库开发软件只是适合单机版的项目，有的适合网络操作，有的是适合做大型项目的后台，有的适合中小型项目的后台。在选择数据库开发软件的时候一定要了解本项目的规模以及用户的使用场合以及数据量的大小等问题。如果数据开发软件使用不当，本来小的项目用了大型数据库开发，可能浪费了资源，而且使得操作复杂。反过来出现的就是数据库承受不了众多的数据压力，系统运行极其缓慢甚至出现频繁死机状态。

续表

职业名称：数据库设计师	
典型工作任务编号：5	典型工作任务名称：数据库开发

操作系统的选择也是非常重要的，不同的操作系统能够安装的数据库开发软件是不同的，很多的数据库开发软件对于操作系统有要求。甚至同一个数据库开发软件的不同版本对操作系统也有要求。

- 方法：开发的过程中一般采用原型分析法，首先开发出一个基本能够满足客户要求的数据库，然后根据客户的意见进行下一阶段的开发和继续完善，如此反复，最后直到客户满意为止。
- 组织：数据库开发是开发小组要完成的一项基本的任务，在每一个项目组里都有一位数据库设计师专门来完成，但是他必须很清楚客户需求和系统的详细设计说明书。

对工作和技术的要求：

使用各种数据库设计软件是数据库设计师必备的能力，不同的项目要求不同的数据库设计软件，每一种软件都有自己独特的地方，必须掌握各种软件的使用环境、应用范围和使用方法。

熟悉数据库设计规范是进行数据库开发的要求，数据库设计规范是进行数据库开发的手册，但是不能教条的必须按照数据设计规范进行开发，要结合客户和系统的要求，尽力平衡系统效率和操作复杂度以及数据库冗余度。

区分点：

数据库开发是整个项目的一个不可缺少的步骤，为代码的设计和调试提供数据支持，这一工作的完成，明确了数据表之间的关系，为程序设计员进行表之间的数据传输提供了便利条件。

表 7 典型工作任务分析记录表

职业名称：高级程序员	
典型工作任务编号：6	典型工作任务名称：代码的编写与调试

工作岗位：

软件公司，被分析的岗位位于公司的开发部，在该部门工作的各类技术人员共有 8 人，工位主要是计算机操作台，每一个计算机操作台都有玻璃隔断进行阻隔，便于个人操作，避免影响他人。室内温度适宜，照明情况良好。

工作过程：

在进行软件开发的过程中，软件代码的编写和调试的主要任务是根据详细设计说明书和界面设计阶段出现的界面 Demo，编写相应的代码，出现人们预期的前台效果，响应人们赋予它的指令。为系统测试提供产品。它分布在代码设计、软件测试和软件维护阶段。在完成此任务的过程中，程序员必须能够熟练运用开发软件，明白客户需求。它的操作步骤如下：

第 1 步：程序员仔细阅读详细设计说明书、项目代码编写规范，前期与客户进行沟通的界面 DEMO。

第 2 步：程序员根据要求编写所负责的模块代码，并且进行调试。

第 3 步：程序员书写开发日志、代码文档。

第 4 步：代码设计过程中程序员按照要求提交自己的代码给测试人员，根据测试人员的反馈修改模块测试过程中存在缺陷的代码。

第 5 步：与客户进行进一步沟通后，对客户提出的新功能进行代码设计，对客户提出有异议功能进行代码修改。

第 6 步：对集成测试过程中出现的模块之间接口问题进行相应处理，对出现的代码问题进行修改。

第 7 步：项目进入维护期后，对项目中存在的隐含缺陷要及时记录，对影响系统功能和运行的缺陷进行改正。

续表

职业名称：高级程序员	
典型工作任务编号：6	典型工作任务名称：代码的编写与调试

工作任务的对象：

- 详细设计说明书：在编写代码之前一定要仔细看看详细设计说明书，通过它程序员能够知道本项目包括的功能，客户的要求是什么，项目中包含哪些数据库和哪些表，表之间的关系是怎样的，数据之间的流向如何。清楚了这些后，程序员在编写代码的时候就能够有十分清晰的思路，数据流向出现混乱的情况就会减少。
- 代码编写规范：每一个程序员在编写代码的时候，必须要清楚本项目的代码编写规范，知道代码中涉及到的变量等该如何命名，这样在进行整合的时候，避免命名重复、命名混乱等问题的出现。
- 日志：程序员在一天工作完成之后，一定要对一天的工作进行总结，项目负责人通过检查日志能够了解程序员的项目完成情况，也能对项目进度进行及时的监督。程序员本人通过每天的日志，也能对自己的工作进行记录。

工具、方法与工作的组织：

- 工具：代码设计过程所要求的基本工具包括数据库软件、开发软件和操作系统。通过数据库软件来管理项目中所设计的数据库、数据表、存储过程、触发器等，为验证代码的功能提供必须的数据保障。还要选择合适的开发软件进行项目的实际开发，此开发软件一方面要能完成用户所要求的功能，保证程序的可靠性和稳定性，另一方面也应是本部门程序人员比较熟悉的开发软件。这样开发起来就会快捷得多，出错的几率也会减少。同时选择合适的操作系统作为支撑，因为不同的操作系统所附带的一些工具和接口不同。
- 方法：开发的过程中一般采用原型分析法，开发到一定阶段基本实现顾客所要求的功能，就进行测试，然后就现已完成的部分与客户进行沟通，根据客户的意见进行下一阶段的开发和继续完善，如此反复，最后直到客户满意为止。
- 组织：小型项目代码的开发，可以个人单独完成，但是大型的项目代码都是团队合作开发，每一个人负责该项目的一部分，然后按照项目组的计划逐步完善自己负责的那部分代码。

对工作和技术的要求：学习新技术的能力是每一个成员必备的，有时候客户考虑到产品的维护等方面问题时可能要求项目必须要用具体某一软件进行开发，但是担任项目的程序员对这一软件不是很熟悉，这种情况要求程序员要有快速学习的能力，尽快掌握软件的使用方法，尽早投入到开发的过程中。团队合作能力也是必不可少的。程序员要学会与其他人进行合作，遇到问题后要与他人进行讨论和商量，这样能够节省开发时间，通过讨论程序员之间也能够更清楚地了解对方使用的方法，在接口的时候就会减少很多的麻烦。程序员在进行设计的时候，一定要考虑到用户操作的简单性，要让客户一看整个项目界面就能熟悉它的使用。代码设计的时候保证运行的稳定性，不能因为用户的误操作就能造成待机、死机等现象。

区分点：代码设计和调试是整个项目的重要阶段，为各种测试提供产品，程序员在编写代码的过程中不断地进行调试，测试人员也要对程序员们的代码进行总体的接口或者集成测试。代码设计还是详细设计的具体实现，只有编写了代码，才能把详细设计阶段出的各种产品转化为在计算机上运行的软件产品，才能实现客户的需求，才能达到用计算机来实现管理的目的。

表8　典型工作任务分析记录表

职业名称：测试工程师	
典型工作任务编号：8	典型工作任务名称：测试方案的实施

工作岗位：该工作岗位位于软件产品测试部，工位主要是计算机操作隔断间，并配有计算机、网络环境等。

工作过程：主要对已开发好的模块或系统，根据制定好的测试方案、测试计划以及需求分析、概要设计、详细设计以及程序编码等各阶段所得到的文档，使用恰当的测试工具，对软件系统进行测试，并编写测试报告，以

续表

职业名称：测试工程师	
典型工作任务编号：8	典型工作任务名称：测试方案的实施
发现尽可能多的缺陷，最终提高软件质量。其具体工作过程步骤如下： 第 1 步：根据测试方案及测试计划，选择恰当的测试工具。 第 2 步：依据系统设计文档进行单元测试。一般认为单元测试应紧接在编码之后，当源程序编制完成并通过复审和编译检查，便可开始单元测试。测试用例的设计应与复审工作相结合，根据设计信息选取测试数据，将增大发现上述各类错误的可能性。在确定测试用例的同时，应给出期望结果。 第 3 步：依据系统设计文档和需求文档进行集成测试。集成测试是组装软件的系统测试技术，在此步骤按设计要求把通过单元测试的各个模块组装在一起之后，进行综合测试以便发现与接口有关的各种错误。 第 4 步：依据需求文档进行系统测试。系统测试由若干不同类型测试组成，在此步骤应充分运行系统，验证系统各部件是否都能正常工作并完成所赋予的任务。 第 5 步：依据需求文档进行验收测试。验收测试由用户来执行，用于检查软件能否按合同要求进行工作，即是否满足软件需求说明书中的确认标准。 第 6 步：依据测试结果编写并提交测试报告。 工作任务的对象： 已开发好的模块或系统、测试方案、测试计划以及需求分析、概要设计、详细设计以及程序编码等各阶段所得到的文档（包括需求规格说明、概要设计规格说明、详细设计规格说明）。其中测试方案、测试计划以及需求分析、概要设计、详细设计以及程序编码等各阶段所得到的文档是测试实施的依据，在对需求理解与表达的正确性、设计与表达的正确性、实现的正确性以及运行的正确性的验证中，任何一个环节发生了问题都可能在对模块或系统的测试实施中表现出来。 工具、方法与工作的组织： ● 工具：可根据软件自身特性选用合适的测试工具，例如 WinRunner，LoadRunner，Rational 等测试工具。 ● 方法：静态测试、动态测试、黑盒测试、白盒测试。 测试方法从是否需要执行被测软件的角度，可分为静态测试和动态测试；从测试是否针对系统的内部结构和具体实现算法的角度来看，可分为黑盒测试和白盒测试两大类。其中，黑盒测试技术主要有等价类划分法、边界值法、因果图法、状态图法、测试大纲法以及各类典型的软件故障模型等；白盒测试的主要技术有语句覆盖、分支覆盖、判定覆盖、基本路径覆盖等。 ● 工作组织：测试的过程根据测试方案来执行，在具体实施过程中，依次进行单元测试、集成测试、系统测试和验收测试工作，最终编写并提交测试报告。 在测试实施各个阶段具有不同的组织形式，单元测试工作主要在编码阶段完成，由开发人员和软件测试工程师共同完成，其主要依据是系统设计文档，该阶段测试内容主要为接口测试和路径测试。集成测试的主要工作测试软件模块之间的接口是否正确实现，基本依据是软件体系结构设计，该阶段测试内容主要为接口测试和路径测试以及功能测试和性能测试。系统测试和验收测试是在软件开发完成后，验证软件的功能与需求的一致性、验证软件在相应的硬件条件下的系统功能是否满足用户需求，其主要依据是用户需求，该阶段测试内容主要为功能测试、健壮性测试、性能测试、用户界面测试、安全性测试、压力测试、可靠性测试、安装/反安装测试。 各个阶段又具有相同的组织形式：测试人员将发现的缺陷编写成正式的缺陷报告，提交给开发人员进行缺陷的确认和修复。 对工作和技术的要求： ● 技术要求：要熟悉软件的测试技术、方法、流程、测试文档，还要熟悉自动化测试的流程；了解若干主流测试工具以及相应的开发测试方法；熟悉一些主流的软件工程方法论和思想；了解软件工程，软件生命周期模型基础。 ● 职业素质要求：具备良好的沟通技巧以及优秀的言语表达能力和良好的团队合作精神。	

续表

职业名称：测试工程师	
典型工作任务编号：8	典型工作任务名称：测试方案的实施
区分点： 与软件测试过程的其他典型工作任务相比，软件测试的实施阶段是由一系列的测试周期组成的。在每个测试周期中，软件测试工程师将依据预先编制好的测试大纲和准备好的测试用例，对被测软件进行完整的测试，测试与纠错通常是反复交替进行的。 软件测试是一个极为复杂的过程。一个规范化的软件测试过程通常包括按照测试方案拟定软件测试计划、编制软件测试大纲、设计和生成测试用例、实施测试、生成软件问题报告等典型工作任务。测试计划早在需求分析阶段即应开始制订；软件测试大纲是软件测试的依据；测试用例为实施一次测试而向被测系统提供的输入数据、操作或各种环境设置。它控制着软件测试的执行过程，是对每个测试项目的进一步实例化。	

（2）分析支撑平台课程

根据典型工作任务分析，分析支撑平台课程，对支撑平台课程的内容、组织、教学方法的选用进行重构，以满足典型工作任务学习要求。

六、设计学习领域与支撑平台课程

（1）设计学习领域

根据典型工作任务分析记录表设计学习领域，填写表9～表10所示的学习领域设计表。

表9　学习领域设计表（1）

专业名称：软件技术专业		
学习领域编号：5 学习难度范围：2	学习领域/典型工作任务名称：数据库开发	时间安排：企业2周；学校24学时
职业行动领域描述： 数据库开发就是根据数据库设计的结果进行实例数据库开发，开发出代码设计阶段所必须的数据表、视图和存储过程。它是进行软件开发中很重要的一部分，也是代码的编写和调试的前提。随着实例数据库的完成，整个项目的后台数据支持就建立起来，这样使得在代码设计阶段每一个程序员所操纵的数据的类型、长度、名称等都是一样的，为以后的模块合并提供了便利条件		
各学习场所的学习目标		
（企业）实践教学： 受训者必须首先了解项目要完成的功能和用户对系统的要求，熟悉项目开发使用的开发软件（例如Pb、Java、.NET等），清楚所使用的数据库管理系统（如：SQL Server、Oracle等），在此基础上能够设计系统所需要的数据表，表与表之间的关系要能标识清楚。还要能够设计存储过程，用以减少程序设计人员对同一功能的重复代码的编写。	（学校）理论学习： 学生在学校应该学生数据库设计规范，知道数据表的设计应该在满足数据库设计规范的同时兼顾效率。还要知道数据库中包括的内容，以及各项内容之间的关系。掌握数据表、视图的建立方法，表与表之间的关系如何设置。掌握存储过程的作用、类型和建立过程。知道索引的作用、类型和各种索引的建立方法。了解事务在保护数据完整性方面的作用，清楚事务的特点	

续表

<table>
<tr><td colspan="6">专业名称：软件技术专业</td></tr>
<tr><td colspan="2">学习领域编号：5
学习难度范围：2</td><td colspan="2">学习领域/典型工作任务名称：数据库开发</td><td colspan="2">时间安排：企业 2 周；学校 24 学时</td></tr>
<tr><td colspan="3">还要能够使用事务对操作的完整性进行控制，最后能够评价自己设计的一切数据库中的内容是否能够符合项目要求</td><td colspan="3">和建立方法。同时还要学习操作这些内容的 SQL 语句的格式，以及能够很熟练得对数据库中的对象进行各种操作</td></tr>
<tr><td colspan="2">工作对象：
● 数据设计图
● 流程图
● 数据字典
● 数据库管理系统
● 数据表、视图、存储过程、事务
● 客户要求说明
● 数据库设计规范
● 数据库开发手册</td><td colspan="3">工具：
● 数据库管理系统（SQL Server，Oracle 等）
● 计算机硬件
● 操作系统（Windows、Linux 等）
● 数据库设计规范
工作方法
● 了解项目的功能和客户需求
● 仔细研究数据设计阶段的产品（数据字典、E-R 图等）
● 根据要求建立项目所需要的内容（如数据表、视图、存储过程和触发器）
● 能够对操作结果给予评价
● 能够对数据库中数据进行能够操作
劳动组织：
项目组中数据库设计师实施数据开发</td><td>工作要求：
● 能使用各种数据库设计软件，掌握各种软件的使用环境、应用范围和使用方法
● 熟悉数据库设计规范，尽力平衡系统效率和操作复杂度以及数据库冗余度
● 熟悉 SQL 语言</td></tr>
</table>

表 10　学习领域设计表（2）

<table>
<tr><td colspan="6">专业名称：软件技术专业</td></tr>
<tr><td colspan="2">学习领域编号：6
学习难度范围：2</td><td colspan="2">学习领域/典型工作任务名称：代码的编写与调试</td><td colspan="2">时间安排：企业 7 周；学校 240 学时</td></tr>
<tr><td colspan="6">职业行动领域描述：
软件代码的编写和调试就是根据详细设计说明书和界面设计阶段出现的界面 Demo，编写相应的代码，出现人们预期的前台效果，响应人们赋予它的指令。为系统测试提供产品。它分布在代码设计、软件测试和软件维护阶段。在完成此任务的过程中，程序员必须能够熟练运用开发软件，明白客户需求</td></tr>
<tr><td colspan="3">（企业）实践教学：
受训者首先要了解项目功能和用户需求，然后根据界面 Demo，对项目中的各个控件进行代码的编辑，并且不断进行调试，在这个过程中，要根据测试计划提交系统测试人员进行测试，反馈后进行代码的进一步修改，基本功能实现之后，提交给客户进行咨询，而后根据客户的意见对系统功能再次进行增加或者修改，</td><td colspan="3">（学校）理论学习：
学生要熟悉该项目的开发软件，了解该软件的安装、卸载和配置过程，学习该软件包括哪些常量、变量、数据类型，掌握程序设计三种结构（顺序、分支、循环）的语法格式以及应用范围。理解该软件的输入、输出方法，掌握代码中涉及到的函数、过程或者类的定义方法和调用方法。清楚系统中可能出现异常的种</td></tr>
</table>

续表

<table>
<tr><td colspan="4">专业名称：软件技术专业</td></tr>
<tr><td>学习领域编号：5
学习难度范围：2</td><td colspan="2">学习领域/典型工作任务名称：数据库开发</td><td>时间安排：企业 2 周；学校 24 学时</td></tr>
<tr><td colspan="2">直到项目的完成。把软件投入到运行期后，对于程序代码中存在的隐含的 BUG 要进行及时的处理，以免影响系统的正常运行。最后把自己的代码文档交付给文档管理员留存</td><td colspan="2">类，系统一旦出现异常时知道如何进行处理。了解计算机中文件的概念和类型，掌握如何通过代码实现对文件的操作</td></tr>
<tr><td colspan="4">工作与学习内容</td></tr>
<tr><td>工作对象：
● 详细设计说明书
● 客户需求说明书
● 界面样例（Demo）
● 代码编写规范
● 客户要求说明
● 数据库使用说明书
● 开发日志
● 代码文档</td><td colspan="2">工具：
● 项目开发软件（PB、Jbuilder、ASP 等）
● 计算机硬件
● 操作系统（Windows、Linux 等）
● 代码编写规范
工作方法：
● 了解项目的功能和客户需求
● 根据要求建立项目所需要的内容（如数据表、视图、存储过程和触发器）
● 能够对操作结果给予评价
● 能够对数据库中数据进行能够操作
劳动组织：
小型项目代码的开发，可以个人单独完成，但是大型的项目代码都是团队合作开发，每一个人负责该项目的一部分，然后按照项目组的计划逐步完善自己负责的那部分代码</td><td>工作要求：
● 学习新技术的能力是每一个成员必备的
● 团队合作能力也是必不可少的
● 程序员在进行设计的时候，一定要考虑到用户操作的简单性和系统的易用性</td></tr>
</table>

（2）制作学习领域课程教学大纲

设计学习领域后，流程走向制作学习领域教学大纲。具体见“学习领域设计”。

（3）设计支撑平台课程

在设计学习领域时，分析学习领域课程，并根据支撑平台课程的分析，制作支撑平台课程的教学大纲。

课程结构如图 2 所示。

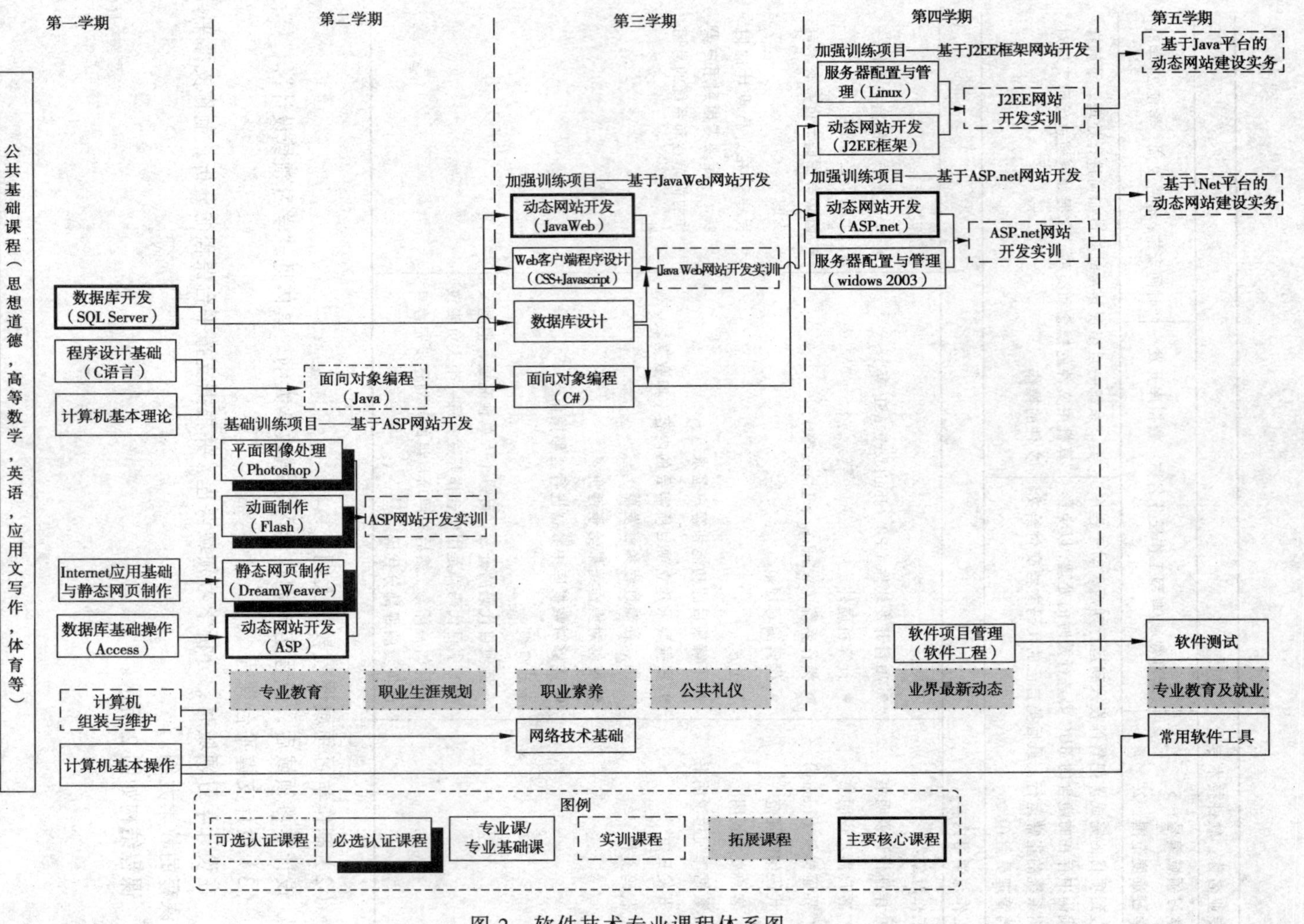

图 2　软件技术专业课程体系图

七、编制学习领域课程教学计划

（1）编制学习领域课程教学计划

根据学习领域课程设计，分配学习领域课程学期，编制学习领域课程教学计划，填写表 11 学习领域教学计划表。

表 11　学习领域课程教学计划表

编　号	学习领域课程		基　准　学　时		
		小　计	第一学年	第二学年	第三学年
1	用户界面的设计	128	128	0	0
2	软件的营销	116	116	0	0
3	技术文档的管理	64	64	0	0
5	数据库的开发	104	54	50	0
4	数据库的管理	104	0	104	0
6	代码的编写与调试	520	90	280	150
7	代码文档的编写	104	74	30	0
8	测试方案的实施	220	0	220	0
9	产品售后的技术服务	110	0	110	0
10	数据库的设计	104	0	0	104
11	功能模块的设计	110	0	0	110
12	测试方案的制定	150	0	0	150
13	产品的技术咨询	90	0	90	0
14	用户需求的调研及分析	140	0	0	140
15	项目计划的制订	220	0	0	220
16	项目的组织与实施	150	0	0	150
	合计学时	2434	526	884	1024

（2）编制支撑平台课程教学计划

根据学习领域教学计划，支撑平台课程设计，编制支撑平台课程教学计划。

八、“动态网站开发（ASP.NET）”教学大纲制作

1. 分析学习领域

动态网站开发（ASP.NET）是学习领域 6“代码的编写与调试”之中的一个载体。该学习领域课程包含 7 个子学习领域，是依据网站开发的工作步骤而确定，即，根据网站开发的需求分析、整体策划、前台设计、数据库设计、代码编写、测试与发布、配置与维护等工作步骤进行设计。其分析表如表 12 所示。

表 12　学习领域分析表

<table>
<tr><td>学习领域编号：6</td><td>学习领域名称：代码的编写与调试（动态网站开发（ASP.NET））</td></tr>
<tr><td colspan="2">学习领域对应典型工作任务中的项目类型：第五种项目类型（按工作情境（商务）实施）</td></tr>
<tr><td colspan="2">学习领域对应典型工作任务中的项目实际工作步骤（基于 8 步法）：
① 项目调查：根据客户需求及市场需求，制定网站开发项目的需求分析 Word 文档
② 方案决策：根据需求分析，制定网站的整体策划方案
③ 计划制定：根据工期及任务的大小制订项目实施的进度计划
④ 组织分工：成立项目开发小组，进行人员的分工
⑤ 项目实施：根据进度安排及分工的内容完成网站的制作阶段。首先设计网站的前台及布局，然后设计数据库，最后进行后台代码的编写及二级页面的开发调试
⑥ 结果测试：制订测试计划，进行功能及性能方面的测试，编写测试文档
⑦ 文档提交：编写网站的使用说明书和功能说明书，以及代码开发文档，最终提交测试、开发以及说明书等文档
⑧ 项目评价：学生自己的评价、教师的评价以及客户（或校外实践教师）的评价</td></tr>
<tr><td colspan="2">通过学习领域分析确定子学习领域（学习情境）</td></tr>
<tr><td>子学习领域 1</td><td>子学习领域名称：网站的需求分析</td></tr>
<tr><td>子学习领域 2</td><td>子学习领域名称：网站的整体策划</td></tr>
<tr><td>子学习领域 3</td><td>子学习领域名称：网站的前台设计</td></tr>
<tr><td>子学习领域 4</td><td>子学习领域名称：网站的数据库设计</td></tr>
<tr><td>子学习领域 5</td><td>子学习领域名称：网站的制作</td></tr>
<tr><td>子学习领域 6</td><td>子学习领域名称：网站的测试与发布</td></tr>
<tr><td>子学习领域 7</td><td>子学习领域名称：网站的配置与维护</td></tr>
</table>

2. 分析子学习领域工作过程

各子学习领域工作过程分析如表 13～表 19 所示。

表 13　子学习领域（学习情境）工作过程分析表（1）

<table>
<tr><td>学习领域编号：6</td><td colspan="3">学习领域名称：代码的编写与调试（动态网站开发（ASP.NET））</td></tr>
<tr><td>子学习领域编号：1</td><td colspan="3">子学习领域名称：网站的需求分析</td></tr>
<tr><td>工 作 过 程</td><td>工 作 任 务</td><td>行 动 环 境</td><td>教学组织与实施</td></tr>
<tr><td>1. 市场调研</td><td>通过市场调研需求或跟客户沟通，了解客户需求</td><td>网络环境；多媒体教室</td><td>对学生进行分组，通过网络调研或与客户交流，锻炼学生与人沟通的能力及表达能力</td></tr>
<tr><td>2. 撰写需求说明书</td><td>根据市场调研结果或是客户的沟通确定网站的需求及功能要求</td><td>网络环境；装有 Office 软件的 PC</td><td>讲授需求说明书包含的内容，及注意事项。每组学生撰写一份需求说明书</td></tr>
</table>

表 14 子学习领域（学习情境）工作过程分析表（2）

学习领域编号：6	学习领域名称：代码的编写与调试（动态网站开发（ASP.NET））		
子学习领域编号：2	子学习领域名称：网站的整体策划		
工作过程	工作任务	行动环境	教学组织与实施
1. 确定网站的栏目与功能划分	根据需求说明书确定网站应包含什么栏目、栏目的大致布局	网络环境；装有 Office 软件的 PC	讲授栏目应该如何划分、如何布局；每一组都要自行设计网站的栏目与布局
2. 撰写实施计划	大体功能确定以后，制订项目的实施计划，对项目指定项目负责人，对成员进行分工	网络环境；装有 Office 软件的 PC	讲授计划书包含什么内容；每一组上交一份实施计划书

表 15 子学习领域（学习情境）工作过程分析表（3）

学习领域编号：6	学习领域名称：代码的编写与调试（动态网站开发（ASP.NET））		
子学习领域编号：3	子学习领域名称：网站的前台设计		
工作过程	工作任务	行动环境	教学组织与实施
1. 设计网站 logo	根据网站所面向的公司及使用客户，设计符合身份的 logo	网络环境，装有 Photoshop、Flash、DreamWeaver 软件的 PC	讲授如何使用 Photoshop、Flash 设计网站 logo；每组设计一个网站的 logo
2. 设计网站首页	根据网站栏目及功能的要求，设计网站首页，进行网站首页的布局	网络环境，装有 Photoshop、Flash、DreamWeaver 软件的 PC	讲授如何使用 DreamWeaver 设计符合 ASP.NET 的网站首页；每一组上交网站的首页
3. 设计网站的二级页面	根据网站栏目及功能的要求，设计网站的二级页面	网络环境；装有 Photoshop、Flash、DreamWeaver 软件的 PC	讲授如何使用 DreamWeaver,设计符合 ASP.NET 的网站二级页面的模版；每一组上交网站的首页

表 16 子学习领域（学习情境）工作过程分析表（4）

学习领域编号：6	学习领域名称：代码的编写与调试（动态网站开发（ASP.NET））		
子学习领域编号：4	子学习领域名称：网站的数据库设计		
工作过程	工作任务	行动环境	教学组织与实施
1. 设计数据库及表	根据客户需求及功能要求，设计网站的数据库及包含的表	网络环境；装有 Office 办公软件、SQL Server 数据库软件的 PC	讲授根据功能需求如何设计表，以及表与表之间的关联，设计应注意关键点；每小组提交一个自己设计的数据库
2. 撰写数据字典	数据库设计好以后，要撰写一份数据字典，期中包含表的结构及字段的说明以及表之间的关系与作用	网络环境；PC 装有 Office 办公软件、SQL Server 软件	讲授数据字典包含什么内容，应如何撰写及注意事项；每一组上交一份数据字典

表 17　子学习领域（学习情境）工作过程分析表（5）

学习领域编号：6	学习领域名称：代码的编写与调试（动态网站开发（ASP.NET））		
子学习领域编号：5	子学习领域名称：网站的制作		
工作过程	工作任务	行动环境	教学组织与实施
1. 编写后台代码	根据客户需求及功能要求，设计网站的页面的后台代码完成显示功能	网络环境；PC 装有 SQL Server、Photoshop、Flash、DreamWeaver、ASP.NET 软件	讲授使用 ASP.NET 中的标准控件、数据控件及数据源 ado.net 控件呈现后台数据，以及使用 ASP.NET 中方法、类实现数据转换显示功能；每组成员根据自己的分工进行代码的编写
2. 调试代码验证数据	每一页面的功能编写过程都要进行代码的调试与数据的验证	网络环境；PC 装有 SQL Server、Photoshop、Flash、DreamWeaver、ASP.NET	每一组都要进行每个页面代码的调试与数据的验证，这时数据库中可以输入一些用于调试的数据
3. 撰写网站开发的详细设计说明书	详细介绍每个功能模块是如何实施的，每个数据表是为那个模块服务的。包含代码的说明及功能说明	网络环境；PC 装有 Office、SQL Server、Photoshop、Flash、DreamWeaver、ASP.NET 软件	详细设计说明书包含的内容；每组成员自己撰写自己编写的代码的简单说明（如功能、变量的说明）

表 18　子学习领域（学习情境）工作过程分析表（6）

学习领域编号：6	学习领域名称：代码的编写与调试（动态网站开发（ASP.NET））		
子学习领域编号：6	子学习领域名称：网站的测试与发布		
工作过程	工作任务	行动环境	教学组织与实施
1. 网站的测试	网站整体安全、功能、性能方面的测试	网络环境；PC 装有 SQL Server、Photoshop、Flash、DreamWeaver、ASP.NET 软件	讲授测试注意的事项，主要包含安全、功能、性能方面；每一组测试开发网站的安全性是否达到功能与性能满足客户需求，撰写测试报告
2. 网站的发布	网站发布流程	网络环境；PC 装有 SQL Server、Photoshop、Flash、DreamWeaver、ASP.NET 软件	讲授并演示网站如何发布；每组把自己制作的网站进行发布上交发布后的网站作品

表 19　子学习领域（学习情境）工作过程分析表（7）

学习领域编号：6	学习领域名称：代码的编写与调试（动态网站开发（ASP.NET））		
子学习领域编号：7	子学习领域名称：网站的配置与维护		
工作过程	工作任务	行动环境	教学组织与实施
1. 网站的配置与维护	进行网站的环境配置以及日常维护	网络环境；PC 装有 SQL Server、Photoshop、Flash、DreamWeaver、ASP.NET 软件	讲授并演示 ASP.NET 网站的环境配置及注意事项以及日常维护的内容
2. 撰写功能说明书及使用说明书	把以前撰写的各个功能说明进行汇总，形成功能说明书；撰写一份使用说明书	网络环境；PC 装有 Office 软件	讲授使用说明书应包含的内容及注意事项；每组上交网站的功能说明书和使用说明书

3. 汇总学习领域课程内容

分析子学习领域课程内容和组织教学，并把各子学习领域课程内容进行汇总，如表 20 所示。

表20　学习领域课程内容汇总表

学习领域编号：6	学习领域课程名称：代码的编写与调试（动态网站开发（ASP.NET））						
	子学习领域 1 （6学时）	子学习领域 2 （4学时）	子学习领域 3 （10 学时）	子学习领域 4 （8学时）	子学习领域 5 （26学时）	子学习领域 6 （6 学时）	子学习领域 7 （4 学时）
学生行动内容	通过市场调研需求或跟客户沟通了解客户需求	策划网站的整体栏目及功能划分	设计网站 logo 制作网站首页 设计网站的页面	设计数据库及表	使用 asp.net 中标准控件、数据控件、数据源控件、以及 asp.net 的类及方法编写后台代码	测试网站的安全性；测试网站的功能及性能是否满足用户需求	配置网站运行环境；能进行日常的维护；撰写使用说明书
行动环境	网络环境 多媒体教室 学校实训室	网络环境 多媒体教室 学校实训室	网络环境 多媒体教室 企业训练中心	网络环境 多媒体教室 企业训练中心	网络环境、多媒体教室、企业训练中心、学校实训室	网络环境、多媒体教室、企业训练中心、学校实训室	网络环境、多媒体教室、企业训练中心、学校实训室
教师传授知识	如何撰写需求分析，及其包含主要内容	如何制订计划书，及其包含的主要内容	Photoshop、Flash、DreanmWeaver 的应用（如何在网页中作图、作动画）	使用 SQL Server 设计表结构以及表之间的关系	标准控件、数据控件、数据源等控件的属性及方法，ASP.NET 的类及方法的定义及应用	网站的安全性设置；测试的关键点	配置开发环境的步骤及注意事项
教学法选择	讲授与演示 学生分组练习	讨论与演示；学生分组讨论与练习	项目驱动法 学生分组练习	项目驱动法；学生分组讨论及练习	项目驱动法 学生分组讨论及练习	讨论与演示 学生练习	项目驱动法；学生分组讨论及练习
教（学）件	需求分析案例 教案	计划书、教案	上机指导书、课程标准、教案、教材、计划书、需求分析	上机指导书、课程标准、教案、教材、计划书、需求分析	上机指导书、课程标准、教案、教材、计划书、需求分析	上机指导书、课程标准、教案、教材、计划书、需求分析、详细说明书	上机指导书、课程标准、教案、教材、计划书、需求分析、详细说明书
学生提交	需求分析说明书	项目的计划书	网站首页及二级页面	数据库、数据字典	网站的详细说明书	测试报告	使用说明书、功能说明书
考核方式	自评、小组互评、教师评价	自评、小组互评、教师评价	自评、小组互评、教师评价	自评、小组互评、教师评价	自评、小组互评、教师评价	自评、小组互评、教师评价	自评、小组互评、教师评价

4. 汇总学习领域课程行动环境（见表21）

表21　学习领域课程行动环境汇总表

学习领域课程编号：6	学习领域课程名称：代码的编写与调试（动态网站开发（ASP.NET））				
子学习领域编号	子学习领域名称	学校实训室	企业训练中心	企业生产现场	其他学习训练环境
1	网站的需求分析	是			多媒体教室
2	网站的整体策划	是			多媒体教室
3	网站的前台设计		是		多媒体教室
4	网站的数据库设计		是		多媒体教室
5	网站的制作		是		多媒体教室
6	网站的测试与发布		是		多媒体教室
7	网站的配置与维护		是		多媒体教室
学习领域课程行动环境分析： 理论性的内容及教师传授的知识点在学校的多媒体教室和学校的实训室进行，网站开发涉及到的实践性的内容建议到企业的训练中心进行比较理想。在实践锻炼的过程中遇到比较集中的问题还是需要再多媒体教室由教师集中演示讲解。所以在学习过程中一直伴有多媒体教室的使用					

5. 汇总学习领域课程教学-学习资源

表22　学习领域课程教学-学习资源汇总表

学习领域编号	学习领域名称	电子教案	主教材	学件（学生手册、作业纸等）	教件（教师手册等）	参考资料（理论依据、技术规范）	电子资源库（题库、试题库、案例库等）
1	网站的需求分析	√		作业纸、上机指导书	教案、上机指导书	需求分析内容要求	需求分析案例；教案的PPT
2	网站的整体策划	√		作业纸、上机指导书	教案、上机指导书	实施计划书内容要求	实施计划书案例；教案的PPT
3	网站的前台设计	√	√	作业纸、上机指导书、课程标准	教案、上机指导书、课程标准	网站	系网站案例；教案的PPT
4	网站的数据库设计	√	√	作业纸、上机指导书、课程标准	教案、上机指导书、课程标准	数据字典参考内容要求	系网站数据字典参考案例；教案的PPT
5	网站的制作	√	√	作业纸、上机指导书、课程标准	教案、上机指导书、课程标准	详细设计说明书内容要求	系网站制作的案例；教案的PPT
6	网站的测试与发布	√	√	作业纸、上机指导书、课程标准	教案、上机指导书、课程标准	使用说明书、功能说明书、内容要求	系网站制作的案例；教案的PPT
7	网站的配置与维护	√	√	作业纸、上机指导书、课程标准	教案、上机指导书、课程标准		系网站制作的案例；教案的PPT

6. 制作学习领域课程教学大纲（表23～表29）

表23 学习领域课程教学大纲表（1）

<table>
<tr><td colspan="2">学习领域课程 6</td><td>学习领域课程名称：代码的编写与调试（动态网站开发（ASP.NET））</td></tr>
<tr><td rowspan="2">讲授单元</td><td colspan="2">名　称：网站的需求分析</td></tr>
<tr><td colspan="2">学　时：6</td></tr>
<tr><td>行动单元</td><td colspan="2">子学习领域课程编号：1　　子学习领域课程名称：网站的需求分析　　学时：6
项目名称：计算机系网站的需求分析
项目教学性质：能够按工作情境实施，有一个完整的任务贯穿始终
工作程序：学生分组，通过市场调研以及和计算机系部门的沟通，确定计算机系部门网站的功能需求，并撰写需求说明书
教学程序：通过案例讲授需求说明书包含的内容，及注意事项
职业竞争力培养要点：沟通能力、表达能力、书写能力
教学环境：网络环境；装有 Office 软件的 PC，多媒体教室
教（学）件：教案、上机指导书、作业纸、需求分析的案例
考核方式：自评、互评、教师评价
学时：6</td></tr>
</table>

表24 学习领域课程教学大纲表（2）

<table>
<tr><td colspan="2">学习领域课程 6</td><td>学习领域课程名称：代码的编写与调试（动态网站开发（ASP.NET））</td></tr>
<tr><td rowspan="2">讲授单元</td><td colspan="2">名　称：网站的整体策划</td></tr>
<tr><td colspan="2">学　时：4</td></tr>
<tr><td>行动单元</td><td colspan="2">子学习领域课程编号：2　子学习领域课程名称：网站的整体策划　　学时：4
项目名称：系网站的整体策划
项目教学性质：能够按工作情境实施，有一个完整的任务贯穿始终
工作程序：学生分组，根据需求说明书制定整个网站的栏目及功能划分，撰写网站开发的实施计划
教学程序：通过案例讲授计划书包含的内容，及注意事项。网站栏目及功能应如何划分
职业竞争力培养要点：沟通能力、表达能力、书写能力
教学环境：网络环境；装有 Office 软件的 PC，多媒体教室
教（学）件：教案、上机指导书、作业纸、计划书的案例
考核方式：自评、互评、教师评价
学时：4</td></tr>
</table>

表 25　学习领域课程教学大纲表（3）

<table>
<tr><td colspan="2">学习领域课程 6</td><td colspan="2">学习领域课程名称：代码的编写与调试（动态网站开发（ASP.NET））</td></tr>
<tr><td rowspan="2">讲授单元</td><td colspan="2">名　称</td><td>学　时</td></tr>
<tr><td colspan="2">网站的前台设计</td><td>10</td></tr>
<tr><td>行动单元</td><td colspan="3">子学习领域课程编号：3　　子学习领域课程名称：网站的前台设计　　学时：10
项目名称：系网站的首页设计
项目教学性质：能够按工作情境实施，有一个完整的任务贯穿始终
工作程序：学生分组，根据需求说明书，设计网站的 logo，制定整个网站首页栏目及布局
教学程序：通过案例讲授如何使用 Photoshop、Flash 设计网站 logo
职业竞争力培养要点：沟通能力、表达能力、设计能力、团结协作能力
教学环境：网络环境；装有 Photoshop、Flash、DreamWeaver 软件的 PC
教（学）件：教案、教材、课程标准、上机指导书、作业纸、计划书、需求分析、网站案例
考核方式：自评、互评、教师评价
学时：6
项目名称：网站的二级页面设计
环境：网络环境；装有 Photoshop、Flash、DreamWeaver 软件的 PC
项目教学性质：能够按工作情境实施，有一个完整的任务贯穿始终
工作程序：学生分组，根据需求说明书制定整个网站的二级页面
教学程序：通过案例讲授计划书包含的内容，及注意事项。网站栏目及功能应如何划分
职业竞争力培养要点：沟通能力、表达能力、设计能力、团结协作能力
教学）件：教案、教材、课程标准、上机指导书、作业纸、计划书、需求分析、网站案例
考核方式：自评、互评、教师评价
学时：4</td></tr>
</table>

表 26　学习领域课程教学大纲表（4）

<table>
<tr><td colspan="2">学习领域课程 6</td><td colspan="2">学习领域课程名称：代码的编写与调试（动态网站开发（ASP.NET））</td></tr>
<tr><td rowspan="2">讲授单元</td><td colspan="2">名　称</td><td>学　时</td></tr>
<tr><td colspan="2">网站的数据库设计</td><td>10</td></tr>
<tr><td>行动单元</td><td colspan="3">子学习领域课程编号：3　　子学习领域课程名称：网站的数据库设计　　学时：8
项目名称：设计系网站的数据库
项目教学性质：能够按工作情境实施，有一个完整的任务贯穿始终
工作程序：学生分组，根据功能要求设计数据库中的表结构，以及表之间的关系
教学程序：通过案例讲授数据表应如何设计，及注意事项
职业竞争力培养要点：沟通能力、表达能力、数据库设计能力、团结协作能力
教学环境：网络环境；装有 Office 办公软件、SQL Server 数据库软件的 PC
教（学）件：教案、教材、课程标准、上机指导书、作业纸、计划书、需求分析、网站案例
考核方式：自评、互评、教师评价
学时：6
项目名称：撰写数据字典
项目教学性质：能够按工作情境实施，有一个完整的任务贯穿始终
工作程序：学生分组，根据设计的数据库，撰写对应的数据字典
教学程序：通过案例讲授数据字典包含什么内容，应如何撰写及注意事项
职业竞争力培养要点：沟通能力、表达能力、数据库设计能力、团结协作能力
教学环境：网络环境；装有 Office 办公软件、SQL Server 数据库软件的 PC
教（学）件：教案、教材、课程标准、上机指导书、作业纸、计划书、需求分析、网站案例
考核方式：自评、互评、教师评价
学时：2</td></tr>
</table>

表 27　学习领域课程教学大纲表（5）

<table>
<tr><td>学习领域课程 6</td><td colspan="2">学习领域课程名称：代码的编写与调试（动态网站开发（ASP.NET））</td></tr>
<tr><td rowspan="2">讲授单元</td><td>名　称</td><td>学　时</td></tr>
<tr><td>网站的制作</td><td>26</td></tr>
<tr><td rowspan="4">行动单元</td><td colspan="2">子学习领域课程编号：5　　子学习领域课程名称：网站的制作　　学时：26
项目名称：使用 ASP.NET 中的标准控件显示信息
项目教学性质：能够按工作情境实施，有一个完整的任务贯穿始终
工作程序：学生分组，根据功能要求使用 ASP.NET 中标准控件的属性及方法编写代码，显示信息
教学程序：通过案例讲授数 ASP.NET 中标准控件的属性及方法的应用
职业竞争力培养要点：沟通能力、表达能力、代码编写能力
教学环境：网络环境；装有 SQL Server、Photoshop、DreamWeaver、ASP.NET 软件的 PC
教（学）件：教案、教材、课程标准、上机指导书、作业纸、计划书、需求分析、网站案例
考核方式：自评、互评、教师评价
学时：6</td></tr>
<tr><td colspan="2">项目名称：使用 ASP.NET 中的数据控件显示后台数据库的信息
项目教学性质：能够按工作情境实施，有一个完整的任务贯穿始终
工作程序：学生分组，根据功能要求编写系网站前台显示后台数据库的信息，如新闻快讯、通知公告、IT 动态、优秀毕业生、光荣榜等相关信息
教学程序：通过案例讲授数据控件的属性及方法的应用
职业竞争力培养要点：沟通能力、表达能力、代码编写能力、团结协作能力
教学环境：网络环境；装有 SQL Server、Photoshop、DreamWeaver、ASP.NET 软件的 PC
教（学）件：教案、教材、课程标准、上机指导书、作业纸、计划书、需求分析、网站案例
考核方式：自评、互评、教师评价
学时：8</td></tr>
<tr><td colspan="2">项目名称：使用 ASP.NET 中的数据源控件操作后台数据库
项目教学性质：能够按工作情境实施，有一个完整的任务贯穿始终
工作程序：学生分组，根据功能要求编写系网站后台管理数据库页面功能，如新闻快讯上传、通知公告上传、IT 动态上传、优秀毕业生信息上传、光荣榜信息上传、用户信息关系等后台数据库的操作
教学程序：通过案例讲授数据源控件的属性及方法的应用
职业竞争力培养要点：沟通能力、表达能力、代码编写能力、团结协作能力
教学环境：网络环境；装有 SQL Server、Photoshop、DreamWeaver、ASP.NET 软件的 PC
教（学）件：教案、教材、课程标准、上机指导书、作业纸、计划书、需求分析、网站案例
考核方式：自评、互评、教师评价
学时：8</td></tr>
<tr><td colspan="2">项目名称：撰写网站开发的详细设计说明书
项目教学性质：能够按工作情境实施，有一个完整的任务贯穿始终
工作程序：学生分组，撰写网站整体开发的详细设计说明书
教学程序：通过案例讲授详细设计说明书包含的内容
职业竞争力培养要点：沟通能力、表达能力、团结协作能力
教学环境：网络环境；装有 Photoshop、Flash、DreamWeaver、Office 软件的 PC
教（学）件：教案、教材、课程标准、上机指导书、作业纸、计划书、需求分析、网站案例
考核方式：自评、互评、教师评价
学时：4</td></tr>
</table>

表 28 学习领域课程教学大纲表（6）

<table>
<tr><td>学习领域课程 6</td><td colspan="2">学习领域课程名称：代码的编写与调试（动态网站开发（ASP.NET））</td></tr>
<tr><td rowspan="2">讲授单元</td><td>名　称</td><td>学　时</td></tr>
<tr><td>网站的测试与发布</td><td>4</td></tr>
<tr><td>行动单元</td><td colspan="2">子学习领域课程编号：6　子学习领域课程名称：网站的测试与发布　学时：6
项目名称：网站的测试与发布
项目教学性质：能够按工作情境实施，有一个完整的任务贯穿始终
工作程序：学生分组，测试网站的安全性、网站的功能及性能是否满足用户需求，撰写测试报告
教学程序：通过案例讲授网站的安全性设置；测试的关键点
职业竞争力培养要点：沟通能力、表达能力、书写能力、测试能力、团结协作能力
教学环境：网络环境；装有 SQL Server、Photoshop、DreamWeaver、ASP.NET 软件的 PC
教（学）件：教案、教材、课程标准、上机指导书、作业纸、计划书、需求分析、网站案例
考核方式：自评、互评、教师评价
学时：6</td></tr>
</table>

表 29 学习领域课程教学大纲表（7）

<table>
<tr><td>学习领域课程 6</td><td colspan="2">学习领域课程名称：代码的编写与调试（动态网站开发（ASP.NET））</td></tr>
<tr><td rowspan="2">讲授单元</td><td>名　称</td><td>学　时</td></tr>
<tr><td>网站的配置与维护</td><td>4</td></tr>
<tr><td>行动单元</td><td colspan="2">子学习领域课程编号：7　子学习领域课程名称：网站的测试与发布　学时：4
项目名称：网站的配置与维护
项目教学性质：能够按工作情境实施，有一个完整的任务贯穿始终
工作程序：学生分组，配置网站运行环境，能进行日常的维护，撰写使用说明书
教学程序：通过案例讲授网站的配置的关键点以及日常的维护工作
职业竞争力培养要点：沟通能力、表达能力、书写能力、团结协作能力
教学环境：网络环境；装有 SQL Server、Photoshop、DreamWeaver、ASP.NET 软件的 PC
教（学）件：教案、教材、课程标准、上机指导书、作业纸、计划书、需求分析、网站案例
考核方式：自评、互评、教师评价
学时：4</td></tr>
</table>

“电子商务”专业课程体系参考方案

北京信息职业技术学院　李　红　刘红岩　张海建

一、确定专业培养目标

表 1　专业及其面向的职业岗位表

专业名称	电子商务专业
职业名称	1. 助理电子商务师 2. 程序员
职业岗位	1. 网络营销　　2. 网站运营 3. 网站推广　　4. 客户服务 5. 电子商务运行　　6. 电子商务网站开发 7. 电子商务网站运行与维护
职业岗位简要说明	1. 企业网络营销业务（代表性岗位：网络营销人员）：主要是利用网站为企业开拓网上业务、网络品牌管理、客户服务等工作 2. 新型网络服务商的内容服务（代表性岗位：网站运营人员/主管）：频道规划、信息管理、频道推广、客户管理等 3. 电子商务支持系统的推广（代表性岗位：网站推广人员）：负责销售电子商务系统和提供电子商务支持服务、客户管理等 4. 商务网站系统的技术支持（代表性岗位：商务网站开发、运行与维护人员）：工作职责是电子商务系统的实现和技术支持，如商务网站建设及安全维护、系统管理和程序开发等 5. 处理网上商务业务流程的商务型实施（代表性岗位：电子商务运行人员、客户服务人员）：这类岗位在企业中数量较多，主要包括各类企业、政府机关、企事业单位的网上服务，物流企业的网络业务处理，现代企业的信息化经营管理 6. 网上国际贸易（代表性岗位：外贸电子商务人员）：利用网络平台开发国际市场，进行国际贸易 7. 电子商务创业：借助电子商务这个平台，利用虚拟市场提供产品和服务，又可以直接为虚拟市场提供服务
专业培养目标（平台开发方向）	主要针对 5、6、7 三个工作岗位。电子商务专业平台开发方向培养具有现代企业管理与现代商务理论基础，了解电子商务网站的运营情况、业务流程，掌握电子商务网站开发、维护、管理、推广等知识方法，具备利用信息网络技术开发、维护、管理电子商务网站的能力，能在企业、金融机构等部门从事电子商务网站开发、维护、管理以及网上商务活动的高素质复合型电子商务技术人才
专业培养目标（网络营销方向）	主要针对 1、2、3、4 四个工作岗位。电子商务专业网络营销方向培养具有现代企业管理与现代商务理论基础，掌握掌握电子商务模式、交易原理、网络营销计划、组织和控制等知识方法，具备利用网络营销技术开展电子商务活动、运用网站推广工具进行网站推广的能力，能在企业、金融机构等部门从事网上商务活动、网站推广、客户服务与管理的高素质复合型电子商务技术人才

二、确定典型工作任务

表 2　典型工作任务汇总表

助理电子商务师、程序员	
典型工作任务编号	典型工作任务名称
典型工作任务 1	页面制作
典型工作任务 2	电子商务网站调研与分析
典型工作任务 3	数据库应用
典型工作任务 4	电子商务运维与管理
典型工作任务 5	系统部署与产品运维
典型工作任务 6	简单项目开发
典型工作任务 7	数据库设计与开发
典型工作任务 8	软件框架应用
典型工作任务 9	基于企业网站的网络营销
典型工作任务 10	需求分析
典型工作任务 11	电子商务网站设计与开发
典型工作任务 12	网络营销运营

三、确定典型工作任务学习难度范围和支撑平台课程学习链路

表 3　典型工作任务学习难度范围表

助理电子商务师、程序员		
学习难度范围		典型工作任务编号与名称
学习难度范围 1	学生处理简单的、职业定向性的学习和工作任务，使学生能够获得电子商务的工作概况及电子商务网站页面制作方法。例如，通过对典型网站的调研，了解网站建设者如何进行策划，运用哪些方针策略。这里强调的是调研出整个网站各个项目内容的布局、功能实现；典型网站的广告宣传策略，以及利用哪些媒介进行宣传与推广，达到最优效果。又如，学生可以理解电子商务网站设计人员的设计思想，运用网页制作软件完成页面制作，在完成的过程中能够运用 HTML、CSS 等网页编程语言	典型工作任务 1：页面制作 典型工作任务 2：电子商务网站调研与分析 典型工作任务 3：数据库应用
学习难度范围 2	学生在难度范围 1 里所获得的对未来职业概况方面的职业经验将得以深化。例如，学生可以对企业电子商务的后台进行操作、可行性分析、维护与管理，提升学生电子商务后台运营、维护和管理能力。 在数据库开发和简单项目开发中，完成从前台页面的脚本开发到后台数据库调用的功能综合，实现一个完整的从创建到配置，再到功能实现的全过程。最后学生可以独立部署产品，搭建开发环境，培训用户，使用配置管理工具，让学生能够在整个设计过程中，了解并体会到项目开发的整个工作过程，为后续复杂任务奠定了基础。学生还应掌握各类公司编码的标准，编写各类文档的标准	典型工作任务 4：电子商务运维与管理 典型工作任务 5：系统部署与产品运维 典型工作任务 6：简单项目开发 典型工作任务 7：数据库设计与开发

续表

助理电子商务师、程序员		
学习难度范围		典型工作任务编号与名称
学习难度范围 3	随着职业定向、概况和关联知识以及系统完成任务能力的获得，学生需要完成问题含量较多的工作任务。例如，学生应熟悉网络营销站点策划和推广的方法，完成基于企业网站的网络营销的工作任务，使学生逐渐熟悉职业化的专业工作。在设计与开发过程中，学生应熟悉并了解主流的各种框架技术、数据库技术、通信和中间件技术，以及各项技术的适用场合和范围。根据技术所能达到的程度和客户需求，编写用户工作流文档、软件设计文档，并在框架中进行实际项目开发	典型工作任务 8：软件框架应用 典型工作任务 9：基于企业网站的网络营销 典型工作任务 10：需求分析
学习难度范围 4	这一学习难度范围的复杂性较高。在客户需求非常明确的情况下，使用域模型工具进行系统建模，如使用 UML 进行接口、类及业务关系的定义。对每一个接口所要完成的功能进行详细的描述。在完成本部分内容的过程中，需要系统设计人员具有一定的系统开发经验及系统设计经历，系统设计的好坏直接影响系统的性能。 根据需求定义使用数据库设计工具，如 Power Designer 等进行数据库模型建立，生成数据库结构。或者使用持久化工具，定义好持久化类和持久化类之间的关系，使用 XDOCLET 结合 apache 的 ANT 自动生成数据库结构及关系。 在此阶段，熟练掌握一门脚本语言，使用其进行原型的快速设计与开发。并能够熟练使用相关的开发平台，如 Eclipse 、Jbuilder 等工具，根据系统的详细设计进行系统的实现	典型工作任务 11：电子商务网站设计与开发 典型工作任务 12：网络营销运营

课程链路图：

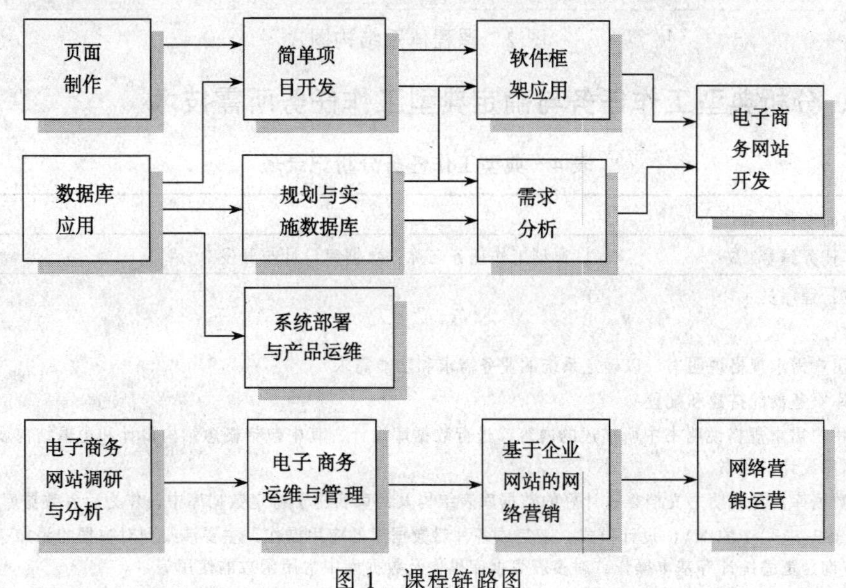

图 1　课程链路图

四、确定课程体系结构

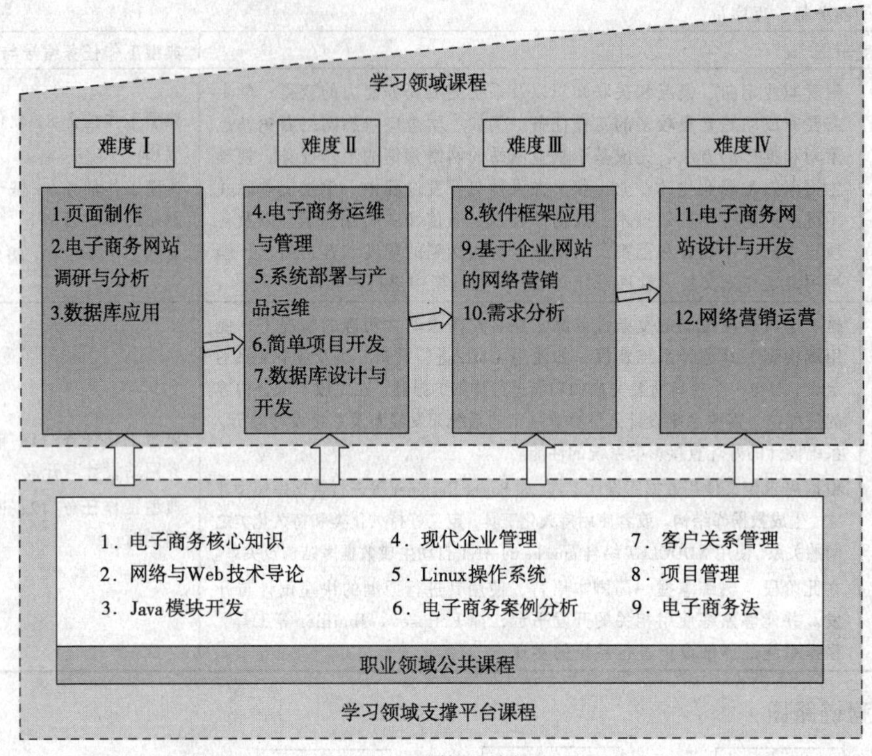

图 2　课程体系结构图

五、分析典型工作任务与确定典型工作任务所需技术

表 4　典型工作任务分析记录表

助理电子商务师、程序员	
典型工作任务编号：7	典型工作任务名称：数据库设计与开发
工作岗位：程序员 工作过程： 1. 阅读用户需求规格说明书，以确定系统的业务需求和功能需求 2. 数据库服务器的搭建和配置 3. 根据用户需求规格说明书中所描述的内容，进行数据库设计，其中包括概念结构设计和逻辑结构设计，并形成数据库设计说明书 4. 根据数据库设计说明书文档将设计好的数据库表结构及约束实施于特定数据库中，作为后台数据库使用 5. 采用 JSP+Servlet 的 MVC 设计模式，来完成各种对数据库的应用操作，主要涉及到对数据的添加、删除、修改、查询、汇总统计等基本操作，对多表数据库操作及数据库中常用函数的使用等 6. 在系统使用的过程中，需要对数据库进行维护，主要包括数据库的备份和数据传输及系统性能优化 7. 在整个项目的实施过程中，按标准的文档规范作好计划及文档和总结报告的编写	

续表

助理电子商务师、程序员	
典型工作任务编号：7	典型工作任务名称：数据库设计与开发

工作任务的对象：用户需求规格说明书，文档模板、数据库管理系统等

工具、方法与工作的组织：

- 工具：1. Power Designer 等数据库建模工具
  2. Web 应用服务器（TOMCAT JBOSS）等
  3. 数据库反向生成工具 如：XDOCLET 结合 ANT 等
  4. 计算机操作系统
  5. 数据库软件
  6. 开发平台 IDE（MyEclipse、Jbuilder 、VS2005 等）
- 方法：学生分小组，由组长担任项目经理，教师在其中起指导作用，学生按照企业在进行数据库设计与开发中规范的流程遍历理解需求；概念、逻辑、物理结构设计；数据库实施；评价等完整的工作过程
- 工作组织：团队（小组）
- 工作和技术的要求：文档编写符合 ISO9000 规范，数据库设计合理，数据库及其对象能正确在数据库中实施，熟练使用 Eclipse 开发工具、程序代码编写规范，应用程序能够很好的实现用户的需求。

区分点：本任务是在学习了数据库应用的基础上开展的，该工作任务作为后继的需求分析、电子商务网站的设计与开发的基础

表 5 典型工作任务技术要求汇总表

助理电子商务师、程序员	
典型工作任务编号与名称	典型工作任务技术要求
典型工作任务 1：页面制作	技术 1：网页制作工具 技术 2：HTML 代码 技术 3：CSS 代码
典型工作任务 2：电子商务网站调研与分析	技术 1：Office 办公软件、HyperSnap、WinRAR、网络搜索软件、收发电子邮件软件、下载文件软件、文件加密工具软件等使用技术 技术 2：数据统计、分析、整理的方法
典型工作任务 3：数据库应用	技术 1：数据库基本概念 技术 2：SQL 语句
典型工作任务 4：电子商务运维与管理	技术 1：银行的申请、管理和安全认证 技术 2：运营、维护和管理 B2C、B2B、C2C 后台 技术 3：企业后台运营、维护和管理的策划和可行性分析
典型工作任务 5：系统部署与产品运维	技术 1：操作系统安装及环境配置方法 技术 2：常用中间件（Tomcat JBOSS IIS）在不同操作系统上的配置调试方法 技术 3：产品的部署和运行方法
典型工作任务 6：简单项目开发	技术 1：使用 Web 表单和 HTML 的代码，内部服务对象 技术 2：运用对象和过程 技术 3：JSP 技术 4：Servlet 技术 5：SQL 语句 技术 6：系统单元测试、应用系统集成及测试
典型工作任务 7：数据库设计与开发	技术 1：数据库技术、系统分析方法， 技术 2：Word、Excel、PowerDesinger、Project、SQL Server 2005、Oracle10g 技术 3：MVC 框架、JSP/Servlet

续表

助理电子商务师、程序员	
典型工作任务编号与名称	典型工作任务技术要求
典型工作任务 8：软件框架应用	技术 1：基于 Struts 的简用程序开发 技术 2：基于 Hibernate 和 Struts 的应用 技术 3：基于 Spring 的应用 技术 4：基于 Struts+Spring+Hibernate 的 Web 应用 技术 5：框架运行环境（Jre） 技术 6：开发软件(Eclipse)
典型工作任务 9：基于企业网站的网络营销	技术 1：Office 办公软件、网络搜索、博客的使用，域名的申请与使用，收发电子邮件软件，下载文件软件等使用技术 技术 2：页面制作和发布技术 技术 3：网络营销策略组合 技术 4：网络营销方法和手段 技术 5：网络营销推广
典型工作任务 10：需求分析	技术 1：Word、Visio、PowerDesigner 等使用技术 技术 2：需求分析方法
典型工作任务 11：电子商务网站设计与开发	技术 1：Roational Rose 建模工具使用 技术 2：Power Designer 数据库建模工具的使用 技术 3：系统中框架的配置方法 技术 4：IDE 开发平台的使用 技术 5：某大型数据库管理系统的使用 技术 6：开发语言的熟练运用 技术 7：数据库设计原理 技术 8：系统开发规范 技术 9：单元测试、集成测试和压力测试
典型工作任务 12：网络营销运营	技术 1：市场调研、分析 技术 2：营销方案设计 技术 3：网络广告策划 技术 4：运营管理

六、设计学习领域与支撑平台课程

表 6 学习领域设计表

<table>
<tr><td colspan="3">专业名称</td></tr>
<tr><td>学习领域编号：7
学习难度范围：Ⅱ</td><td>数据库设计与开发</td><td>时间安排
企业（4 周）；学校（48 学时）</td></tr>
<tr><td colspan="3">阅读用户需求规格说明书，以确定系统的业务需求和功能需求；根据用户需求规格说明书中所描述的内容，进行数据库设计，其中包括概念结构设计和逻辑结构设计。概念结构设计根据需求规格说明书进行实体抽取及实体之间的联系设计，得到符合要求的实体联系模型；逻辑结构设计根据概念结构设计的实体联系模型、实体与实体间联系的转换规则和数据库设计的三范式及函数依赖准则，得到数据库的表结构及约束，并形成数据库设计说明书文档；根据数据库设计说明书文档将设计好的数据库表结构及约束实施于 Oracle 10g 数据库中，作为系统的后台数据库使用。采用模式二（JSP+Servlet）的 MVC 设计模式，来完成各种对数据库的应用操作。主要涉及到对数据的添加、删除、修改、查询、汇总统计等基本操作和对多表数据库操作及 Oracle 中常用函数的使用等；在系统使用的过程中，需要对数据库进行维护，主要包括数据库的备份和数据传输及系统性能优化。在整个项目的实施过程中，按标准的文档规范作好计划及文档、总结报告的编写</td></tr>
</table>

续表

<table>
<tr><th colspan="6">各学习场所的学习目标</th></tr>
<tr><td colspan="4">（企业）实践教学：学生明确任务，制订项目计划，安排工程进度。根据需求分析项目、概念模型设计项目、逻辑模型项目及物理模型设计项目所得到的系统表结构，将设计好的数据库表通过 SQL 语句在 Oracle 数据库中进行实施。配置 Eclipse 开发平台、Tomcat 服务器、JDK 开发环境、Oracle 数据库，配置数据库连接池，JDBC API 相关对象，使用 JDBC 访问 Oracle 数据库。操纵数据库数据。完善系统功能，对已分析完成的系统功能进行改进。达到用户需求，形成最终结果。进行项目完成情况的评价，撰写项目总结报告，总结方案实施情况，提出改进建议。根据数据应用项目的数据库调试程序，对数据库进行联合调度。根据需求，测试应用程序的各种功能是否符合要求，测试系统的性能指标是否符合设计目标。由于试运行阶段的不稳定性，需要作好数据库的转储和恢复工作，以减少数据库的破坏性。根据以上规则，对数据库进行数据传输和备份；数据量的不断增大对系统性能的影响，查询优化的测量</td><td colspan="2">（学校）理论学习：学生阅读用户需求规格说明书，分析系统的业务需求和功能需求；了解概念结构设计方法，进行概念模型设计、逻辑结构设计，并编写《数据库设计说明书》。运用 SQL 语言编写对数据的添加、删除、修改、查询、汇总统计等，对多表数据库操作，熟悉 Oracle 中常用函数的使用方法。理解 MVC 模式在项目中的应用。熟悉系统单元测试、应用系统集成测试，能够编写测试脚本、测试用例。描述数据库备份和恢复方法，编写数据库维护计划。讨论系统评价方法，说明系统评价点</td></tr>
<tr><th colspan="6">工作与学习内容</th></tr>
<tr><td colspan="2">工作对象：
● 阅读需求规格说明书
● 数据库的概念模型设计
● 编写数据库设计说明书
● 安装 Oracle 10g 数据库服务器和客户端
● 配置开发环境
● 操纵数据库数据
● 系统单元测试、集成测试
● 数据库维护计划、总结</td><td colspan="2">工具：
● 计算机
● 办公软件
● 需求规格说明书
● 文档模板
● 大型数据库
● 测试软件
● 开发平台
工作方法：
● 概念结构设计方法
● 逻辑结构设计方法
● 数据库应用系统开发环境的配置
● MVC 模式在项目中的应用
● 各种对数据库的应用操作
● 常用函数的使用
● 系统单元测试、应用系统集成测试
● 数据库的备份和恢复
劳动组织：
● 根据最终需求，由项目经理进行进度安排及任务分配每人在工位上根据划分的任务进行概念模型设计、逻辑结构设计
● 小组讨论每人所完成的方案，并进行完善和修改
● 根据用户的最终需求，进行数据库模型的设计，小组讨论确定最终方案
● 生成数据库结构
● 根据项目经理所分配的任务，进行功能实现与测试</td><td colspan="2">工作要求：
● 不允许带走数据库的一些保密数据
● 创建的数据库满足系统的需求，易于维护
● 减少数据冗余</td></tr>
</table>

七、编制学习领域课程教学计划（见表7）

表7　学习领域课程教学计划表

学习领域课程编号	学习领域课程	学时			
		总　计	第一学年	第二学年	第三学年
1	页面制作	72	72		
2	电子商务网站调研与分析	72	72		
3	数据库应用	72	72		
4	电子商务运维与管理	72		72	
5	系统部署与产品运维	36		36	
6	简单项目开发	72		72	
7	数据库设计与开发	72		72	
8	软件框架应用	108		108	
9	基于企业网站的网络营销	108		108	
10	需求分析	72		72	
11	电子商务网站设计与开发	12周			12周
12	网络营销运营	12周			12周
合计学时					

八、制定专业教学计划（见表8）

表8　专业教学计划表

年级	学期	课程类型		课程名称	考核方式		学分	学时				周学时（课内）
					考试	考查		总计	讲课	实验	其他	
一年级	第一学期	支撑平台课程	职业领域公共课程	数学	*		4	68	68			4
				公共英语	*		4	68	68			4
				体育		*	2	34	34			2
				思想道德修养与法律基础		*	2	34	34			2
				心理健康教育		*	2	34	34			2
				小计			14	238	238			14
			技术技能平台课程	电子商务核心知识		*	4	68	48	20		4
				网络与Web技术导论	*		4	68	44	24		4
				Java模块开发	*		4	68	38	30		4
				小计			12	204	130	74		12
		学习领域课程										
				小计								
				第一学年第一学期小计			26	442	368	74		26

续表

年级	学期	课程类型		课程名称	考核方式		学分	学时				周学时（课内）
					考试	考查		总计	讲课	实验	其他	
一年级	第二学期	支撑平台课程	职业领域公共课程	科学思维训练	*		4	68	68			4
				公共英语	*		4	68	68			4
				体育		*	2	34	34			2
				思想道德修养与法律基础		*	2	34	34			2
				职业沟通		*	2	34	34			2
				小计			14	238	238			14
			技术技能平台课程	现代企业管理		*	2	34	34			2
				小计			2	34	34			2
		学习领域课程		页面制作	*		4	68	34	34		4
				电子商务网站调研与分析	*		4	68	34	34		4
				数据库应用	*		4	68	34	34		4
				小计			12	204	102	102		12
				第一学年第二学期小计			28	476	374	102		28
二年级	第一学期	支撑平台课程	职业领域公共课程	公共英语	*		2	36	36			2
				毛泽东思想、邓小平理论和“三个代表”重要思想概论	*		2	36	36			2
				小计			4	72	72			4
			技术技能平台课程	Linux 操作系统		*	4	72	36	36		4
				电子商务案例分析		*	2	36	36			2
				客户关系管理		*	2	36	26	10		2
				小计			8	144	98	46		8
		学习领域课程		数据库设计与开发	*		4	72	36	36		4
				电子商务运维与管理	*		4	72	36	36		4
				系统部署与产品运维	*		2	36	18	18		2
				简单项目开发	*		4	72	36	36		4
				小计			14	252	126	126		14
				第二学年第一学期小计			26	468	296	172		26

续表

年级	学期	课程类型		课程名称	考核方式		学分	学时				周学时（课内）
					考试	考查		总计	讲课	实验	其他	
二年级	第二学期	支撑平台课程	职业领域公共课程	公共英语	*		2	36	36			2
				毛泽东思想、邓小平理论和“三个代表”重要思想概论	*		2	36	36			2
				职业生涯准备		*	2	36	36			2
				小计			6	108	108			6
			技术技能平台课程	项目管理			2	36	36			2
				电子商务法			2	36	36			2
				小计			4	72	72			4
		学习领域课程		软件框架应用	*		6	108	38	70		6
				基于企业网站的网络营销	*		6	108	54	54		6
				需求分析	*		4	72	48	24		4
				小计			16	288	140	148		16
				第二学年第二学期小计			26	468	320	148		26
三年级	第一学期	支撑平台课程	职业领域公共课程									
				小计								
			技术技能平台课程									
				小计								
		学习领域课程		电子商务网站设计与开发（任选）	*		12	12周		12周		12周
				网络营销运营（任选）	*		12	12周		12周		12周
				企业实习			6	6周		6周		6周
				小计			18	18周		18周		18周
				第三学年第一学期小计			18	18周		18周		18周
	第二学期	学习领域课程		毕业设计			10	12周		12周		12周
				第三学年第二学期小计			10	12周		12周		12周
理论教学环节总计												
集中实践教学环节总计												

总学分：134

职业领域公共课程学分：38　　占总学分比例：28%

技术技能平台（链路）课程学分：42　　占总学分比例：32%

学习领域课程学分：54　　占总学分比例：40%

九、《数据库设计与开发》教学大纲制作

1. 分析学习领域（见表9）

表9 学习领域分析表

<table>
<tr><td>学习领域编号：7</td><td>学习领域名称：数据库设计与开发</td></tr>
<tr><td colspan="2">学习领域对应典型工作任务中的项目类型：按工作情境（商务）实施</td></tr>
<tr><td colspan="2">学习领域对应典型工作任务中的项目实际工作步骤（基于八步法）：
1. 项目调查：通过企业调查，进行可项目行性分析，确定项目目标
2. 组织分工：成立项目开发组，进行任务分解，明确分工内容，界面与分工
3. 方案决策：通过用户需求规格说明书，进行项目的数据库设计，形成系统逻辑，选定总体方案
4. 计划制定：按项目流程制定项目计划，包括数据库设计阶段的计划、数据库开发阶段的计划及系统测试阶段计划，在计划中制定项目进度表并明确人员分工
5. 项目实施：包括两方面的内容——设计阶段的实施和开发阶段的实施
6. 结果测试：单元测试和系统集成，系统试运行
7. 项目交接：项目提交，用户培训，技术资料提交，文档提交
8. 项目评价：包括使用者评价及自我评价，根据设计及实施的内容编写评价表</td></tr>
<tr><td colspan="2">通过学习领域分析确定子学习领域（学习情境）</td></tr>
<tr><td>子学习领域编号</td><td>子学习领域名称</td></tr>
<tr><td>01</td><td>广告资源统计子系统设计与开发</td></tr>
<tr><td>02</td><td>固定广告子系统设计与开发</td></tr>
<tr><td>03</td><td>关键字广告子系统设计与开发</td></tr>
</table>

2. 分析子学习领域工作过程（见表10）

表10 子学习领域（学习情境）工作过程分析表（1）

<table>
<tr><td>学习领域编号：7</td><td colspan="3">学习领域名称：数据库设计与开发</td></tr>
<tr><td>子学习领域编号：1</td><td colspan="3">子学习领域名称：广告资源统计子系统设计与开发</td></tr>
<tr><td>工 作 过 程</td><td>工 作 任 务</td><td>行 动 环 境</td><td>教学组织与实施</td></tr>
<tr><td>1. 阅读广告资源统计子系统数据库设计说明书，明确本阶段任务</td><td>根据数据库结构说明书，了解广告资源统计子系统的数据库设计</td><td>学校数据库实训室，需要讨论时可以到会议室</td><td>学生分为5人左右的小组，推选负责人，制订本阶段计划，进行人员分工，对本阶段任务有明确的了解</td></tr>
<tr><td>2. 将数据库设计说明书中设计好的数据模型转换为数据库中的表结构并在特定的数据库管理系统中实现数据库及其对象</td><td>在特定数据库中进行表结构的转换并将数据库中的表及其他数据库对象在数据库中进行物理实现</td><td>学校数据库实训室，需要讨论时可以到会议室</td><td>学生以小组为单位，进行表结构的转换，每个小组分别在数据库建立用户并在数据库中实现数据库的各种对象</td></tr>
<tr><td>3. 进行数据库应用系统开发环境的配置</td><td>配置Tomcat服务器，配置Eclipse开发工具，使用JDBC连接数据库，配置数据库连接池</td><td>学校数据库实训室</td><td>每个学生都在自己的计算机上进行数据库应用系统开发环境的配置，使用JDBC进行数据库的连接</td></tr>
</table>

续表

学习领域编号：7	学习领域名称：数据库设计与开发		
子学习领域编号：1	子学习领域名称：广告资源统计子系统设计与开发		
工作过程	工作任务	行动环境	教学组织与实施
4. 编写广告资源统计《数据库详细设计说明书》	根据文档规范，撰写数据库详细设计说明书文档	学生数据库实训室，需要讨论时可以到会议室	学生以小组为单位，编写本组的广告资源统计的《数据库详细设计说明书》
5. 使用 Eclipse 开发工具编写 Java 代码，完成广告资源统计子系统的开发	使用程序完成对数据库的查询、统计等操作，使用 Eclipse 的调试工具，调试应用程序	学校数据库实训室，需要讨论时可以到会议室	每个小组成员进行分工，分别完成广告资源统计阶段的代码编写，组织负责进行代码整合
6. 单元测试	编制测试用例，测试本单元	学校数据库实训室，需要讨论时可以到会议室	以小组为单位将整合后的代码进行测试

表 11　子学习领域（学习情境）工作过程分析表（2）

学习领域编号：7	学习领域名称：数据库设计与开发		
子学习领域编号：2	子学习领域名称：固定广告子系统设计与开发		
工作过程	工作任务	行动环境	教学组织与实施
1. 阅读固定广告子系统需求规格说明书，明确本阶段任务	根据需求规格说明书，了解固定广告子系统需要完成的功能	学校数据库实训室，需要讨论时可以到会议室	学生5人为一小组，推选负责人，制定本阶段计划，进行人员分工，对本阶段任务有明确的了解
2. 利用数据库建模工具，进行固定广告子系统的概念模型设计，完成数据库设计说明书	根据概念结构设计方法，进行概念模型设计并利使用 PowerDesigner 绘制概念模型图（E-R 图）。根据文档规范，撰写数据库设计说明书	学生数据库实训室需要讨论时可以到会议室	学生以小组为单位，完成关键字广告子系统的概念模型设计
3. 根据数据库设计说明书，将设计好的数据模型转换为数据库中的表结构并在特定的数据库管理系统中实现数据库及其对象	在特定数据库中进行表结构的转换并将数据库中的表及其他数据库对象在数据库中进行物理实现	学校数据库实训室，需要讨论时可以到会议室	学生以小组为单位，进行表结构的转换，每个小组分别在数据库建立用户并在数据库中实现数据库的各种对象
4. 进行数据库应用系统开发环境的配置，使用 JDBC 连接数据库，配置数据库连接池	配置 Tomcat 服务器，配置 Eclipse 开发工具，使用 JDBC 连接数据库，配置数据库连接池	学校数据库实训室	每个学生都在自己的计算机上进行数据库应用系统开发环境的配置，使用 JDBC 进行数据库的连接
5. 编写固定广告子系统《数据库详细设计说明书》	根据文档规范，撰写数据库详细设计说明书文档	学生数据库实训室需要讨论时可以到会议室。	学生以小组为单位，编写本组的固定广告的《数据库详细设计说明书》

续表

学习领域编号：7	学习领域名称：数据库设计与开发		
子学习领域编号：2	子学习领域名称：固定广告子系统设计与开发		
工 作 过 程	工 作 任 务	行 动 环 境	教学组织与实施
6. 使用 Eclipse 开发工具编写 Java 代码，完成固定广告子系统的开发	使用程序完成对数据库的增加、删除、修改和查询等操作，使用 Eclipse 的调试工具，调试应用程序	学校数据库实训室，需要讨论时可以到会议室	每个小组成员进行分工，分别完成固定广告阶段的代码编写，组织负责进行代码整合
7. 单元测试	编制测试用例，测试本单元	学校数据库实训室，需要讨论时可以到会议室	以小组为单位将整合后的代码进行测试

表 12　子学习领域（学习情境）工作过程分析表（3）

学习领域编号：7	学习领域名称：数据库设计与开发		
子学习领域编号：3	子学习领域名称：关键字广告子系统设计与开发		
工 作 过 程	工 作 任 务	行 动 环 境	教学组织与实施
1. 阅读关键字广告子系统需求规格说明书，明确本阶段任务	根据需求规格说明书，了解关键字广告子系统需要完成的功能	学校数据库实训室，需要讨论时可以到会议室	学生 5 人为一小组，推选负责人，制定本阶段计划，进行人员分工，对本阶段任务有明确的了解
2. 利用数据库建模工具，进行关键字广告子系统的概念模型设计，完成数据库设计说明书	根据概念结构设计方法，进行概念模型设计并利使用 PowerDesigner 绘制概念模型图(E-R 图)。 根据文档规范，撰写数据库设计说明书	学生数据库实训室，需要讨论时可以到会议室	学生以小组为单位，完成关键字广告子系统的概念模型设计
3. 根据数据库设计说明书，将设计好的数据模型转换为数据库中的表结构并在特定的数据库管理系统中实现数据库及其对象	在特定数据库中进行表结构的转换并将数据库中的表及其他数据库对象在数据库中进行物理实现	学校数据库实训室，需要讨论时可以到会议室	学生以小组为单位，进行表结构的转换，每个小组分别在数据库中建立用户并在数据库中实现数据库的各种对象
4. 进行数据库应用系统开发环境的配置，使用 JDBC 连接数据库，配置数据库连接池	配置 Tomcat 服务器，配置 Eclipse 开发工具，使用 JDBC 连接数据库，配置数据库连接池	学校数据库实训室	每个学生都在自己的计算机上进行数据库应用系统开发环境的配置，使用 JDBC 进行数据库的连接
5. 编写关键字广告子系统《数据库详细设计说明书》	根据文档规范，撰写数据库详细设计说明书文档	学校数据库实训室，需要讨论时可以到会议室	学生以小组为单位，编写本组的关键字广告的《数据库详细设计说明书》
6. 使用 Eclipse 开发工具编写 Java 代码，完成关键字广告子系统的开发	使用程序完成对数据库的增加、删除、修改和查询等操作，使用 Eclipse 的调试工具，调试应用程序	学校数据库实训室，需要讨论时可以到会议室	每个小组成员进行分工，分别完成关键字广告阶段的代码编写，组织负责进行代码整合
7. 单元测试、系统集成测试	编制测试用例，进行广告管理子系统的集成	学校数据库实训室，需要讨论时可以到会议室	以小组为单位将整合后的代码进行测试

3. 分析子学习领域课程内容和组织教学（见表13～表15）

表13　子学习领域课程内容和教学组织分析表（1）

子学习领域编号：1	子学习领域名称：广告资源统计子系统　　（20学时）
学生行动内容	学生5人左右为一个小组，在企业专家和教师的指导下，阅读广告资源统计子系统数据库结构说明书，将说明书中的内容在数据库中实现；对数据库开发环境进行配置，编写数据库详细设计说明书，在数据库开发工具中编写、调试代码并进行单元测试
行动环境	数据库开发实训室，小型会议室
教师传授知识	数据库基础知识、建模工具基本操作、面向对象基础知识、数据库开发工具操作
教学法选择	项目教学法
教（学）件	数据库结构设计说明书、数据库详细设计说明书、文档模板
学生提交	数据库管理系统中的实际操作（表及其数据库对象）、计算机中开发环境的设置、数据库详细设计说明书、编写好的并可以正确运行的代码
考核方式	表2-2中每个工作过程分别进行考核，包括创建的表和数据库对象的脚本、每个人计算机中开发环境的设置、分小组编写的数据库详细设计说明书，编写的代码。考核等级分为优秀、良好、及格、不及格

表14　子学习领域课程内容和教学组织分析表（2）

子学习领域编号：2	子学习领域名称：固定广告子系统设计与开发　　（30学时）
学生行动内容	学生5人左右为一个小组，在企业专家和教师的指导下，阅读固定广告子系统需求规格说明书，根据需求规格说明书进行数据库设计，编写数据库设计说明书并将说明书中的内容在数据库中实现；对数据库开发环境进行配置，编写数据库详细设计说明书，在数据库开发工具中编写、调试代码并进行单元测试。
行动环境	数据库开发实训室，小型会议室
教师传授知识	数据库基础知识、建模工具基本操作、面向对象基础知识、数据库开发工具操作
教学法选择	项目教学法
教（学）件	需求规格说明书，数据库设计说明书、数据库详细设计说明书、文档模板
学生提交	数据库设计说明书，数据库管理系统中的实际操作（表及其数据库对象）、计算机中开发环境的设置、数据库详细设计说明书、编写好的并可以正确运行的代码
考核方式	表2中每个工作过程分别进行考核，包括数据库设计说明书、创建的表和数据库对象的脚本、每个人计算机中开发环境的设置、分小组编写的数据库详细设计说明书、编写的代码。考核等级分为优秀、良好、及格、不及格

表15　子学习领域课程内容和教学组织分析表（3）

子学习领域编号：3	子学习领域名称：关键字广告子系统设计与开发　　（22学时）
学生行动内容	学生5人左右为一个小组，在企业专家和教师的指导下，阅读关键字广告子系统需求规格说明书，根据需求规格说明书进行数据库设计，编写数据库设计说明书并将说明书中的内容在数据库中实现；对数据库开发环境进行配置，编写数据库详细设计说明书，在数据库开发工具中编写、调试代码并进行单元测试
行动环境	数据库开发实训室，小型会议室
教师传授知识	数据库基础知识、建模工具基本操作、面向对象基础知识、数据库开发工具操作
教学法选择	项目教学法
教（学）件	需求规格说明书、数据库设计说明书、数据库详细设计说明书、文档模板
学生提交	数据库设计说明书，数据库管理系统中的实际操作（表及其数据库对象）、计算机中开发环境的设置、数据库详细设计说明书、编写好的并可以正确运行的代码

续表

子学习领域编号：3	子学习领域名称：关键字广告子系统设计与开发（22学时）
考核方式	表2中每个工作过程分别进行考核，包括数据库设计说明书、创建的表和数据库对象的脚本、每个人计算机中开发环境的设置、分小组编写的数据库详细设计说明书、编写的代码。考核等级分为优秀、良好、及格、不及格

4. 汇总学习领域课程内容（见表16）

表16 学习领域课程内容汇总表

学习领域课程编号：7	学习领域名称：数据库设计与开发		
	广告资源统计设计与开发（20学时）	固定广告子系统设计与开发（30学时）	关键字广告子系统设计与开发（22学时）
学生行动	学生5人左右为一个小组，在企业专家和教师的指导下，阅读广告资源统计子系统数据库结构说明书，将说明书中的内容在数据库中实现；对数据库开发环境进行配置，编写数据库详细设计说明书，在数据库开发工具中编写、调试代码并进行单元测试	学生5人左右为一个小组，在企业专家和教师的指导下，阅读固定广告子系统需求规格说明书，根据需求规格说明书进行数据库设计，编写数据库设计说明书并将说明书中的内容在数据库中实现；对数据库开发环境进行配置，编写数据库详细设计说明书，在数据库开发工具中编写、调试代码并进行单元测试	学生5人左右为一个小组，在企业专家和教师的指导下，阅读关键字广告子系统需求规格说明书，根据需求规格说明书进行数据库设计，编写数据库设计说明书并将说明书中的内容在数据库中实现；对数据库开发环境进行配置，编写数据库详细设计说明书，在数据库开发工具中编写、调试代码并进行单元测试
行动环境	数据库开发实训室，小型会议室	数据库开发实训室，小型会议室	数据库开发实训室，小型会议室
教师传授	数据库基础知识、建模工具基本操作、面向对象基础知识、数据库开发工具操作	数据库基础知识、建模工具基本操作、面向对象基础知识、数据库开发工具操作	数据库基础知识、建模工具基本操作、面向对象基础知识、数据库开发工具操作
教（学）件	数据库设计说明书、数据库详细设计说明书、文档模板	需求规格说明书、数据库设计说明书、数据库详细设计说明书、文档模板	需求规格说明书、数据库设计说明书、数据库详细设计说明书、文档模板
学生提交	数据库管理系统中的实际操作（表及其数据库对象）、设置好的开发环境、数据库详细设计说明书、编写好的并可以正确运行的代码	数据库设计说明书、数据库管理系统中的实际操作（表及其数据库对象）、设置好的开发环境、数据库详细设计说明书、编写好的并可以正确运行的代码	数据库设计说明书、数据库管理系统中的实际操作（表及其数据库对象）、设置好的开发环境、数据库详细设计说明书、编写好的并可以正确运行的代码
考核方式	对表2中每个工作过程分别进行考核，包括创建的表和数据库对象的脚本、每个人计算机中开发环境的设置、分小组编写的数据库详细设计说明书、编写的代码。考核等级分为优秀、良好、及格、不及格	对表2中每个工作过程分别进行考核，包括数据库设计说明书、创建的表和数据库对象的脚本、每个人计算机中开发环境的设置、分小组编写的数据库详细设计说明书，编写的代码。考核等级分为优秀、良好、及格、不及格	对表2中每个工作过程分别进行考核，包括数据库设计说明书、创建的表和数据库对象的脚本、每个人计算机中开发环境的设置、分小组编写的数据库详细设计说明书，编写的代码。考核等级分为优秀、良好、及格、不及格

5. 汇总学习领域课程行动环境（见表 17）

表 17　学习领域课程行动环境汇总表

<table>
<tr><td colspan="2">学习领域课程编号：7</td><td colspan="4">学习领域课程名称：数据库设计与开发</td></tr>
<tr><td>子学习领域编号</td><td>子学习领域名称</td><td>学校实训室</td><td>企业训练中心</td><td>企业生产现场</td><td>其他学习训练环境</td></tr>
<tr><td>1</td><td>广告资源统计子系统开发与设计</td><td>√</td><td></td><td></td><td></td></tr>
<tr><td>2</td><td>固定广告子系统开发与设计</td><td>√</td><td></td><td></td><td></td></tr>
<tr><td>3</td><td>关键字广告子系统开发与设计</td><td>√</td><td></td><td></td><td></td></tr>
<tr><td colspan="6">学习领域课程行动环境分析：
本学习领域主要的行动环境是学校的数据库实训室，需要配备的设备有数据库服务器/客户端、正常运行的网络环境；安装的软件有数据库服务器和客户端软件、办公软件、Tomcat、Project、PowerDesinger、Visio</td></tr>
</table>

6. 制作学习领域课程教学大纲（见表 18）

表 18　学习领域课程教学大纲表

<table>
<tr><td colspan="2">学习领域课程编号：7</td><td colspan="2">学习领域课程名称：数据库设计与开发</td></tr>
<tr><td rowspan="2">讲授单元</td><td colspan="2">名　称</td><td>学　时</td></tr>
<tr><td colspan="2">1. 数据库基础知识
2. 数据库三范式理论</td><td>6
4</td></tr>
<tr><td rowspan="3">行动单元</td><td colspan="3">子学习领域课程编号：1　　子学习领域课程名称：广告资源统计子系统的设计与开发
项目教学性质：部分设计与开发
工作程序：根据提供的数据库设计说明书，进行数据库详细设计并进行代码编写与测试
教学程序：以小组为单位，完成广告资源统计子系统的表和其他数据库对象的创建、开发环境的配置、数据库详细设计说明书的编写，测试用例的编制
职业竞争力培养要点：设计能力、综合能力、文档撰写能力
教学环境：数据库实训室、小型会议室
教（学）件：数据库设计说明书、数据库详细设计说明书
考核方式：按照表 2 中的工作过程进行考核
学时：20</td></tr>
<tr><td colspan="3">子学习领域课程编号：2　　子学习领域课程名称：固定广告子系统的设计与开发
项目教学性质：完全设计与开发
工作程序：根据提供的需求规格说明书进行数据库设计和开发并进行测试
教学程序：企业专家及教师指导，用课外学时
职业竞争力培养要点：设计能力、综合能力、文档撰写能力
教学环境：数据库实训室、小型会议室
教（学）件：需求规格说明书、数据库设计说明书、数据库详细设计说明书
考核方式：按照表 2 中的工作过程进行考核
学时：30</td></tr>
<tr><td colspan="3">子学习领域课程编号：3　　子学习领域课程名称：关键字广告子系统的设计与开发
项目教学性质：完全设计与开发
工作程序：根据提供的需求规格说明书进行数据库设计和开发并进行测试
教学程序：企业专家及教师指导，用课外学时
职业竞争力培养要点：设计能力、综合能力、文档撰写能力
教学环境：数据库实训室、小型会议室
教（学）件：需求规格说明书、数据库设计说明书、数据库详细设计说明书
考核方式：按照表 2 中的工作过程进行考核
学时：22</td></tr>
</table>

“黑客攻防技术”专业课程参考方案

北京北大方正软件技术学院　叶　刚　刘　生　朱闻闻　等
北京联合大学　盛鸿宇

一、设计背景和设计过程

本学习领域的设计背景：针对网络工程、信息安全专业学生“黑客攻防技术”学习领域的课程，按照企业专家提供工作岗位技能需求，教师到企业调研、分析实际的企业需求，设计出符合企业实际需求的课程体系。黑客攻防技术课程体系以项目为导向的学习模式，理论在精而不在多；以实际操作为主的思路，非常符合高职院校学生学习。

本学习领域的设计过程：企业工作岗位需求分析→职业分析（见表 1）→典型工作任务（见表 2）→学习领域→子学习领域→教学场景设计→教学组织→效果测试。

“黑客攻防技术”把服务器配置、网络构建与管理、网站后台数据库管理、黑客攻防技术、病毒和反病毒技术、数据恢复技术等知识融合在一起，采用学生为主导、教师为辅助、教师引导学生主动学习的模式。

表 1　专业及其面向的职业岗位表

专业名称	计算机信息安全技术（黑客攻防技术）
职业名称	信息安全管理
职业岗位	信息安全工程师、网络安全测试工程师、安全管理工程师、网络安全管理员、网络安全产品和项目销售、网络安全培训师、系统安全工程师、系统管理员、网络管理员、运维工程师、网络工程师、系统集成工程师、测试工程师
简要说明	受训者参与了解具体的软件方向的入侵方法及常见手法，然后是防护防御方式方法。另外，针对国内大中型企业中的信息安全需求，着重培养学生在硬件方面安全设备的配置，使用的技能与技巧。这样，可让学生能够达到攻防兼备的水平。掌握软件与硬件的入侵与安全防护知识（其中包括系统入侵、脚本入侵、数据库入侵、常用软件入侵、系统加固、会话劫持、cookies 欺骗、安全的防火墙配置、ssl vpn 配置等），软件（系统软件、应用软件）、硬件（防火墙、漏洞扫描、vpn、防毒墙）的防御与防护
专业培养目标	本专业培养与社会主义现代化建设要求相适应的德、智、体、美等全面发展，能够从事信息安全技术相关职业岗位的高技能应用型人才。应具有良好的职业素质与职业道德；能够扎实地掌握网络技术、操作系统、信息安全的基础理论，了解信息系统安全分析、测试、销售、实施、管理、维护的全过程，具备计算机系统组装、操作系统安装和配置、计算机网络规划和设计、网络安全的分析和评估、安全网站设计和构建、网络安全管理和维护、黑客攻击的防御、数据采集和恢复等能力；并且具有自主学习能力、适应能力与可持续发展能力和一定的创新与创业能力

表 2　典型工作任务汇总表

专业名称：信息安全管理	
典型工作任务编号	典型工作任务名称
典型工作任务 1	微机组装与维护
典型工作任务 2	CCNA（一）
典型工作任务 3	CCNA（二）
典型工作任务 4	服务器配置（Windows）
典型工作任务 5	服务器配置（Linux）
典型工作任务 6	网络构建与管理
典型工作任务 7	网站后台数据库管理
典型工作任务 8	程序设计
典型工作任务 9	规划与综合布线
典型工作任务 10	黑客攻防技术
典型工作任务 11	病毒和反病毒
典型工作任务 12	数据恢复

表 3　典型工作任务学习难度范围表

专业名称：信息安全管理		
学习难度范围		典型工作任务编号与名称
学习难度范围 1	具体的工作任务 （职业定向的工作任务）	典型工作任务 1：微机组装与维护 典型工作任务 2：CCNA（一）
学习难度范围 2	整体性的工作任务 （系统的工作任务）	典型工作任务 3：CCNA(二) 典型工作任务 4：服务器的配置（Windows） 典型工作任务 5：服务器的配置（Linux）
学习难度范围 3	蕴含问题的特殊工作任务	典型工作任务 6：网络构建与管理 典型工作任务 7：网站后台数据库管理 典型工作任务 8：程序设计
学习难度范围 4	无法预测的工作任务	典型工作任务 9：规划与综合布线 典型工作任务 10：黑客攻防技术 典型工作任务 11：病毒和反病毒 典型工作任务 12：数据恢复

二、用于设计的初始文件

涉及的初始文件主要包括：典型工作任务分析记录表（见表 4），学习领域设计表（见表 5）。

表 4　典型工作任务分析记录表

<table>
<tr><td colspan="2">专业名称：计算机信息安全技术（安全管理方向）</td></tr>
<tr><td>典型工作任务 10</td><td>黑客攻防技术</td></tr>
<tr><td colspan="2">工作岗位：信息安全师是在各级行政、企事业单位、信息中心、互联网接入单位中从事信息安全或者计算机网络安全管理工作的人员。本职业从低到高分为 3 个等级：信息安全师（三级）；信息安全师（二级）；信息安全师（一级）
● 信息安全师（三级）：能够熟练运用基本技能和专门技能完成较为复杂的信息安全保障工作，能够独立处理和维护信息安全保障工作中出现的常见问题
● 信息安全师（二级）：能够熟练运用专门技能和特殊技能完成复杂的、非常规的信息安全保障工作，掌握信息安全的关键技术技能，能够独立处理和解决信息安全技术难题，能指导和培训信息安全师（三级），具有信息系统安全解决方案能力和一定的技术管理能力
● 信息安全师（一级）：能组织开展技术改造、技术革新活动，能组织开展系统的信息安全技术专业技术培训；能掌握信息安全技术专业理论知识，具有进行信息系统信息安全规划、诊断和技术管理能力
其他相关衍生工作岗位：网络与系统安全管理员、信息安全产品技术支持、信息安全产品开发与测试、信息安全产品销售
工作过程：
典型工作任务设计：
典型工作任务的设计工分为以下 3 个步骤。
1. 确定典型工作任务
通过专家工人访谈会等形式，对职业岗位的工作任务分析和归纳、提炼典型工作任务，并对典型工作任务的子任务进行分解。最后形成典型工作任务汇总表和所有典型工作任务下的子任务汇总表
2. 确定典型工作任务难度
根据步骤 2 的典型工作任务，依照职业成长模式理论，继续对典型工作任务进行归类。一般情况下，将其分为 4 个等级。典型工作任务难度等级范围是第二次企业专家访谈会的主要内容
3. 典型工作任务分析
确定了典型工作任务难度后，由工人专家、职业院校教师和实训教师组成的小组对每一个典型工作任务进行分析并进行描述，最后生成典型工作任务分析记录表
工作任务的对象：根据每个典型工作任务的具体分析，确定信息安全技术专业的核心专业能力，进而确定人才培养目标
方法与工作的组织：
1. 学习领域课程设计
从每个典型工作任务导出对应的学习领域
2. 平台课程设计
根据职业的核心能力和学校教育功能，设计学生培养核心职业能力和综合职业能力的前期必备知识，即支撑平台课程
3. 专业课程体系结构
将平台课程和学习领域课程结合，构成专业课程体系
4. 教学计划设计
根据专业课程体系，结合各学校的课程设置，给出初步的教学计划，包括课时分配、开设学期等安排</td></tr>
</table>

续表

专业名称：计算机信息安全技术（安全管理方向）	
典型工作任务 10	黑客攻防技术
对工作和技术的要求：培养具有良好职业道德，熟悉网络在信息安全方面的法律法规，可以集成信息安全系统，熟练应用信息安全产品，具有信息安全维护和管理能力的高级技术应用性专门人才。就业方向是在具有计算机网络的公司、银行、证券公司、海关、企事业单位及公、检、法等部门，从事计算机信息安全管理，或信息安全产品销售与服务等工作 区分点： ● 以项目为导向的学习模式：本书避开大量的理论学习，以纯操作的思路入手，非常符合高职院校学生学习 ● 以项目团队方式学习：每个人都分配不同的团队角色，有项目经理、市场专员、财务专员、文档管理专员。同时考虑到每个人都要学习技术，所以每个成员都要兼任项目工程师的角色，完成技术任务的同时也要完成其他职位的工作，这正也符合了目前在中小企业当中的工作环境特点 ● 实例丰富：书中涵盖了服务器入侵、脚本入侵、注入攻击等多种方式的入侵模式。可以说 33 个项目是该门课程当中从民间技术和理论知识两个角度同时吸取精华而成 ● 针对性强：本书围绕黑客攻防最新技术，让读者能用最短的时间在操作的过程中学到这门课程的知识体系	

表 5　学习领域设计表

专业名称：计算机信息安全技术（安全管理方向）		
学习领域 10 学习难度范围 4	黑客攻防技术	时间安排：企业 16 周；学校 64 学时
职业行动领域描述：针对高等职业教育信息安全技术专业，结合国家职业资格认证、就业市场岗位分析和专家访谈会，确定高等职业教育信息安全技术专业面向的职业岗位。与本专业相对应的最主要职业的是国家职业资格中的信息安全工程师。就业市场中的其他岗位还有：网络与系统安全管理员、信息安全产品技术支持、信息安全产品开发与测试、信息安全产品销售等		
各学习场所的学习目标		
（企业）实践教学：受训者参与了解具体的软件方向的入侵方法、常见手法，然后是防护防御方式方法。另外，针对国内大中型企业中的信息安全需求，着重培养学生在硬件安全设备的配置，使用的技能与技巧。这样，让学生能够达到攻防兼备的水平	（学校）理论学习：软件与硬件的入侵与安全防护知识（其中包括系统入侵、脚本入侵、数据库入侵、常用软件入侵、系统加固、会话劫持、cookies 欺骗、安全的防火墙配置、ssl vpn 配置等）、软件（系统软件、应用软件）、硬件（防火墙、漏洞扫描、vpn、防毒墙）的防御与防护	
工作与学习内容		
工作对象：与客户进行交流 需求分析： ●《网络安全需求说明书》 ●《服务器安全需求说明书》 ● 网络安全基本架构	工具：技术文档，如《网络安全需求说明书》、《服务器安全需求说明书》、《网络安全规划方案》、《网站安全建设总体规划说明书》、《网站安全详细设计说明书》、《网站数据库安全设计说明书》、《网站安全使用说明书》	工作要求： ● 客户导向 ● 制定需求分析计划 ● 设计调查问卷 ● 准确地记录下客户最原始、最完整的需求

续表

专业名称：计算机信息安全技术（安全管理方向）		
学习领域 10 学习难度范围 4	黑客攻防技术	时间安排：企业 16 周；学校 64 学时
工作与学习内容		
网络安全测试流程图 《网络安全规划方案》 《网站安全建设总体规划说明书》 网络安全详细设计计划 《网站安全详细设计说明书》 数据库安全设计计划 数据库安全管理 《网站数据库安全设计说明书》 渗透测试实例 《网站安全使用说明书》 Web 服务器安全 网站安全维护记录	网络扫描分析工具：X-SCAN 网络管理工具：wireshark 绘图工具：Visio 数据库管理系统：SQL Server2005 网络综合测试管理工具：HP openview 木马种植工具：啊 D 网络工具包 嗅探工具：ss-clone Web 服务器：IIS 工作方法：交谈、讨论、问卷调查	帮助客户整理和分析需求 绘制流程图 编写《网站安全需求说明书》 制定详细设计计划 模块功能确定 设计客户使用界面 编写《网站安全详细设计说明书》 制订数据库安全设计计划 编写《网站数据库安全设计说明书》 制订安全测试计划 系统测试 服务器的操作系统安装 Web 服务器的安全配置 数据库安全管理 网络安全监测 做好安全维护记录

三、课程大纲设计

1. 子学习领域（学习情景）设计

子学习领域设计如表 6～表 11 所示。

表 6　子学习领域（学习情境）工作过程分析表（1）

学习领域 10	黑客攻防技术		
子学习领域 1	账号类		
工　作　过　程	工　作　任　务	行动环境	教学组织与实施
1. 用啊 D 网络工具包扫描有 IPC$ 弱口令漏洞的机器，用上兴控制软件配置好上兴木马服务端，使用啊 D 网络工具包对目标机远程种植上兴木马，最终全权控制目标计算机	种植木马是攻击的普遍方法，有网页挂马，有 E-mail 传递，有利用 IPC$ 弱口令漏洞直接对目标主机种植木马。通过此次木马入侵实验，知道木马的危害，加强我们的网络安全防范意识，保护计算机的数据安全	实训室	分成若干学习小组 小组成员扮演不同角色
2. 通过对汇编 asm 病毒源代码进行编译、链接、生成可执行文件，再执行生成的文件，检验生成的程序的功能：感染.COM 执行文件。病毒把自己链接到被感染文件的尾部	计算机病毒已不可避免地存在于现在社会的计算机生活和网络生活中，不可能阻止新病毒的产生。拨开计算机病毒身上那层神秘的面纱，学会病毒制作技术，就知道怎么杀病毒了。当然本项目给的是一个非常简单的 DOS 病毒例子	实训室	分成若干学习小组 小组成员扮演不同角色

表7　子学习领域（学习情境）工作过程分析表（2）

学习领域编号 10	黑客攻防技术		
子学习领域 2	漏洞类		
工　作　过　程	工　作　任　务	行动环境	教学组织与实施
1. 本项目是通过扫描工具捕捉在网络当中存在 MS06040 漏洞的主机，然后利用溢出工具对其进行溢出攻击，溢出成功后，可以添加相应的管理员用户，并最终控制目标服务器	学习本项目可以弄清楚溢出攻击的最基本思路，其他的溢出攻击都是大同小异，无非是利用工具和纯手工的区别。利用工具更为方便，手工也并不复杂，本项目本着让学习者深刻理解的目的用手工方式进行入侵。	实训室	分成若干学习小组小组成员扮演不同角色
2. 通过熟练运用 CAIN 中 ARP 欺骗的功能，达到窃取重要信息的目的，并由此了解 ARP 欺骗的过程与原理，知晓防御 ARP 欺骗的重要性	获取信息是黑客决定入侵思路的方式，这期给大家介绍信息收集的一种方式，使用 Arp Sniffer 来获取重要信息、证书	实训室	分成若干学习小组小组成员扮演不同角色
3. 本项目实验 6 种不同的方法免杀 ①用 PEditor 打开无壳木马程序，把原入口点加 1。 ②加花指令法免杀法：用 OllyDbg 打开无壳的木马程序，找到零区域，把准备好的花指令填进去填好后再跳回到入口点，保存好后，再用 PEditor 把入口点改成零区域处填入花指令的地址。加了花指令后，就基本达到大量杀毒软件的免杀。 ③加壳或加伪装壳。 ④打乱壳的头文件或壳中加花：把没加过壳的木马程序用 UPX 加层壳，然后用秘密行动这款工具中的 SCramble 功能把 UPX 壳的头文件打乱，从而达到免杀效果	知己知彼，方能百战不殆。我们只有了解了病毒制作者如何躲避追杀的技术，才能真正去追杀加了保护壳和变形的病毒，使病毒无立足之地，让病毒从我们的计算机文化中消失	实训室	分成若干学习小组小组成员扮演不同角色
4. 无 ARP 欺骗的嗅探-终极会话劫持技术。	通过无 ARP 欺骗的嗅探-终极会话劫持技术，了解 ARP 攻击、欺骗的基本原理，掌握并熟悉工具的使用，并进行会话劫持	实训室	分成若干学习小组小组成员扮演不同角色

表 8　子学习领域（学习情境）工作过程分析表（3）

学习领域编号 10	黑客攻防技术		
子学习领域 3	远程控制类		
工　作　过　程	工　作　任　务	行动环境	教学组织与实施
1. 用 X-scan 扫出一台空口令的 Windows 2000 的主机，利用 OpenTelnet 取消目标机的 NTLM 认证，利用 Telnet 在目标机器上建立管理员账号，再利用 IPC$上传日志清除工具 ClearLog，清除入侵所被日志记录下的信息，最后用 Resumetelnet 恢复 Telnet 的默认设置	Telnet 远程登录，是最基本的网络命令和攻击手段，用具有管理员权限的用户名远程登录进入目标电脑，就完全控制了目标电脑。这是黑客攻击的一般目标。虽然有的入侵目标不一定要远程登录，但能远程登录就不必用其他方法入侵	实训室	分成若干学习小组小组成员扮演不同角色
2. 在熟练运用上兴软件的基础上，加深对上兴服务端的配置的学习，并且根据实际需要将服务端以和 TXT 文档用 RAR 捆绑的方式来将服务端隐藏起来，达到神出鬼没的效果，加深对此类病毒或者木马的防御能力	现在不懂网络安全的人越来越少，当拿到一个陌生的的可执行文件时，都会习惯性的检查一下，这样木马一般就会现出原形，黑客利用 RAR 文件捆绑解决了这个问题，而这正是我们需要防范的	实训室	分成若干学习小组小组成员扮演不同角色
3. 通过寻找肉鸡，将代理工具复制到肉鸡的机器里，远程登录肉鸡，安装代理，把肉鸡的机器设置为代理服务器，所有网络行为都通过肉鸡代理，以后所有的攻击留下的 IP 地址都是肉鸡的 IP 地址。可以设置多级代理	用肉鸡做代理隐藏自我的 IP 地址，可保护攻击者，同时我们要尽量避免自己沦落为别人的肉鸡	实训室	分成若干学习小组小组成员扮演不同角色

表 9　子学习领域（学习情境）工作过程分析表（4）

学习领域编号 10	黑客攻防技术		
子学习领域 4	网站类		
工　作　过　程	工　作　任　务	行动环境	教学组织与实施
1. 通过 Google 的搜索功能，可以很容易找到自己想要查询的资料，但是也正是这种强大的功能让很多不易外露的敏感信息公之于众。这个项目通过运用这种功能掌握搜索敏感信息的同时，了解其方法，得以更好地防御敏感信息的外露	在实施攻击之前，往往会先进行信息搜集工作，而后才是漏洞确认和最终的漏洞利用、扩大战果。利用搜索引擎快速查找存在脆弱性的主机以及包含敏感数据的信息，甚至可以直接进行傻瓜入侵	实训室	分成若干学习小组小组成员扮演不同角色
2. 本项目通过工具对动网论坛进行脚本攻击，方法较为简单，直接利用工具明小子，利用比较传统的上传漏洞 UPFILE.ASP，上传木马后，可以直接控制对方服务器	本项目堪称是动网经典的上传漏洞，不过学习的意义也是非常重大的，其一，可以通过学习懂得用何种方法具体防范类似的漏洞；其二，这种方法在当今的网络入侵当中也是应用非常广的。可以说目前的上传漏洞的方法都很类似，只不过是相对复杂的多，有了这个基础大家可以很轻松地把新的上传漏洞的利用方法学会	实训室	分成若干学习小组小组成员扮演不同角色

续表

工作过程	工作任务	行动环境	教学组织与实施
3. 在虚拟机里安装 SQL 2000 数据库，建立一个名为 test 的数据库，test 库内建立一个 test 表，再添加一个名为 id 的列应用程序，服务器 IIS 含有 SQL 注入漏洞的一个 asp 程序。http://192.168.150.39/xxx.asp?id=1【注入点】	让学生学会使用 NBSI 注入工具进行 mssql 注入的方法	实训室	分成若干学习小组 小组成员扮演不同角色

表 10　子学习领域（学习情境）工作过程分析表（5）

学习领域编号 10	黑客攻防技术		
子学习领域 5	服务器系统类		
工作过程	工作任务	行动环境	教学组织与实施
1. 本项目通过工具扫描，发现存在写权限安全漏洞的网站，对其进行探测，并通过写人工具把木马直接写入到 Web 服务器网站根目录，通过重命名方式将木马更名，这样就可以直接跳过防火墙访问服务器，并可以进一步获得其他权限	此种写入权限漏洞，在当今已经是比较低级的漏洞了，学习的目的在于了解关于网站服务器搭建的基本防护，并深刻认识黑客是如何通过写权限进行木马上传和访问控制网站的过程。	实训室	分成若干学习小组 小组成员扮演不同角色
2. 一、利用 UICODE 漏洞，在浏览器中获取对方机器的 cmd，完全控制对方硬盘 二、利用 UICODE 漏洞，修改网页 三、利用 UICODE 漏洞，上传后门，再远程连接上	Web 服务器漏洞的存在，会使数据变得非常不安全，通过次项目学习利用 UICODE 漏洞的各种攻击技术，理解漏洞如何被利用来攻击，尽量早打补丁	实训室	分成若干学习小组 小组成员扮演不同角色

表 11　子学习领域（学习情境）工作过程分析表（6）

学习领域编号 10	黑客攻防技术		
子学习领域 6	硬件类		
工作过程	工作任务	行动环境	教学组织与实施
1. 正确配置硬件防火墙[阿姆瑞特防火墙]，防御外部扫描和攻击	通过本课要理解，什么是防火墙？防火有什么功能？为什么使用防火墙？并且正确配置阿姆瑞特防火墙，了解防火墙的正确配置方法，利用攻击手段体现防火墙的价值	实训室	分成若干学习小组 小组成员扮演不同角色
2. 本项目是应用漏洞扫描设备对本地的计算机或者网络的中的计算机进行扫描，发现系统当中或者网络当中存在的漏洞，并给出相应的报告。通过整个扫描过程我们学会旁路扫描设备的基本应用。	自从有了安全漏洞扫描器手工机械劳动就大大减轻。而今利用功能更为强大的硬件设备进行扫描探测，可以说给了网络安全维护人员 又一利器。它减轻了大量的探测、分析、报告的时间，大大提高了工作效率，降低了安全维护人员的门槛	实训室	分成若干学习小组 小组成员扮演不同角色

2. 子学习领域---教学单元转换设计

子学习领域课程内容和教学组织分析如表 12～表 17 所示。

表 12 子学习领域课程内容和教学组织分析表（1）

子学习领域 1	账 号 类 （4 学时）
学生行动内容	用啊 D 网络工具包扫描有 IPC$弱口令漏洞的机器，用上兴控制软件配置好上兴木马服务端，使用啊 D 网络工具包对目标机远程种植上兴木马，最终全权控制目标计算机
行动环境	学校实训室
教师传授知识	教学单元（初步） 知识点：木马 在计算机领域中，它是一种基于远程控制的黑客工具，具有隐蔽性和非授权性的特点。隐蔽性是指木马的设计者为了防止木马被发现，会采用多种手段隐藏木马，这样服务端即使发现感染了木马，由于不能确定其具体位置，往往只能望“马”兴叹。非授权性是指一旦控制端与服务端连接后，控制端将享有服务端的大部分操作权限，包括修改文件、修改注册表、控制鼠标、键盘等等，而这些权力并不是服务端赋予的，而是通过木马程序窃取的。 最初网络还处于以 UNIX 平台为主的时期，木马就产生了。木马发展到今天，已经无所不用其极，一旦被木马控制，电脑将毫无秘密可言
教学法选择	演示、讲授、分组讨论、模拟实战
教（学）件	《黑客攻防综合实训室建设指导书》、《黑客攻防综合实训教师上课指导书》、《黑客攻防黑客技术速查手册》、《黑客攻防综合实训教材教师版》、《黑客攻防综合实训教材学生版》
学生提交	《项目报告书》
评价方式	在课堂上引用虚拟货币的主要目的是：第一是模拟公司行为；第二是让学生看到奖励实物，增进上课的成就感；第三可以数字化评定各组以及组内成员的成绩。 （1）虚拟币——专用筹码方便发放和统计 （2）财务记录表——能清晰反映出学生个人与团队所做项目成果，另外一个目的就是让学生了解其本人的成绩和所在组的团队业绩，更有利于鼓励个人积极努力

表 13 子学习领域课程内容和教学组织分析表（2）

子学习领域 2	漏 洞 类 （16 学时）
学生行动内容	本项目是通过扫描工具捕捉在网络当中存在 MS06040 漏洞的主机，然后利用溢出工具对其进行溢出攻击，溢出成功后，可以添加相应的管理员用户，并最终控制目标服务器
行动环境	学校实训室

续表

子学习领域 2	漏　洞　类　（16 学时）
教师传授知识	教学单元（初步） 知识点：溢出 溢出是黑客利用操作系统的漏洞，专门开发了一种程序，加相应的参数运行后，就可以得到电脑具有管理员资格的控制权，在自己电脑上能够运行的东西黑客可以全部做到。在黑客频频攻击、在系统漏洞层出不穷的今天，为网络管理员、系统管理员虽然在服务器的安全上都下了不少工夫：诸如，及时打上系统安全补丁、进行一些常规的安全配置，但是仍然不太可能每台服务器都会在第一时间内给系统打上全新补丁。因此必须在还未被入侵之前，通过一些系列安全设置，来将入侵者们挡在"安全门"之外
教学法选择	讲授、演示、分组讨论、模拟实战
教（学）件	《黑客攻防综合实训室建设指导书》、《黑客攻防综合实训教师上课指导书》、《黑客攻防黑客技术速查手册》、《黑客攻防综合实训教材教师版》、《黑客攻防综合实训教材学生版》
学生提交	《项目报告书》
评价方式	在课堂上引用虚拟货币的主要目的是：第一是模拟公司行为；第二是让学生看到奖励实物，增进上课的成就感；第三可以数字化评定各组以及组内成员的成绩。 （1）虚拟币——专用筹码方便发放和统计 （2）财务记录表——能清晰反映出学生个人与团队做项目成果；另外一个目的就是让学生了解其本人的成绩和所在组的团队业绩，更有利于鼓励个人积极努力

表 14　子学习领域课程内容和教学组织分析表（3）

子学习领域 3	远　程　控　制　类　（10 学时）
学生行动内容	用 X-scan 扫出一台空口令的 Windows 2000 的主机，利用 OpenTelnet 取消目标机的 NTLM 认证，利用 Telnet 在目标机器上建立管理员账号，再利用 IPC$上传日志清除工具 ClearLog，清除入侵所被日志记录下的信息，最后用 Resumetelnet 恢复 Telnet 的默认设置
行动环境	学校实训室
教师传授知识	教学单元（初步） 知识点：Telnet Telnet 是一种字符模式的终端服务，它可以使用户坐在已上网的电脑键盘前通过网络进入远程主机，然后对远程主机进行操作。这种连通可以发生在局域网里，也可以通过互联网进行。被连通的计算机称为 Telnet Server，自己在使用的机器称为客户机或者终端。一旦连通后，客户机可以享有服务器所提供的一切服务，用户可以运行通常的交互过程（注册进入，执行命令）

续表

子学习领域 3	远　程　控　制　类　　　　(10 学时)
教师传授知识	NTLM 认证：NTLM 是 NT LAN Manager 的缩写，NTLM 是 Windows NT 早期版本的标准安全协议，是 Windows 2000 内置三种基本安全协议之一。Windows 2000 支持 NTLM 是为了保持向后兼容 NTLM 是以当前用户的身份向 Telnet 服务器发送登录请求的，而不是用扫到的对方管理员账户和密码登录，否则登录将会失败。举个例子来说，本地主机名为 A，入侵的远程主机名为 B，在主机 A 上的账户是 xinxin，密码是 1234，扫到主机 B 的管理员账号是 Administrator，密码是 5678，当 Telnet 登录到主机 B 时，NTLM 将自动以当前用户的账号和密码作为登录的凭据来进行上面的几项操作，即用 xinxin 和 1234，而并非用扫到的 Administrator 和 5678，且这些都是自动完成的，根本不给用户插手的机会，因此登录操作将失败
教学法选择	讲授、演示、分组讨论、模拟实战
教（学）件	《黑客攻防综合实训室建设指导书》、《黑客攻防综合实训教师上课指导书》、《黑客攻防黑客技术速查手册》、《黑客攻防综合实训教材教师版》、《黑客攻防综合实训教材学生版》
学生提交	《项目报告书》
评价方式	在课堂上引用虚拟货币的主要目的是：第一是模拟公司行为；第二是让学生看到奖励实物，增进上课的成就感；第三可以数字化评定各组以及组内成员的成绩。 （1）虚拟币——专用筹码方便发放和统计 （2）财务记录表——能清晰反映出学生个人与团队做项目成果；另外一个目的就是让学生了解其本人的成绩和所在组的团队业绩，更有利于鼓励个人积极努力

表 15　子学习领域课程内容和教学组织分析表（4）

子学习领域 4	网　站　类　　　　(14 学时)
学生行动内容	通过 Google 的搜索功能，可以很容易地找到自己想要查询的资料，但是也正是这种强大的功能让很多不易外露的敏感信息公之于众，这个项目通过运用这种功能掌握搜索敏感信息的同时，了解其方法，得以更好地防御敏感信息的外露
行动环境	学校实训室
教师传授知识	教学单元（初步） 知识点：常用的关键字 intext：这个就是把网页中的正文内容中的某个字符做为搜索条件。例如在 Google 里输入：intext:动网，将返回所有在网页正文部分包含“动网”的网页。allintext：使用方法和 intext 类似

续表

子学习领域 4	网　站　类　　（14 学时）
教师传授知识	intitle：和上面 intext 差不多，搜索网页标题中是否有我们所要找的字符。例如输入 intitle:xxx，将返回所有网页标题中包含"xxx"的网页。同理，allintitle:也同 intitle 类似 cache：搜索 Google 里关于某些内容的缓存，有时候也许能找到一些好东西 define：搜索某个词语的定义，输入 define:hacker，将返回关于 hacker 的定义 filetype：无论是撒网式攻击还是后面要说的对特定目标进行信息收集，都需要用到。搜索指定类型的文件。例如输入 filetype:doc，将返回所有以 doc 结尾的文件。当然如果你搜索.bak、.mdb 或.inc 也是可以的，获得的信息也许会更丰富
教学法选择	讲授、演示、分组讨论、模拟实战
教（学）件	《黑客攻防综合实训室建设指导书》、《黑客攻防综合实训教师上课指导书》、《黑客攻防黑客技术速查手册》、《黑客攻防综合实训教材教师版》、《黑客攻防综合实训教材学生版》
学生提交	《项目报告书》
评价方式	在课堂上引用虚拟货币的主要目的是：第一是模拟公司行为；第二是让学生看到奖励实物，增进上课的成就感；第三可以数字化评定各组以及组内成员的成绩。 （1）虚拟币——专用筹码方便发放和统计 （2）财务记录表——能清晰反映出学生个人与团队做项目成果；另外一个目的就是让学生了解其本人的成绩和所在组的团队业绩，更有利于鼓励个人积极努力

表 16　子学习领域课程内容和教学组织分析表（5）

子学习领域 5	服务器系统类　　（12 学时）
学生行动内容	一、利用 UICODE 漏洞，在浏览器中获取对方机器的 cmd，完全控制对方硬盘 二、利用 UICODE 漏洞，修改网页 三、利用 UICODE 漏洞，上传后门，再远程连接
行动环境	学校实训室
教师传授知识	教学单元（初步） 知识点：UNICODE 漏洞 NSFOCUS 安全小组发现 IIS 4.0 和 IIS 5.0 在 Unicode 字符解码的实现中存在一个安全漏洞，导致用户可以远程通过 IIS 执行任意命令。当 IIS 打开文件时，如果该文件名包含 unicode 字符，它会对其进行解码；如果用户提供一些特殊的编码，将导致 IIS 错误地打开或者执行某些 Web 根目录以外的文件
教学法选择	讲授、演示、分组讨论、模拟实战
教（学）件	《黑客攻防综合实训室建设指导书》、《黑客攻防综合实训教师上课指导书》、《黑客攻防黑客技术速查手册》、《黑客攻防综合实训教材教师版》、《黑客攻防综合实训教材学生版》
学生提交	《项目报告书》

续表

子学习领域 5	服务器系统类 （12 学时）
评价方式	在课堂上引用虚拟货币的主要目的是：第一是模拟公司行为；第二是让学生看到奖励实物，增进上课的成就感；第三可以数字化评定各组以及组内成员的成绩。 （1）虚拟币——专用筹码方便发放和统计 （2）财务记录表——能清晰反映出学生个人与团队做项目成果；另外一个目的就是让学生了解其本人的成绩和所在组的团队业绩。更有利于鼓励个人积极努力

表 17　子学习领域课程内容和教学组织分析表（6）

子学习领域 6	硬　件　类 （8 学时）
学生行动内容	正确配置硬件防火墙[阿姆瑞特防火墙]，防御外部扫描和攻击
行动环境	学校实训室
教师传授知识	教学单元（初步） 知识点 防火墙：所谓防火墙指的是一个有软件和硬件设备组合而成、在内部网和外部网之间、专用网与公共网之间的界面上构造的保护屏障，是一种获取安全性方法的形象说法。它是一种计算机硬件和软件的结合，使 Internet 与 Intranet 之间建立起一个安全网关（Security Gateway），从而保护内部网免受非法用户的侵入。防火墙主要由服务访问政策、验证工具、包过滤和应用网关 4 部分组成。 防火墙功能：防火墙对流经它的网络通信进行扫描，这样能够过滤掉一些攻击，以免其在目标计算机上被执行。防火墙还可以关闭不使用的端口。而且它还能禁止特定端口的流出通信，封锁特洛伊木马。最后，它可以禁止来自特殊站点的访问，从而防止来自不明入侵者的所有通信
教学法选择	讲授、演示、分组讨论、模拟实战
教（学）件	《黑客攻防综合实训室建设指导书》、《黑客攻防综合实训教师上课指导书》、《黑客攻防黑客技术速查手册》、《黑客攻防综合实训教材教师版》、《黑客攻防综合实训教材学生版》
学生提交	《项目报告书》
评价方式	在课堂上引用虚拟货币的主要目的是：第一是模拟公司行为；第二是让学生看到奖励实物，增进上课的成就感；第三可以数字化评定各组以及组内成员的成绩。 （1）虚拟币——专用筹码方便发放和统计 （2）财务记录表——能清晰反映出学生个人与团队做项目成果，另外一个目的就是让学生了解其本人的成绩和所在组的团队业绩，更有利于鼓励个人积极努力。

学习领域课程内容汇总表如表 18 所示。

表 18　学习领域课程内容汇总表

学习领域课程编号 10						
	子学习领域 1（4 学时）	子学习领域 2（16 学时）	子学习领域 3（10 学时）	子学习领域 4（14 学时）	子学习领域 5（12 学时）	子学习领域 6（8 学时）
学生行动	用啊 D 网络工具包扫描有 IPC$弱口令漏洞的机器，用上兴控制软件配置好上兴木马服务端，使用啊 D 网络工具包对目标机远程种植上兴木马，最终全权控制目标计算机	本项目是通过扫描工具捕捉在网络当中存在 MS06040 漏洞的主机，然后利用溢出工具对其进行溢出攻击。溢出成功后，可以添加相应的管理员用户，并最终控制目标服务器	用 X-scan 扫出一台空口令的 Windows 2000 的主机，利用 OpenTelnet 取消目标机的 NTLM 认证，利用 Telnet 在目标机器上建立管理员账号，再利用 IPC$上传日志清除工具 ClearLog，清除入侵被日志记录下的信息，最后用 Resumetelnet 恢复 Telnet 的默认设置	通过 Google 的搜索功能，可以很容易地找到自己想要查询的资料，但是也正是这种强大的功能让很多不易外露的敏感信息公之于众。这个项目通过运用这种功能掌握搜索敏感信息的同时，了解其方法，得以更好地防御敏感信息的外露	一、利用 UICODE 漏洞，在浏览器中获取对方机器的 cmd，完全控制对方硬盘 二、利用 UICODE 漏洞，修改网页 三、利用 UICODE 漏洞，上传后门，再远程连接	正确配置硬件防火墙[阿姆瑞特防火墙]，防御外部扫描和攻击
行动环境	黑客攻防实训室	黑客攻防实训室	黑客攻防实训室	黑客攻防实训室	黑客攻防实训室	黑客攻防实训室
教师传授	木马 在计算机领域中，它是一种基于远程控制的黑客工具，具有隐蔽性和非授权性的特点。隐蔽性是指木马的设计者为了防止木马被发现，会采用多种手段隐藏木马，这样服务端即	什么是溢出？ 溢出是黑客利用操作系统的漏洞，专门开发了一种程序，加相应的参数运行后，就可以得到电脑中具有管理员资格的控制权，在自己电脑上能够运行的东西他可以全部做	Telnet： Telnet 是一种字符模式的终端服务，它可以使用户坐在已上网的电脑键盘前通过网络进入远程主机，然后对远程主机进行操作。这种连通可以发生在局域网里，也可以通过互联	常用的关键字： intext：这个就是把网页中的正文内容中的某个字符做为搜索条件，例如在 Google 里输入 Intext:动网，将返回所有在网页正文部分包含“动网”的页。allintext:使用方法和 intext 类似	UNICODE 漏洞： NSFOCUS 安全小组发现 IIS 4.0 和 IIS 5.0 在 Unicode 字符解码的实现中存在一个安全漏洞，导致用户可以远程通过 IIS 执行任意命令。当 IIS 打开文件时，如果该文件名包含	防火墙： 所谓防火墙指的是一个有软件和硬件设备组合而成、在内部网和外部网之间、专用网与公共网之间的界面上构造的保护屏障，是一种获取安全性方法的形象说法，它是一种计算机硬

续表

学习领域课程编号 10						
	子学习领域 1 （4 学时）	子学习领域 2 （16 学时）	子学习领域 3 （10 学时）	子学习领域 4 （14 学时）	子学习领域 5 （12 学时）	子学习领域 6 （8 学时）
教师传授	使发现感染了木马，由于不能确定其具体位置，往往只能望“马”兴叹。非授权性是指一旦控制端与服务端连接后，控制端将享有服务端的大部分操作权限，包括修改文件、修改注册表、控制鼠标、键盘等等，而这些权力并不是服务端赋予的，而是通过木马程序窃取的。 最初网络还处于以 UNIX 平台为主的时期，木马就产生了。木马发展到今天，已经无所不用其极，一旦被木马控制，用户的电脑将毫无秘密可言	到，等于用户的电脑就是黑客的了。在黑客频频攻击、在系统漏洞层出不穷的今天，作为网络管理员、系统管理员的我们虽然在服务器的安全上都下了不少工夫：诸如，及时地打上系统安全补丁、进行一些常规的安全配置，但是仍然不太可能每台服务器都会在第一时间内给系统打上全新补丁。因此我们必须在还未被入侵之前，通过一些系列安全设置，来将入侵者们挡在“安全门”之外。	网进行。被连通的计算机称为 Telnet Server，自己在使用的机器称客户机或者终端。一旦连通后，客户机可以享有服务器所提供的一切服务，用户可以运行通常的交互过程(注册进入，执行命令)。 NTLM 认证： NTLM 是 NT LAN Manager 的缩写，NTLM 是 Windows NT 早期版本的标准安全协议，是 Windows 2000 内置三种基本安全协议之一。Windows 2000 支持 NTLM 是为了保持向后兼容。 NTLM 是以当前用户的身份向 Telnet 服务器发送登录请求的，而不是用扫到的对方管理员账户和密码登录，否则登录将会失败。举个例子来说，本地主机名为	intitle： 和上面那个 intext 差不多，搜索网页标题中是否有我们所要找的字符。例如输入 intitle:xxx，将返回所有网页标题中包含“xxx”的网页。同理 allintitle:也同 intitle 类似。 cache： 搜索 Google 里关于某些内容的缓存，有时候也许能找到一些好东西。 define： 搜索某个词语的定义，输入 define:hacker，将返回关于 hacker 的定义。 filetype： 这个需要重点推荐一下，无论是撒网式攻击还是后面要讲的对特定目标进行信息收集都需要用到这个。搜索指定类型的文件。例如输入 filetype:doc.将返回所有以.doc 为扩展名的	unicode 字符，它会对其进行解码，如果用户提供一些特殊的编码，将导致 IIS 错误地打开或者执行某些 Web 根目录以外的文件	件和软件的结合，使 Internet 与 Intranet 之间建立起一个安全网关（Security Gateway），从而保护内部网免受非法用户的侵入。防火墙主要由服务访问政策、验证工具、包过滤和应用网关 4 个部分组成。 防火墙功能： 防火墙对流经它的网络通信进行扫描，这样能够过滤掉一些攻击，以免其在目标计算机上被执行。防火墙还可以关闭不使用的端口。而且它还能禁止特定端口的流出通信，封锁特洛伊木马。最后，它可以禁止来自特殊站点的访问，从而防止来自不明入侵者的所有通信

续表

学习领域课程编号 10						
	子学习领域 1 （4 学时）	子学习领域 2 （16 学时）	子学习领域 3 （10 学时）	子学习领域 4 （14 学时）	子学习领域 5 （12 学时）	子学习领域 6 （8 学时）
			A，入侵的远程主机名为B，在主机 A 上的账户是 xinxin，密码是 1234，扫到主机 B 的管理员账号是 Administrator，密码是 5678，当 Telnet 到主机 B 时，NTLM 将自动以当前用户的账号和密码作为登录的凭据来进行上面的几项操作，即用 xinxin 和 1234，而并非用扫到的 Administrator 和 5678，且这些都是自动完成的，根本不给用户插手的机会，因此登录操作将失败	的文件 URL。当然，如果查找.bak、.mdb 或.inc 也是可以的，获得的信息也许会更丰富		
教（学）件	《黑客攻防综合实训室建设指导书》、《黑客攻防综合实训教师上课指导书》、《黑客攻防黑客技术速查手册》、《黑客攻防综合实训教材教师版》、《黑客攻防综合实训教材学生版》	《黑客攻防综合实训室建设指导书》、《黑客攻防综合实训教师上课指导书》、《黑客攻防黑客技术速查手册》、《黑客攻防综合实训教材教师版》、《黑客攻防综合实训教材学生版》	《黑客攻防综合实训室建设指导书》、《黑客攻防综合实训教师上课指导书》、《黑客攻防黑客技术速查手册》、《黑客攻防综合实训教材教师版》、《黑客攻防综合实训教材学生版》	《黑客攻防综合实训室建设指导书》、《黑客攻防综合实训教师上课指导书》、《黑客攻防黑客技术速查手册》、《黑客攻防综合实训教材教师版》、《黑客攻防综合实训教材学生版》	《黑客攻防综合实训室建设指导书》、《黑客攻防综合实训教师上课指导书》、《黑客攻防黑客技术速查手册》、《黑客攻防综合实训教材教师版》、《黑客攻防综合实训教材学生版》	《黑客攻防综合实训室建设指导书》、《黑客攻防综合实训教师上课指导书》、《黑客攻防黑客技术速查手册》、《黑客攻防综合实训教材教师版》、《黑客攻防综合实训教材学生版》

续表

学习领域课程编号 10						
	子学习领域 1 （4 学时）	子学习领域 2 （16 学时）	子学习领域 3 （10 学时）	子学习领域 4 （14 学时）	子学习领域 5 （12 学时）	子学习领域 6 （8 学时）
学生提交	《项目报告书》	《项目报告书》	《项目报告书》	《项目报告书》	《项目报告书》	《项目报告书》
考核方式	在课堂上引用虚拟货币的主要目的是：第一是模拟公司行为；第二是让学生看到奖励实物，增进上课的成就感；第三可以数字化评定各组以及组内成员的成绩。 （1）虚拟币——专用筹码方便发放和统计 （2）财务记录表——能清晰反映出学生个人与团队做项目成果。另外一个目的就是让学生了解其本人的成绩和所在组的团队业绩，更有利于鼓励个人积极努力	在课堂上引用虚拟货币的主要目的是：第一是模拟公司行为；第二是让学生看到奖励实物，增进上课的成就感；第三可以数字化评定各组以及组内成员的成绩。 （1）虚拟币——专用筹码方便发放和统计 （2）财务记录表——能清晰反映出学生个人与团队做项目成果。另外一个目的就是让学生了解其本人的成绩和所在组的团队业绩，更有利于鼓励个人积极努力	在课堂上引用虚拟货币的主要目的是：第一是模拟公司行为；第二是让学生看到奖励实物，增进上课的成就感；第三可以数字化评定各组以及组内成员的成绩。 （1）虚拟币——专用筹码方便发放和统计 （2）财务记录表——能清晰反映出学生个人与团队做项目成果。另外一个目的就是让学生了解其本人的成绩和所在组的团队业绩，更有利于鼓励个人积极努力	在课堂上引用虚拟货币的主要目的是：第一是模拟公司行为；第二是让学生看到奖励实物，增进上课的成就感；第三可以数字化评定各组以及组内成员的成绩。 （1）虚拟币——专用筹码方便发放和统计 （2）财务记录表——能清晰反映出学生个人与团队做项目成果。另外一个目的就是让学生了解其本人的成绩和所在组的团队业绩，更有利于鼓励个人积极努力	在课堂上引用虚拟货币的主要目的是：第一是模拟公司行为；第二是让学生看到奖励实物，增进上课的成就感；第三可以数字化评定各组以及组内成员的成绩。 （1）虚拟币——专用筹码方便发放和统计 （2）财务记录表——能清晰反映出学生个人与团队做项目成果。另外一个目的就是让学生了解其本人的成绩和所在组的团队业绩，更有利于鼓励个人积极努力	在课堂上引用虚拟货币的主要目的是：第一是模拟公司行为；第二是让学生看到奖励实物，增进上课的成就感；第三可以数字化评定各组以及组内成员的成绩。 （1）虚拟币——专用筹码方便发放和统计 （2）财务记录表——能清晰反映出学生个人与团队做项目成果。另外一个目的就是让学生了解其本人的成绩和所在组的团队业绩，更有利于鼓励个人积极努力

学习领域课程行动环境表19所示。

表19　学习领域课程行动环境汇总表

学习领域课程编号10		黑客攻防技术			
子学习领域编号	子学习领域名称	学校实训室	企业训练中心	企业生产现场	其他学习训练环境
子学习领域1	账号类	黑客攻防实训室			
子学习领域2	漏洞类	黑客攻防实训室			
子学习领域3	远程控制类	黑客攻防实训室			
子学习领域4	网站类	黑客攻防实训室			
子学习领域5	服务器系统类	黑客攻防实训室			
子学习领域6	硬件类	黑客攻防实训室			

学习领域课程行动环境分析：

本实训室是目前国内在信息安全领域当中比较先进的实训室，投入设备全面，功能齐备，能够满足大中型网络安全实验、项目工程部署实施实验。本实训室同时能够容纳6个团队进行攻防项目实施，6个莲花桌，每次可以满足30人共同实验，是信息安全教学中案例教学、项目教学的理想配置。

学习领域课程教学-学习资源汇总如表20所示。

表20　学习领域课程教学-学习资源汇总表

学习领域编号	学习领域名称	电子教案	主教材	学件（学生手册、作业纸等）	教件（教师手册等）	参考资料（理论依据、技术规范）	电子资源库（题库、试题库、案例库等）
10	黑客攻防技术	课件、黑客攻防技术PPT、各种相关开发文档	《黑客攻防综合实训》	项目报告	课件《黑客攻防综合实训室建设指导书》、《黑客攻防综合实训教师上课指导书》、《黑客攻防黑客技术速查手册》、《黑客攻防综合实训教材教师版》、《黑客攻防综合实训教材学生版》	《黑客攻防技术入门》、《黑客攻防入侵实例讲解》	黑客攻防课程管理平台（内部独立开发管理系统）

3. 学习领域课程大纲设计

学习领域课程教学大纲如表21所示。

表 21　学习领域课程教学大纲表

<table>
<tr><td colspan="2">学习领域课程 10</td><td colspan="2">黑客攻防技术</td></tr>
<tr><td rowspan="2">讲授单元</td><td colspan="2">名　　称</td><td>学　时</td></tr>
<tr><td colspan="2">子学习领域课程 1：账号类
1. 基于 IPC$弱口令的 DOS 命令入侵
2. 简单文件型 DOS 病毒制作</td><td>4</td></tr>
<tr><td>行动单元</td><td colspan="3">子学习领域课程 1　　子学习领域课程名称：账号类　　学时：4
项目名称：
1、基于 IPC$弱口令的 DOS 命令入侵
2、简单文件型 DOS 病毒制作
项目教学性质：仿真与设计相结合
工作程序：学生根据教师给出的具体项目，分成若干学习小组。流程为了解项目背景→学习项目意义→知晓项目任务→部署实施环境→入侵实施→防御方法与项目总结
具体工作过程如下：
通过扫描局域网内存活的计算机，查看存活的计算机是否存在 IPC 漏洞，并通过技术手段对存在 IPC 漏洞的计算机进行入侵活动，项目的目的是通过对 IPC 漏洞的入侵，最终拿到目标计算机的控制权。通过对汇编 asm 病毒源代码进行编译、链接、生成可执行文件，再执行生成的文件，检验生成的程序的功能：感染.COM 执行文件。病毒把自己链接到被感染文件的尾部
教学程序：5 分钟，分组（确定组员、职位、组名、组呼、组歌）
举例：
组名：网络之星
组呼：新网络，人为本
组歌：《飞得更高》
……
我要飞得更高飞得更高
狂风一样舞蹈挣脱怀抱
我要飞得更高飞得更高
翅膀卷起风暴心生呼啸
……
25 分钟：教师宣布此次项目任务，由项目经理来领取项目文档要求（以活页纸的方式发放），并由全体项目成员分析讨论，确定此次项目如何实施，并于 20 分钟后由各个项目组推荐一名成员分析讲解对项目的理解及实施思路
20 分钟：各个个项目组讲解每个项目完成的思路和方法，每组 3 分钟，共 18 分钟。项目中需要体现出攻击与防御的思想和方法
注：教师可根据实际情况来控制。比如只要求两三个组讲解
45 分钟：各个项目组完成自己的项目任务。教师参与期间的解答和协调工作。适当发放试验步骤的内容
10 分钟：各项目组互相沟通和交流
5 分钟：教师做最后的全面点评，各个项目组文档的整理和归档
注：从上课开始到结束，教师可根据实际情况，用虚拟货币（虚拟货币后面介绍）对小组进行一定的奖励，以奖励本小组成员，并起到激励其他小组的效果</td></tr>
</table>

续表

<table>
<tr><td colspan="2">学习领域课程 10</td><td colspan="2">黑客攻防技术</td></tr>
<tr><td>行动单元</td><td colspan="3">职业竞争力培养要点：针对高等职业教育信息安全技术专业，结合国家职业资格认证、就业市场岗位分析和专家访谈会，确定高等职业教育信息安全技术专业面向的职业岗位。与本专业相对应的最主要职业是国家职业资格中的信息安全工程师。就业市场中的其他岗位还有：网络与系统安全管理员、信息安全产品技术支持、信息安全产品开发与测试、信息安全产品销售等。
教学环境：黑客攻防实训室
教（学）件：《黑客攻防综合实训室建设指导书》、《黑客攻防综合实训教师上课指导书》、《黑客攻防黑客技术速查手册》、《黑客攻防综合实训教材教师版》、《黑客攻防综合实训教材学生版》
评价方式：
在课堂上引用虚拟货币的主要目的是：第一是模拟公司行为；第二是让学生看到奖励实物，增进上课的成就感；第三可以数字化评定各组以及组内成员的成绩
（1）虚拟币——专用筹码方便发放和统计
（2）财务记录表——能清晰反映出学生个人与团队做项目成果。另外一个目的就是让学生了解其本人的成绩和所在组的团队业绩，更有利于鼓励个人积极努力
学时：4 时</td></tr>
<tr><td rowspan="2">讲授单元</td><td colspan="2">名　　称</td><td>学　时</td></tr>
<tr><td colspan="2">子学习领域课程 2：漏洞类
1. 基于溢出的入侵
2. 信息收集与嗅探
3. 终极免杀
4. 无 arp 欺骗的嗅探-终极会话劫持技术
5. 上兴木马手工查杀
6. 缓冲区溢出工具编写</td><td>16</td></tr>
<tr><td>行动单元</td><td colspan="3">子学习领域课程 2　　子学习领域课程名称：漏洞类　　学时：16
项目名称：
1. 基于溢出的入侵
2. 信息收集与嗅探
3. 终极免杀
4. 无 arp 欺骗的嗅探-终极会话劫持技术
5. 上兴木马手工查杀
6. 缓冲区溢出工具编写
项目教学性质：仿真与设计相结合
工作程序：学生根据教师给出的具体项目，分成若干学习小组。流程为：了解项目背景→学习项目意义→知晓项目任务→部署实施环境→入侵实施→防御方法与项目总结
具体工作过程如下：
通过扫描工具捕捉在网络当中存在 MS06040 漏洞的主机，然后利用溢出工具对其进行溢出攻击，溢出成功后，可以添加相应的管理员用户，并最终控制目标服务器
通过熟练运用 CAIN 中 ARP 欺骗的功能，达到窃取重要信息的目的，并由此了解 ARP 欺骗的过程与原理，知晓防御 ARP 欺骗的重要性</td></tr>
</table>

续表

学习领域课程 10	黑客攻防技术
行动单元	实验六种不同的方法免杀： 一、用 PEditor 打开无壳木马程序，把原入口点加 1 二、加花指令法免杀：用 OllyDbg 打开无壳的木马程序，找到零区域，把准备好的花指令填进去。填好后再跳回到入口点。保存好后，再用 PEditor 把入口点改成零区域处填入的花指令的地址。加了花指令后就基本达到大量杀毒软件的免杀 三、加壳或加伪装壳 四、打乱壳的头文件或壳中加花：把没加过壳的木马程序用 UPX 加层壳，然后用秘密行动这款工具中的 SCramble 功能把 UPX 壳的头文件打乱，从而达到免杀效果 五、RP 欺骗的嗅探-终极会话劫持技术 六、用上兴软件配置好服务端，用啊 D 种植到虚拟机里，在虚拟机里用 SRENG 软件进行系统诊断，分析诊断结果报告。在虚拟机手工杀掉上兴木马 通过用 VC6 对一缓冲区攻击的源代码（C 语言）的编译执行，生成攻击工具，用工具对有此漏洞的机器进行攻击（虚拟机），验证程序的正确性，体会攻击工具是如何编制的。 教学程序：5 分钟，分组（确定组员、职位、组名、组呼、组歌） 25 分钟：教师宣布此次项目任务，由项目经理来领取项目文档要求（以活页纸的方式发放），并由全体项目成员分析讨论，确定此次项目如何实施，并于 20 分钟后由各个项目组推荐一名成员分析讲解对项目的理解及实施思路 20 分钟：各个项目组讲解每个项目完成的思路和方法，每组 3 分钟，共 18 分钟，项目中需要体现出攻击与防御的思想和方法 注：教师可根据实际情况来控制，比如只要求两三个组讲解。 45 分钟：各个项目组完成自己的项目任务。教师参与期间的解答和协调工作。适当发放试验步骤的内容 10 分钟：各项目组互相沟通和交流 5 分钟：教师做最后的全面点评，各个项目组文档的整理和归档 注：从上课开始到结束，教师可根据实际情况，用虚拟货币（虚拟货币后面介绍）对小组进行一定的奖励，以奖励本小组成员，并起到激励其他小组的效果 职业竞争力培养要点：针对高等职业教育信息安全技术专业，结合国家职业资格认证、就业市场岗位分析和专家访谈会，确定高等职业教育信息安全技术专业面向的职业岗位。与本专业相对应的最主要职业的是国家职业资格中的信息安全工程师，就业市场中的其他岗位还有：网络与系统安全管理员、信息安全产品技术支持、信息安全产品开发与测试、信息安全产品销售等。 教学环境：黑客攻防实训室 教（学）件：《黑客攻防综合实训室建设指导书》、《黑客攻防综合实训教师上课指导书》、《黑客攻防黑客技术速查手册》、《黑客攻防综合实训教材教师版》、《黑客攻防综合实训教材学生版》 评价方式： 在课堂上引用虚拟货币的主要目的是：第一是模拟公司行为；第二是让学生看到奖励实物，增进上课的成就感；第三可以数字化评定各组以及组内成员的成绩。 （1）虚拟币——专用筹码方便发放和统计 （2）财务记录表——能清晰反映出学生个人与团队做项目成果，我们的另外一个目的就是让学生了解其本人的成绩和所在组的团队业绩。更有利于鼓励个人积极努力。 学时：16 学时

续表

<table>
<tr><td colspan="2">学习领域课程 10</td><td colspan="2">黑客攻防技术</td></tr>
<tr><td rowspan="2">讲授单元</td><td colspan="2">名　称</td><td>学　时</td></tr>
<tr><td colspan="2">子学习领域课程 3：远程控制类
1. 远程登录入侵
2. 上兴木马入侵
3. 用 RAR 打造捆绑利器
4. 木马加壳技术
5. 肉鸡跳板的制作</td><td>10</td></tr>
<tr><td>行动单元</td><td colspan="3">子学习领域课程 3　　子学习领域课程名称：远程控制类　　学时：10
项目名称：
1. 远程登录入侵
2. 上兴木马入侵
3. 用 RAR 打造捆绑利器
4. 木马加壳技术
5. 肉鸡跳板的制作
项目教学性质：仿真与设计相结合
工作程序：学生根据教师给出的具体项目，分成若干学习小组。流程为：了解项目背景→学习项目意义→知晓项目任务→部署实施环境→入侵实施→防御方法与项目总结
具体工作过程如下：
用 X-scan 扫出一台空口令的 Windows 2000 的主机，利用 OpenTelnet 取消目标机的 NTLM 认证，利用 Telnet 在目标机器上建立管理员账号，再利用 IPC$上传日志清除工具 ClearLog，清除入侵所被日志记录下的信息，最后用 Resumetelnet 恢复 Telnet 的默认设置
用啊 D 网络工具包扫描有 IPC$弱口令漏洞的机器，用上兴控制软件配置好上兴木马服务端，使用啊 D 网络工具包对目标机远程种植上兴木马，最终全权控制目标计算机
在熟练运用上兴软件的基础上，加深对上兴服务端的配置的学习，并且根据实际需要将服务端以和 TXT 文档用 RAR 捆绑的方式来将服务端隐藏起来，达到神出鬼没的效果，加深对此类病毒或者木马的防御的能力
通过寻找肉鸡，将代理工具复制到肉鸡的机器里，远程登录肉鸡，安装代理，把肉鸡的机器设置为代理服务器，所有网络行为都通过肉鸡代理，以后所有的攻击留下的 IP 地址都是肉鸡的 IP 地址。可以设置多级代理
教学程序：5 分钟，分组（确定组员、职位、组名、组呼、组歌）
25 分钟：教师宣布此次项目任务，由项目经理来领取项目文档要求（以活页纸的方式发放），并由全体项目成员分析讨论，确定此次项目如何实施，并于 20 分钟后由各个项目组推荐一名成员分析讲解对项目的理解及实施思路
20 分钟：各个项目组讲解每个项目完成的思路和方法，每组 3 分钟，共 18 分钟，项目中需要体现出攻击与防御的思想和方法
注：教师可根据实际情况来控制。比如只要求两三个组讲解
45 分钟：各个项目组完成自己的项目任务。教师参与期间的解答和协调工作。适当发放试验步骤的内容
10 分钟：各项目组互相沟通和交流
5 分钟：教师做最后的全面点评，各个项目组文档的整理和归档
注：从上课开始到结束，教师可根据实际情况，用虚拟货币（虚拟货币后面介绍）对小组进行一定的奖励，以奖励本小组成员，并起到激励其他小组的效果
职业竞争力培养要点：针对高等职业教育信息安全技术专业，结合国家职业资格认证、就业市场岗位分析和专家访谈会，确定高等职业教育信息安全技术专业面向的职业岗位。与本专业相对应的最主要职业的是国家职业资格中的信息安全工程师。就业市场中的其他岗位还有：网络与系统安全管理员、信息安全产品技术支持、信息安全产品开发与测试、信息安全产品销售等</td></tr>
</table>

续表

<table>
<tr><td colspan="2">学习领域课程 10</td><td colspan="2">黑客攻防技术</td></tr>
<tr><td>行动单元</td><td colspan="3">教学环境：黑客攻防实训室
教（学）件：《黑客攻防综合实训室建设指导书》、《黑客攻防综合实训教师上课指导书》、《黑客攻防黑客技术速查手册》、《黑客攻防综合实训教材教师版》、《黑客攻防综合实训教材学生版》
评价方式：
在课堂上引用虚拟货币的主要目的是：第一是模拟公司行为；第二是让学生看到奖励实物，增进上课的成就感；第三可以数字化评定各组以及组内成员的成绩
（1）虚拟币——专用筹码方便发放和统计
（2）财务记录表——能清晰反映出学生个人与团队做项目成果。另外一个目的就是让学生了解其本人的成绩和所在组的团队业绩，更有利于鼓励个人积极努力
学时：10 学时</td></tr>
<tr><td rowspan="2">讲授单元</td><td colspan="2">名　　　　称</td><td>学　　时</td></tr>
<tr><td colspan="2">子学习领域课程 4：网站类
1. 利用 Google 获得敏感信息
2. 经典脚本入侵
3. cookeis 欺骗
4. asp+access 网站入侵（工具）
5. asp+access 网站入侵（手工）
6. MSSQL 注射
7. 手工 SQL 注入入侵网站</td><td>14</td></tr>
<tr><td>行动单元</td><td colspan="3">子学习领域课程 4　　子学习领域课程名称：网站类　　学时：14
项目名称：
1. 利用 Google 获得敏感信息
2. 经典脚本入侵
3. cookeis 欺骗
4. asp+access 网站入侵（工具）
5. asp+access 网站入侵（手工）
6. MSSQL 注射
7. 手工 SQL 注入入侵网站
项目教学性质：仿真与设计相结合
工作程序：学生根据教师给出的具体项目，分成若干学习小组。流程为：了解项目背景→学习项目意义→知晓项目任务→部署实施环境→入侵实施→防御方法与项目总结
具体工作步骤如下：
Google 的搜索功能，可以使用户很容易找到自己想要查询的资料，但是也正是这种强大的功能让很多不易外露的敏感信息公之于众。这个项目通过运用这种功能掌握搜索敏感信息的同时，了解其方法，得以更好地防御敏感信息的外露
本项目通过工具对动网论坛进行脚本攻击，方法较为简单，直接利用工具明小子，利用比较传统的上传漏洞 UPFILE.ASP，上传木马后可以直接控制对方服务器
此次项目相对工具入侵来说相对复杂些，我们把工具所所的工具都用手工来做，首先用手工来检测网站存在漏洞的网页，检测到相应的网页后，进一步对网站的数据库位置以及数据库常用管理员的表、数据表当中的列进行猜解，最终获得管理员账号和密码。当然整个过程只是相对来说复杂些，但是当思路清晰的时候也就是机械劳动和顺水推舟之事
在虚拟机里安装 SQL 2000 数据库，建立一个名为 test 的数据库，test 库内建立一个 test 表，再添加一个名为 id 的列应用程序，服务器 IIS 含有 sql 注入漏洞的 asp 程序一个</td></tr>
</table>

续表

<table>
<tr><td colspan="2">学习领域课程 10</td><td colspan="2">黑客攻防技术</td></tr>
<tr><td>行动单元</td><td colspan="3">教学程序：5 分钟，分组（确定组员、职位、组名、组呼、组歌）
25 分钟：教师宣布此次项目任务，由项目经理来领取项目文档要求（以活页纸的方式发放），并由全体项目成员分析讨论，确定此次项目如何实施，并于 20 分钟后由各个项目组推荐一名成员分析讲解对项目的理解及实施思路
20 分钟：各个项目组讲解每个项目完成的思路和方法，每组 3 分钟，共 18 分钟，项目中需要体现出攻击与防御的思想和方法
注：教师可根据实际情况来控制。比如只要求两三个组讲解
45 分钟：各个项目组完成自己的项目任务。教师参与期间的解答和协调工作。适当发放试验步骤的内容。
10 分钟：各项目组互相沟通和交流
5 分钟：教师做最后的全面点评，各个项目组文档的整理和归档
注：从上课开始到结束，教师可根据实际情况，用虚拟货币（虚拟货币后面介绍）对小组进行一定的奖励，以奖励本小组成员，并起到激励其他小组的效果
职业竞争力培养要点：针对高等职业教育信息安全技术专业，结合国家职业资格认证、就业市场岗位分析和专家访谈会，确定高等职业教育信息安全技术专业面向的职业岗位。与本专业相对应的最主要职业的是国家职业资格中的信息安全工程师，就业市场中的其他岗位还有：网络与系统安全管理员、信息安全产品技术支持、信息安全产品开发与测试、信息安全产品销售等
教学环境：黑客攻防实训室
教（学）件：《黑客攻防综合实训室建设指导书》、《黑客攻防综合实训教师上课指导书》、《黑客攻防黑客技术速查手册》、《黑客攻防综合实训教材教师版》、《黑客攻防综合实训教材学生版》
评价方式：
在课堂上引用虚拟货币的主要目的是：第一是模拟公司行为；第二是让学生看到奖励实物，增进上课的成就感；第三可以数字化评定各组以及组内成员的成绩
（1）虚拟币——专用筹码方便发放和统计
（2）财务记录表——能清晰反映出学生个人与团队做项目成果。另外一个目的就是让学生了解其本人的成绩和所在组的团队业绩，更有利于鼓励个人积极努力
学时：14 学时</td></tr>
<tr><td rowspan="2">讲授单元</td><td colspan="2">名　　称</td><td>学　　时</td></tr>
<tr><td colspan="2">子学习领域课程 5：服务器系统类
1. UNICODE 漏洞攻击
2. 基于 IIS 服务器的入侵
3. 针对服务器的网络僵尸 DDoS 攻击
4. 系统加固</td><td>12</td></tr>
<tr><td>行动单元</td><td colspan="3">子学习领域课程 5　子学习领域课程名称：服务器系统类 学时：12
项目名称：1. UNICODE 漏洞攻击
2. 基于 IIS 服务器的入侵
3. 针对服务器的网络僵尸 DDoS 攻击
4. 系统加固项目
教学性质：仿真与设计相结合
工作程序：学生根据教师给出的具体项目，分成若干学习小组。程序为：了解项目背景→学习项目意义→知晓项目任务→部署实施环境→入侵实施→防御方法与项目总结
具体步骤如下：
1. 利用 UICODE 漏洞，在浏览器中获取对方机器的 cmd 完全控制对方硬盘；利用 UICODE 漏洞，修改网页；利用 UICODE 漏洞，上传后门，再远程连接上</td></tr>
</table>

续表

<table>
<tr><td colspan="2">学习领域课程 10</td><td colspan="2">黑客攻防技术</td></tr>
<tr><td>行动单元</td><td colspan="3">2. 本项目通过工具扫描，发现存在写权限安全漏洞的网站，对其进行探测，并通过写入工具把木马直接写入到 Web 服务器网站根目录，通过重命名方式将木马更名，这样就可以直接跳过防火墙访问服务器，并可以进一步获得其他权限
3. 通过木马程序对服务器进行 DDoS 攻击，使得目标主机不接收新的请求，来完成对目标机系统资源的消耗
4. 根据 2003 系统的特点，对已知系统中存在的文件系统、用户权限、注册表等易受攻击的环节进行加固
教学程序：5 分钟，分组（确定组员、职位、组名、组呼、组歌）
25 分钟：教师宣布此次项目任务，由项目经理来领取项目文档要求（以活页纸的方式发放），并由全体项目成员分析讨论，确定此次项目如何实施，并于 20 分钟后由各个项目组推荐一名成员分析讲解对项目的理解及实施思路
20 分钟：各个个项目组讲解每个项目完成的思路和方法，每组 3 分钟，共 18 分钟，项目中需要体现出攻击与防御的思想和方法
注：教师可根据实际情况来控制。比如只要求两三个组讲解
45 分钟：各个项目组完成自己的项目任务。教师参与期间的解答和协调工作。适当发放试验步骤的内容
10 分钟：各项目组互相沟通和交流
5 分钟：教师做最后的全面点评，各个项目组文档的整理和归档
注：从上课开始到结束，教师可根据实际情况，用虚拟货币（虚拟货币后面介绍）对小组进行一定的奖励，以奖励本小组成员，并起到激励其他小组的效果
职业竞争力培养要点：针对高等职业教育信息安全技术专业，结合国家职业资格认证、就业市场岗位分析和专家访谈会，确定高等职业教育信息安全技术专业面向的职业岗位。与本专业相对应的最主要职业是国家职业资格中的信息安全工程师。就业市场中的其他岗位还有：网络与系统安全管理员、信息安全产品技术支持、信息安全产品开发与测试、信息安全产品销售等
教学环境：黑客攻防实训室
教（学）件：《黑客攻防综合实训室建设指导书》、《黑客攻防综合实训教师上课指导书》、《黑客攻防黑客技术速查手册》、《黑客攻防综合实训教材教师版》、《黑客攻防综合实训教材学生版》
评价方式：
在课堂上引用虚拟货币的主要目的是：第一是模拟公司行为；第二是让学生看到奖励实物，增进上课的成就感；第三可以数字化评定各组以及组内成员的成绩
（1）虚拟币——专用筹码方便发放和统计
（2）财务记录表——能清晰反映出学生个人与团队做项目成果。另外一个目的就是让学生了解其本人的成绩和所在组的团队业绩，更有利于鼓励个人积极努力
学时：12 学时</td></tr>
<tr><td rowspan="2">讲授单元</td><td colspan="2">名　　称</td><td>学　　时</td></tr>
<tr><td colspan="2">子学习领域课程 6：硬件类
1. 基础网络硬件设备的安全部署
2. 常用硬件安全设备的应用</td><td>8</td></tr>
<tr><td>行动单元</td><td colspan="3">子学习领域课程 6　　子学习领域课程名称：硬件类　　学时：8
项目名称：
1. 基础网络硬件设备的安全部署
2. 常用硬件安全设备的应用
项目教学性质：仿真与设计相结合
工作程序：学生根据教师给出的具体项目，分成若干学习小组。程序为：了解项目背景→→学习项目意义→知晓项目任务→部署实施环境→入侵实施→防御方法与项目总结</td></tr>
</table>

续表

<table>
<tr><td colspan="2">学习领域课程 10</td><td>黑客攻防技术</td></tr>
<tr><td>行
动
单
元</td><td colspan="2">具体步骤如下：
1. 正确配置硬件防火墙[阿姆瑞特防火墙]，防御外部扫描和攻击
2. 目是应用漏洞扫描设备对本地的计算机或者网络的中的计算机进行扫描，发现系统当中或者网络当中存在的漏洞，并给出相应的报告。通过整个扫描过程我们学会旁路扫描设备的基本应用
教学程序：5 分钟，分组（确定组员、职位、组名、组呼、组歌）
25 分钟：教师宣布此次项目任务，由项目经理来领取项目文档要求（以活页纸的方式发放），并由全体项目成员分析讨论，确定此次项目如何实施，并于 20 分钟后由各个项目组推荐一名成员分析讲解对项目的理解及实施思路
20 分钟：各个项目组讲解每个项目完成的思路和方法，每组 3 分钟，共 18 分钟，项目中需要体现出攻击与防御的思想和方法
注：教师可根据实际情况来控制。比如只要求两三个组讲解
45 分钟：各个项目组完成自己的项目任务。教师参与期间的解答和协调工作。适当发放试验步骤的内容
10 分钟：各项目组互相沟通和交流
5 分钟：教师做最后的全面点评，各个项目组文档的整理和归档
注：从上课开始到结束，教师可根据实际情况，用虚拟货币（虚拟货币后面介绍）对小组进行一定的奖励，以奖励本小组成员，并起到激励其他小组的效果
职业竞争力培养要点：针对高等职业教育信息安全技术专业，结合国家职业资格认证、就业市场岗位分析和专家访谈会，确定高等职业教育信息安全技术专业面向的职业岗位。与本专业相对应的最主要职业是国家职业资格中的信息安全工程师。就业市场中的其他岗位还有：网络与系统安全管理员、信息安全产品技术支持、信息安全产品开发与测试、信息安全产品销售等。
教学环境：黑客攻防实训室
教（学）件：《黑客攻防综合实训室建设指导书》、《黑客攻防综合实训教师上课指导书》、《黑客攻防黑客技术速查手册》、《黑客攻防综合实训教材教师版》、《黑客攻防综合实训教材学生版》
评价方式：
在课堂上引用虚拟货币的主要目的是：第一是模拟公司行为；第二是让学生看到奖励实物，增进上课的成就感；第三可以数字化评定各组以及组内成员的成绩。
（1）虚拟币——专用筹码方便发放和统计
（2）财务记录表——能清晰反映出学生个人与团队做项目成果。另外一个目的就是让学生了解其本人的成绩和所在组的团队业绩，更有利于鼓励个人积极努力
学时：8 学时</td></tr>
</table>

小　结

职业教育课程改革需要和企业深度合作，了解企业的真正需求。企业的需求可以指导职业教育如何育人，如何培养出企业需要的合格人才。合作的课程改革、课程开发，校企联合订单培养等一系列合作模式，正是校企深度合作的最好体现。

基于工作过程、项目驱动的课程改革，将对现行传统的教育方法和手段产生深远的影响和广泛的意义，将成为职业教育的培养适合企业人才的最有力的证明。同时，本轮课程改革也对从事高等职业教育的教师提出了更高的要求：不但要拥有丰富的教学经验还需要有丰富的企业项目经验。同时对实训环境也提出了较高的要求，学校需要建立和企业相一致的实训环境。

第三部分

非计算机专业计算机教育中的课程参考方案

“电子商务应用”课程参考方案

邢台职业技术学院　　赵　胜　孙永道　褚建立

一、指导思想

本课程是市场营销、物流管理、工商管理、信息管理等营销管理类专业学生学习电子商务知识、掌握电子商务技能的一门公共基础课程。本课程内容的选取既考虑应用性人才培养的特点，又使学生具有一定的可持续发展性。教学中贯彻“以应用为目的，以必需够用为度”的原则，教学重点放在“掌握概念，强化应用，培养能力，提高素质”上。通过本课程的学习，使学生从整体上了解电子商务的基础理论，认识电子商务的发展趋势，熟悉电子商务的运作形态，掌握从事电子商务工作的基本技能，具备从事电子商务工作的综合职业能力。

二、课程目标设计

1. 课程目标

本课程的目标是通过对电子商务及其应用的整体介绍，让学生了解电子商务的基础理论知识，掌握电子商务的基本技术和基本操作流程，使学生从电子商务的基础知识、基本理论、基本技术到基本应用和实施等各方面有一个比较全面的了解、认识和把握，从而具备从事电子商务工作的综合职业能力。通过本课程的学习，使学生掌握电子商务基本原理与规律和电子商务常规应用的基本概念与理论；具备网络技术综合应用、电子商务交易的操作和后台业务流程处理等电子商务应用技术的能力；能够独立或协同完成电子商务信息处理、网络商贸洽谈、企业网络营销策划与实施、应用和操作电子商务交易系统、网上商城自主创业等工作。

2. 基本能力与任务

（1）能力目标

通过本课程的学习与训练，让学生了解电子商务的基本理论知识、掌握电子商务的基本技术和基本操作流程，对电子商务的影响和发展趋势有比较准确的认识，掌握互联网基础应用、网络信息处理、商务沟通与交流、网络营销、电子交易等技巧技能，使学生具备从事电子商务应用与实践的基本能力。能力目标主要如下：能认知和把握电子商务的应用原理和规律；能利用电子商务理论知识指导电子商务实践；能识别、排除互联网应用常规故障；能利用网络工具进行高效的商务信息检索与处理；能利用即时通信工具和 Web 2.0 技术进行商务沟通与交流；能够策划实施企业电子商务营销；能熟练操作电子商务交易系统和后台业务流程处理；初步具备管理电子商务工作的能力；具备辩证的思维能力和良好的职业道德。

（2）课程任务

为了达到课程的目标，本课程将通过电子商务基础理论知识、电子商务基本技术、电子商务沟通与交流、电子商务信息服务、电子商务营销、电子商务支付、电子商务交易、电子商务安全和移动电子商务的学习和训练，使学生能够完成（进行）电子商务信息处理、电子商务沟通与交流、企业网络营销策划与实施、企业电子商务应用、应用和操作电子商务交易系统等工作。

三、课程内容

第 1 单元　电子商务基础知识

知识点：电子商务的含义与特点、电子商务的核心和本质、电子商务的产生与发展；电子商务的主要模式、种类及对社会的影响。

能力点：能够认知、理解电子商务的基本理论，熟练掌握电子商务的交易流程，认识电子商务对社会、经济等领域的影响。

1–1 电子商务的基本概念

主要内容：认识电子商务。

基本要求：在多媒体教室，通过多媒体课件和互联网资源进行案例启发式教学，使学生掌握并理解电子商务的含义、特点、主要交易模式等基础理论知识，并能灵活应用、指导电子商务实践活动。

1–2 电子商务的应用

主要内容：认知电子商务应用。

基本要求：在多媒体教室，通过多媒体课件和应用实例进行启发式教学，使学生熟悉电子商务的发展历程，掌握电子商务的结构模型，熟悉电子商务的应用领域，认知电子商务对社会的影响，对电子商务的发展动态有较敏锐的洞察力，能比较准确地预测电子商务发展趋势。

第 2 单元　电子商务基础技术

知识点：Internet 的分类、定义、接入方式，Internet 服务，TCP/IP 协议，域名服务；EDI，EDI 标准，EDI 构成要素和特点。

能力点：了解网络的基本概念知识，掌握互联网相关技术，熟悉常用互联网服务；掌握 EDI 定义、构成和标准；理解 Internet、EDI 与电子商务的关系。

2-1 任务 1：Internet 技术应用

主要内容：对网络连接和浏览器进行设置，连入互联网，体验互联网服务。

基本要求：在电子商务实训室，通过实物展示、操作演练教学，使学生了解互联网基础知识，掌握互联网相关技术，熟悉互联网接入和服务，能够对互联网络熟练应用，并且能够检测和排除互联网应用中的常规故障。

2-2 任务 2：EDI 技术应用

主要内容：通过 EDI 模拟系统完成电子报文传输。

基本要求：在电子商务实训室 EDI 模拟系统上操作演练教学，使学生了解 EDI 基础知识和原理，掌握 EDI 组成结构和应用方法，熟悉 EDI 的应用特点和相关标准，能够熟练操作 EDI 系统。

第 3 单元　电子商务信息服务

知识点：网络商务信息的分类、检索、采集和整理。

能力点：掌握网络商务信息检索和采集的方法和技巧，熟练应用网络商务信息检索和下载的相关工具，能够对网络商务信息进行科学处理和有效利用。

3-1 任务 3：搜索引擎应用

主要内容：使用百度和 Google 搜索网络商务信息。

基本要求：在电子商务实训室演示教学。通过操作演练掌握搜索引擎的基本原理和使用技巧，能够熟练、高效地应用常规搜索引擎工具进行商务信息检索。

3-2 任务 4：网络商务信息下载与整理

主要内容：使用迅雷下载《电子商务应用》学习资料，并按章节整理归类。

基本要求：在电子商务实训室进行迅雷等流行网络下载工具的原理、功能和使用方法与技巧的教学，使学生掌握常用网络商务信息下载工具的使用方法和技巧，能对网络商务信息进行科学的分类和整理。

第 4 单元　电子商务沟通与交流

知识点：电子商务沟通与交流的概念、电子商务沟通与交流的特点、电子商务沟通与交流的方法与技巧、电子商务沟通与交流的应用。

能力点：了解电子商务沟通与交流的基础理论知识，掌握电子商务沟通与交流的方法与技巧，熟练应用电子商务沟通与交流的工具。

4-1 任务 5：网络通信工具应用

主要内容：安装和使用 QQ、MSN、阿里旺旺等即时通信工具。

基本要求：在电子商务实训室，通过演示即时通信工具的功能，训练即时通信工具的使用方法和技巧，使学生了解即时通信工具的功能与特点，熟练安装即时通信工具，掌握即时通信工具的应用方法和技巧，能熟练应用即时通信工具进行网络商务沟通与交流。

4-2 任务 6：Web 2.0 技术应用

主要内容：建立、撰写个人博客；开通、管理 QQ 空间；注册百度贴吧并发帖。

基本要求：在电子商务实训室通过网络教学平台，注册、开通、建立学生个人博客、空间和论坛，使学生了解 Web 2.0 的概念和特点，掌握博客、空间与论坛的应用方法与技巧，能熟练使用博客、空间和论坛进行网络商务沟通与交流。

第 5 单元　电子商务营销

知识点：电子商务营销的概念、电子商务营销的特点、网上市场调研步骤、网上问卷设计的方法与技巧、网上问卷统计与分析、网络广告的运作与促销。

能力点：了解电子商务营销的基础知识，熟悉电子商务营销的方法，掌握网上市场调研技术，掌握网络推广技术。

5-1 任务 7：网上市场调研应用

主要内容：设计一份电子商务专业应届大学生毕业生就业状况网上调查问卷。

基本要求：通过对网上调查问卷的规划设计，使学生了解电子商务网络营销的概念和特点，掌握网上市场调研的步骤，掌握网上问卷的设计方法和技巧，掌握网上问卷统计与分析的方法和技巧，能够完成网上市场调研相应工作。

5-2 任务 8：网络推广应用

主要内容：个人博客网络推广方案策划。

基本要求：通过个人博客网络推广方案的策划，使学生了解网络推广的分类与特点，掌握网络广告的运作模式和网络广告的促销，能够设计、运作有效的企业网络广告。

第 6 单元　电子商务支付

知识点：电子商务支付系统，电子商务支付的概念，特点和分类，网上银行的概念和优势，网上银行的模式与发展趋势，第三方支付的概念、特点与应用模式。

能力点：了解电子商务支付的基础理论知识，掌握各种电子商务支付方式的特点，掌握各种电子商务支付方式的运用方法，掌握网上银行的应用和管理方法，掌握第三方支付的应用和管理方法。

6-1 任务 9：网上银行应用

主要内容：在线开通个人网上银行，通过个人网上银行缴纳 10 元手机话费。

基本要求：以学生个人借记卡为对象，自助开通并使用网上银行，使学生了解网上银行基本知识，熟悉网上银行开通流程，掌握网上银行应用技术和方法，能够熟练操作网上银行相关业务流程。

6-2 任务 10：第三方支付应用

主要内容：注册开通支付宝、财付通账号，并通过个人网上银行充值。

基本要求：通过第三方支付平台的应用训练，使学生了解第三方支付的概念和特点，掌握第三方支付的应用技术和方法，能够熟练操作、管理第三方支付平台相关业务流程。

第 7 单元　电子商务安全

知识点：电子商务安全体系、电子商务安全问题、电子商务安全管理、电子商务安全技术。

能力点：了解电子商务安全基础理论知识，熟悉电子商务安全隐患，掌握常规电子商务安全技术。

7–1：电子商务安全体系

主要内容：认知电子商务安全体系结构。

基本要求：通过多媒体课件和应用案例启发引导教学，使学生了解电子商务安全体系结构，熟悉常见电子商务安全隐患，掌握电子商务安全控制与管理的方法，能合理规划电子商务安全体系。

7–2 任务 11：电子商务安全技术应用

主要内容：下载、安装并使用个人数字证书。

基本要求：通过案例启发式教学使学生掌握加密、数字指纹、数字签名、数字证书、防火墙等电子商务安全技术的原理和应用范围，通过数字证书应用的实践操作，使学生掌握利用相关安全技术解决相应电子商务安全问题的技能。

第 8 单元　移动电子商务

知识点：移动电子商务的概念与特点、移动电子商务的现状与趋势、移动电子商务技术、移动电子商务应用模式。

能力点：了解移动电子商务基础理论知识，熟悉移动电子商务的发展和应用，熟悉蓝牙、无线局域网、无线广域网等移动电子商务相关技术。

8–1 任务 12：移动电子商务技术应用

主要内容：启动手机蓝牙功能并传输音频文件；开通手机无线上网功能，浏览新浪新闻。

基本要求：实训室准备带有蓝牙设备的手机 2 部；通过蓝牙和无线上网的实践操作训练，使学生掌握移动电子商务原理，了解无线协议，能熟练应用移动电子商务技术。

8–2 任务 13：移动电子商务应用

主要内容：笔记本电脑无线上网，下载、安装和使用 QQ，QQ 游戏。

基本要求：实训室准备笔记本、无线网卡、无线路由器，学生动手完成无线上网和无线网络应用，从而熟悉移动电子商务应用特征，了解移动电子商务应用模式，能够熟练使用移动设备进行电子商务活动。

第 9 单元　网络采购

知识点：电子商务交易的概念、电子商务交易的主要模式、网络购物的特点与操作流程、网络购物的方法和技巧。

能力点：了解电子商务交易的基本概念与流程，熟悉 B2B、B2C、C2C 等电子商务主要交易模式，掌握网上购物的方法和技巧。

工作描述：在互联网上购买一本《电子商务应用》参考教材，通过网络支付完成交易。

基本要求：利用实训教学设施，选择合适网络购物平台，通过实际操作完成网络商品信息检索、在线洽谈、在线订购、网络支付等交易流程，使学生掌握网络购物的原理与规律，掌握网络购物的方法和技巧，能熟练操作网络交易系统，接受并习惯网络消费。

第 10 单元　网上开店

知识点：网上开店的方法和技巧、网店管理、店铺推广。

能力点：熟悉网上开店的流程，掌握网上开店、店铺推广的方法和技能。

工作描述：在网上建立个人网店，管理运营网店。

基本要求：利用实训教学设施，开通个人网店，美化装饰个人网店、推广和试运营个人网店，使学生掌握网上开店的步骤与流程，掌握网店管理与推广的方法和技巧，学会自主创业，能管理运营个人网店。

四、教学方法建议

为了更好地完成本课程既定的教学任务，达到预期的能力目标，建议：

1. 学时建议

建议总学时为 80，授课 36 学时，实验 44 学时。

2. 教学方法建议

① 按照以能力为本、技能为主、理论为辅的方法组织教学。

② 贯彻以学生为主体的原则，第 1、8 单元教学可以采用分组讨论模式，把学生分成 4～5 人学习小组，由教师讲解背景，提出思考问题，小组成员讨论、分析、总结、演讲；第 2、7 单元教学可以采用案例引导模式，教师通过实际应用案例激发学生学习兴趣，引导启发学生学习；第 3～第 6 单元教学可以采用行动导向模式，教师分析任务、任务过程操作演示，学生模仿和训练；第 9、10 单元教学可以采用任务驱动模式，教师给出任务目标、任务要求和评估标准，学生自主完成任务。

③ 课堂教学采用多媒体仿真课件和电子商务实际环境，增强教学的直观性，启迪学生的科学思维，通过讲解、演示和操作，使学生达到对各单元任务的理解和应用。

④ 教学中注重基础知识和基本技能的同时，应积极关注国内外最新的行业发展动态，并及时补充到教学内容中。

五、考核方式

建议采用过程考核模式：

① 本课程包含 10 个学习单元，1～8 能力单元每个工作任务计 5 分，9、10 工作单元各计 10 分，共计 100 分。

② 对每个工作任务进行过程考核，依据以下标准进行考核评定：

任务准备充分 10%，任务方案正确 20%，任务操作过程规范 40%，操作过程记录 10%，任务完成良好 20%。

③ 全部工作任务考核结果的总计即为本课程的综合成绩。

“Visual Basic 程序设计”课程参考方案

东营职业学院　　杨欣斌　王象刚

一、指导思想

本课程是非计算机专业的一门程序设计课程，是目前非常流行的两大开发平台之一的 Windows 开发平台的基础课程。通过本课程的学习，使学生掌握面向对象程序设计的基本概念，了解程序设计的基本原理、技巧和方法，并能够利用 Visual Basic 语言编写相应的程序，具有一定程序调试能力，为以后学习其他程序设计语言和提高程序设计能力打下坚实基础。

二、课程目标设计

1. 课程目标

本课程的主要目标是学习程序设计的基本知识，理解面向对象程序设计的基本概念，掌握面向对象程序设计的基本方法和步骤。通过本课程的学习，能开发简单的图形界面的应用程序，掌握模块化结构程序设计的方法。

2. 基本能力与任务

（1）能力目标

通过本课程的学习与训练，学生应该具备简单的面向对象程序开发的能力。

① 表达能力：分为文字表达能力和口头表达能力，可通过实验报告的书写和分组汇报材料的整理来提高学生的文字表达能力，通过过程性考核和分组讨论来提高学生口头表达能力。

② 交流能力：在项目实践环节中，将 4 名学生划分为一个工作组，通过分组教学来提高学生交流信息的能力，促进和带动学生学习的积极性和主动性。

③ 团队协作能力：通过分组教学来提高学生团队协作的能力。

（2）课程的任务

本课程通过一个完整的考试系统客户端项目完成如下 11 个任务，达到上述能力目标。主要有：考试系统功能概述、登录界面的设计与实现、目录树的设计与实现、单选题的设计与实现、多选题的设计与实现、判断题的设计与实现、填空题的设计与实现、简答题的设计与实现、交卷评分的设计与实现、查看答案的设计与实现、计时的设计与实现。

三、课程内容

第 1 单元：Visual Basic 程序设计概述

知识点：Visual Basic 的发展、功能特点、安装与启动、集成开发环境。

能力点：表达能力、交流能力、团队协作能力。

1-1　Visual Basic 基础知识

主要内容：Visual Basic 的发展、功能特点、安装与启动、集成开发环境。

基本要求：了解 Visual Basic 语言发展、特点、版本及运行环境；Visual Basic 的启动方法。理解 Visual Basic 界面内容；Visual Basic 窗口组成。掌握 Visual Basic 集成开发环境的窗体窗口、属性窗口、工程资源管理窗口、代码窗口、立即窗口窗体布局窗口和工具箱窗口。

1-2 任务 1：考试系统功能演示

主要内容：讲解考试系统功能需求；讲解考试系统数据表及字段含义。

基本要求：演示系统功能；分组讨论系统功能；分组汇报系统改进方法；确定系统改进方法。

第 2 单元：简单的 VB 程序设计

知识点：面向对象程序设计的基本概念，窗体、标签、文本框、命令按钮、常用方法。

能力点：表达能力、交流能力、团队协作能力。

2-1 Visual Basic 程序设计基础

主要内容：面向对象程序设计的基本概念，对象、属性、事件、消息、方法。Visual Basic 6.0 的窗体及常用控件：窗体、标签、文本框、命令按钮；Visual Basic 6.0 工程结构与工程管理；应用程序的设计方法与步骤；Visual Basic 6.0 的应用程序结构。

基本要求：理解 Visual Basic 界面内容；Visual Basic 6.0 工程结构、工程管理、应用程序结构及对象、属性、事件、消息、方法等概念；掌握简单应用程序的设计过程和运行方法；窗体的建立和标签、文本框、命令按钮等常用控件的使用。

2-2 任务 2：登录界面的设计与实现

主要内容：讲解登录的功能描述、界面设计、属性设置和登录的代码编写。

基本要求：熟悉功能描述；熟练界面设计；掌握属性设置；理解代码编写。

第 3 单元：VB 语言基础

知识点：数据类型、变量与常量、常用内部函数、运算符与表达式、编码规则。

能力点：表达能力、交流能力、团队协作能力。

3-1 语言基础

主要内容：基本数据类型；变量与常量；常用内部函数；运算符与表达式；Visual Basic语言的书写规则。

基本要求：理解基本数据类型、Visual Basic 语言的书写规则；掌握常量与变量、常用的内部函数、运算符与表达式的使用方法。

3-2 任务 3：目录树的设计与实现

主要内容：讲解目录树的功能描述、界面设计、属性设置、代码编写。

基本要求：熟悉功能描述；熟练界面设计；掌握属性设置；理解代码编写。

第 4 单元：基本的控制结构

知识点：顺序结构、选择结构、循环结构。

能力点：表达能力、交流能力、团队协作能力。

4-1 代码编程

主要内容：顺序结构；赋值语句；选择结构；选择结构程序设计的概念；单条件选择语句 If；单行格式 If…Then…Else；多行格式 If…Then…Else…EndIf；使用 IIf 函数；多分支条件选择语句 SelectCase；循环结构；循环结构程序设计的概念；For…Next 语句；Do…Loop 语句；多重循环。

基本要求：了解程序设计的 3 种基本结构；理解焦点的概念、卸载对象、结束程序、注释和暂停等语句的用法；掌握赋值语句的用法、单条件语句和多分支选择语句的用法、两种循环语句的编程方法及多重循环的应用。

4-2 任务 4：单选题的设计与实现

主要内容：讲解单选题的功能描述、界面设计、属性设置、代码编写。

基本要求：熟悉功能描述；熟练界面设计；掌握属性设置；理解代码编写。

第 5 单元：数组

知识点：静态数组、动态数组、控件数组的使用方法。

能力点：表达能力、交流能力、团队协作能力。

5-1 数组的使用

主要内容：数组的概念；固定数组：一维数组、多维数组；For Each …Next 循环；动态数组；控件数组。

基本要求：理解数组、固定数组、动态数组和控件数组等概念；掌握固定数组和控件数组的用法、For Each…Next 语句的用法；掌握一些与数组有关的常用算法，如极值、查找、排序等。

5-2 任务 5：多选题的设计与实现

主要内容：讲解多选题的功能描述、界面设计、属性设置、代码编写。

基本要求：熟悉功能描述；熟练界面设计；掌握属性设置；理解代码编写。

第 6 单元：过程

知识点：Sub 过程、Function 过程、参数的传递、过程的嵌套与递归、变量和过程的作用域。

能力点：表达能力、交流能力、团队协作能力。

6-1 过程的使用

主要内容：Sub 过程；Function 过程；参数的传递；过程的嵌套与递归；变量和过程的作用域。

基本要求：了解过程的概念及其作用，理解嵌套和递归概念，掌握过程的定义和使用、参数的传递方法、变量及过程的作用范围。

6-2 任务 6：判断题的设计与实现

主要内容：讲解判断题的功能描述、界面设计、属性设置、代码编写。

基本要求：熟悉功能描述；熟练界面设计；掌握属性设置；理解代码编写。

第 7 单元：常用控件

知识点：框架、单选按钮、复选框、图片控件、列表框、组合框、图像控件、计时器控件、流动条控件的使用。

能力点：表达能力、交流能力、团队协作能力。

7-1 常用控件的使用

主要内容：框架（Frame）、单选按钮（OptionButton）、复选框（CheckBox）、图片控件（Picture）、列表框（ListBox）、组合框（ComboBox）、图像控件（Image）、计时器控件（Timer）、滚动条控件（ScrollBar）。

基本要求：掌握内部控件的常用属性、方法和事件，并能在程序设计中灵活应用。

7-2 任务 7：填空题的设计与实现

主要内容：讲解填空题的功能描述、界面设计、属性设置、代码编写。

基本要求：熟悉功能描述；熟练界面设计；掌握属性设置；理解代码编写。

第 8 单元：界面设计

知识点：菜单栏的使用、工具栏的使用、单文档应用程序和多文档应用程序界面设计。

能力点：表达能力、交流能力、团队协作能力。

8-1 界面设计

主要内容：创建和使用菜单；创建工具栏；创建单文档应用程序界面 SDI；创建多文档应用程序界面 MDI。

基本要求：理解单文档应用程序界面 SDI 和多文档应用程序界面 MDI 的概念；掌握菜单和工具栏的建立和使用方法，并能应用于窗口和界面设计中。

8-2 任务 8：简答题的设计与实现

主要内容：讲解简答题的功能描述、界面设计、属性设置、代码编写。

基本要求：熟悉功能描述；熟练界面设计；掌握属性设置；理解代码编写。

第 9 单元：文件

知识点：文件结构与分类、文件控件的使用、文件处理函数与语句、文件系统。

能力点：表达能力、交流能力、团队协作能力。

9-1 文件的使用

主要内容：文件结构与分类概述；文件系统控件：驱动器列表框控件、目录列表框控件、文件列表框控件、公共对话框控件；文件处理函数与语句：Curdir 函数、Chdrive 语句、Kill 语句、FileCopy 语句、Shell 函数、RmDir 语句、Chdir 语句、Mkdir 语句、Name 语句。

文件系统：顺序文件、随机文件、二进制文件。

基本要求：理解文件概念、文件的结构与分类；掌握文件系统控件；学会用文件处理函数与语句的使用；顺序文件、随机文件、二进制文件的有关操作。

9-2 任务 9：交卷评分的设计与实现

主要内容：讲解交卷评分的功能描述、界面设计、属性设置、代码编写。

基本要求：熟悉功能描述；熟练界面设计；掌握属性设置；理解代码编写。

第 10 单元：图形操作

知识点：绘图控件、绘图方法、多媒体控件的使用。

能力点：表达能力、交流能力、团队协作能力。

10-1 图形操作

主要内容：

绘图控件：形状（Shape）、直线（Line）；绘图方法：坐标系统、Pset 方法、Line 方法、Circle 方法、Cls 方法；多媒体：多媒体的概念、RichTextBox 控件、艺术字、声频播放、视频播放。

基本要求：了解多媒体在 Visual Basic 中的应用概况及多媒体设计的方法；理解常用的绘图方法及绘图控件的用法。

10-2 任务 10：查看答案的设计与实现

主要内容：讲解查看答案的功能描述、界面设计、属性设置、代码编写。

基本要求：熟悉功能描述；熟练界面设计；掌握属性设置；理解代码编写。

第 11 单元：数据库技术

知识点：数据库技术、Data 控件的使用、ADO 控件的使用。

能力点：表达能力、交流能力、团队协作能力。

11-1 数据库的使用

主要内容：数据库的基本概念；使用数据管理器；建立一个数据库；添加数据表；数据的增加、删除、修改；建立和修改查询；使用“数据窗体设计器”；使用 Data 控件；

数据绑定控件；数据绑定控件及其概念；数据绑定控件的两个重要属性：DateSorce 属性和 DataField 属性；同时显示多个记录的数据绑定控件：DBGrid 控件、DataGrid 控件和 MSFlexGrid 控件；使用 ADO 数据访问控件。

基本要求：了解数据库的基本概念，能够使用数据库管理器建立和修改数据库；理解结构化查询语言（SQL），能够建立简单查询；掌握 Data 控件和数据绑定控件的使用，掌握 ADO 数据控件的使用和数据对象访问技术。

11-2 任务 11：计时的设计与实现

主要内容：讲解计时的功能描述、界面设计、属性设置、代码编写。

基本要求：熟悉功能描述；熟练界面设计；掌握属性设置；理解代码编写。

四、教学实施建议

1. 学时建议

建议 64～80 学时，授课和实验至少 1∶1。授课 32 学时，实验 32 学时。

2. 教学方法建议

建议采取项目驱动教学法进行本课程的教学，要重实践、重应用，通过编程实践掌握程序的基本思想和技术，在应用中不断熟练和提高。

了解、认识 Visual Basic：通过简单实例的讲解与模仿，使学生了解程序设计的思路、过程，了解 Visual Basic 程序设计的一般步骤。

窗体界面设计部分的教学建议：按照类别或应用特点将常用的控件组合到不同的实例中，以实例为基础介绍控件的使用方法，并使学生初步掌握 Visual Basic 中设计界面的基本技术。

程序设计部分的教学建议：通过实例帮助学生建立程序设计的概念，初步掌握结构化程序的基本结构，程序设计的过程、技术，掌握事件驱动的概念、相应的程序设计特点和方法。

应用设计部分的教学建议：通过一个综合实例的训练，使学生从整体了解、体验一个应用程序的设计、开发、测试过程。

五、考核方式

本课程建议采用过程性考核方式进行考核。考核成绩由平时成绩和考试成绩两部分组成，其中平时成绩 90 分，最终考试成绩 10 分。平时成绩分为 9 个过程进行单独考核，分别是登录过程、单项选择题过程、多项选择题过程、判断题过程、填空题过程、简答题过程、评分过程、查看答案过程和计时过程，每个过程各占 10 分。总成绩为平时成绩和最终考试成绩的得分之和。

“数据统计分析与SPSS的应用”课程参考方案

北京青年政治学院　　高　嵩　崔秀娟　程宝元

一、指导思想

本课程是适应财经、金融、社会工作、医药卫生、教育、管理等专业的专业基础课程。针对各专业的调研、数据统计和分析的需要，以加强基础知识、提高素质、培养实践操作能力为教学目的，建立科学合理的理论知识和应用技能体系，并运用 SPSS 系统将数据统计分析的理论和应用充分结合起来，使学生通过本课程教学和实践，能够理解和巩固理论知识，能切实通过 SPSS 的操作，掌握各种统计分析方法和实现，并能正确解释 SPSS 的处理结果。在教学中，加强对学生进行科学素质和良好的实验室工作习惯的训练，培养学生的时间意识，为培养具有创新精神和实践能力的高素质人才奠定良好的基础。

二、课程目标设计

1. 课程目标

本课的目标是使学生了解数据统计是在社会各领域的调查与统计分析的科学体系，掌握社会调查的基本概念、基本理论、基本方法。培养学生，使学生具有对各类社会调查活动过程中收集来的数据资料进行整理、统计、分析的能力，为学生学习其他专业课程、从事科学研究奠定前提和基础。同时改善知识结构，提高业务素质，以更好地履行工作职责。

2. 基本能力与任务

（1）能力目标

通过本课程的学习与训练，使学生掌握 SPSS 这种专业统计软件的操作，独立完成从建立数据文件到各种统计分析的操作，并利用 SPSS 统计系统具体处理和统计调查数据，利用数据结果指导工作。其主要包括以下能力：

① 对统计数据的鉴别能力：统计方法和手段被广泛应用于社会研究各领域，拥有和提高对日常生活和工作统计方法是否被正确运用的判断能力。

② 实施调查、分析和研究的统计分析能力：通过本课程的学习，理解数据统计的基本概念和原理，能独立对研究数据进行简单的统计分析。

③ SPSS 统计系统的应用能力：掌握 SPSS 技术在调查统计分析中应用的一般操作和应用方法。

（2）课程的任务

为了达到课程的目标，本课程将通过教学内容在突出统计分析基本知识的基础上，利用 SPSS 进行相应的统计分析运算，并根据运算结果，做出合理的解释。强调统计对社会调查数据的应用。学习的重点是：理解统计方法的原理和公式，掌握如何利用 SPSS 系统分析、解读调查统计资料，指导工作。具体包括：

① 利用 SPSS 建立市场调查数据系统；

② 根据研究需要以及问题的性质确定出利用 SPSS 的相应的哪些统计功能；

③ 调用 SPSS 的菜单功能得到相应的统计结果以及相应的图表；

④ 根据统计结果和图表进行相关分析，为调查研究提供可靠的科学依据。

三、课程内容

第 1 单元：SPSS 数据文件的建立与管理

知识点：SPSS 的基础知识，数据文件的建立和基本数据处理操作方法，获取外部数据文件的方法，SPSS 的菜单和窗口界面及 SPSS 的数据管理功能。

能力点：整理调查数据，规范数据结构；SPSS 数据文件；SPSS 数据录入与存储；数据获取（包括外部数据获取）。

1–1 建立 SPSS 数据文件

主要内容：整理调查数据，规范数据结构；建立 SPSS 数据文件；SPSS 数据录入。

基本要求：掌握 SPSS 的启动和操作界面；掌握 SPSS 的基本使用方法。

1–2 数据的获取

主要内容：分析数据的获取（包括外部数据获取）。

基本要求：SPSS 的数据管理功能；重点掌握 SPSS 获取外部数据文件的方法。

第 2 单元：数据文件的编辑和整理

知识点：数据文件的种类和 SPSS 数据文件的特点；SPSS 函数及变量；数据编码的基本内容和方法。

能力点：数据的搜索；变量和记录的插入与删除；数据的重新编码；利用 SPSS 函数建立新变量；数据排序；数据文件的拆分与合并。

2–1 SPSS 数据文件的基本编辑方法

主要内容：数据的搜索，变量和记录的插入与删除。

基本要求：掌握 SPSS 数据文件的基本编辑方法，包括数据的搜索、变量和记录的插入与删除；熟悉 SPSS 数据文件的拆分和合并方法。

2-2 数据的编码

主要内容：根据数据分析的基本要求，对测试数据进行重新编码；利用 SPSS 函数建立新变量；数据排序。

基本要求：重点掌握 SPSS 获取外部数据文件的方法。

2-3 数据文件的拆分与合并

主要内容：根据数据分析的要求，对数据文件进行拆分与合并。

基本要求：熟悉 SPSS 数据文件的拆分和合并方法。

第 3 单元：基本描述性统计

知识点：正态性检验；基本描述性统计；常用基本描述统计命令。

能力点：利用 SPSS 进行基本描述性统计；基本描述性统计的基本操作过程；Frequencies 命令和 Descriptives 命令的使用；利用 SPSS 进行正态性检验；判读数据分析结果。

3-1 基本描述性统计

主要内容：利用 SPSS 进行基本描述统计；基本描述统计的基本操作过程；常用基本描述性统计命令。

基本要求：重点掌握 SPSS 进行基本描述性统计的常用命令的使用和基本描述性统计的操作过程。

3-2 正态性检验

主要内容：通过 SPSS 进行正态性检验；解读数据分析结果。

基本要求：了解 SPSS 的正态性检验的基本原理和方法；正确掌握 SPSS 进行正态性检验的基本操作过程；正确进行数据分析结果的判读。

第 4 单元：t 检验和方差分析

知识点：配对 t 检验；两组独立样本的 t 检验；单因素方差分析；方差分析中均数的比较；随机区组设计的方差分析。

能力点：配对 t 检验的方法与操作；两组独立样本的 t 检验方法与操作；单因素方差分析方法与操作；方差分析中均数的两两比较方法；随机区组设计的方差分析方法与操作。

4-1 配对 t 检验

主要内容：利用 SPSS 进行常用 t 检验的分析命令、分析过程以及分析结果的正确判读；两组独立样本的 t 检验。

基本要求：掌握 SPSS 进行常用 t 检验的分析命令；分析过程以及分析结果的正确判读。

4-2 单因素方差分析

主要内容：单因素方差分析；方差分析中均数的两两比较。

基本要求：掌握 SPSS 进行单因素方差分析的分析命令、分析过程以及分析结果的正确判读；熟悉常用的方差分析中均数的两两比较方法在 SPSS 中的实现过程。

4-3 随机区组设计的方差分析

主要内容：利用 SPSS 进行随机区组设计的方差分析，以及分析结果的正确判读。

基本要求：了解随机区组设计的方差分析的操作过程。

第 5 单元：χ^2 检验和秩和检验

知识点：四格表 χ^2 检验；行 × 列表 χ^2 检验；配对比较的秩和检验；两样本比较的秩和检验；多个独立样本比较的秩和检验。

能力点：利用 SPSS 进行常用 χ^2 检验的分析命令、分析过程，以及分析结果的正确判读；利用 SPSS 进行配对比较的和两样本比较的秩和检验的分析命令；分析过程以及分析结果的正确判读；了解多个独立样本比较的秩和检验在 SPSS 中的实现过程。

5-1 四格表 χ^2 检验和行 × 列表 χ^2 检验

主要内容：四格表 χ^2 检验分析；行 × 列表 χ^2 检验分析。

基本要求：掌握 SPSS 进行常用 χ^2 检验的分析命令、分析过程，以及分析结果的正确判读。

5-2 配对比较、两样本比较的秩和检验

主要内容：配对比较的秩和检验分析；两样本比较的秩和检验。

基本要求：熟悉 SPSS 进行配对比较的和两样本比较的秩和检验的分析命令；分析过程以及分析结果的正确判读。

5-3 多个独立样本比较的秩和检验

主要内容：多个独立样本比较的秩和检验。

基本要求：了解多个独立样本比较的秩和检验在 SPSS 中的实现过程。

第 6 单元：相关与回归分析

知识点：一元线性相关与回归分析；多元相关与回归分析。

能力点：利用 SPSS 进行直线回归与相关分析的分析；利用 SPSS 进行多元相关与回归分析。

6-1 相关与回归分析

主要内容：一元线性相关与回归分析；多元相关与回归分析。

基本要求：掌握 SPSS 进行直线回归与相关分析的分析命令、分析过程以及分析结果的正确判读；了解多元相关与回归分析在 SPSS 中的实现过程。

第 7 单元：统计图表制作与生成

知识点：常用统计图表的绘制与生成，主要包括：条形图、饼图、线图、直方图、散点图；统计表基本操作。

能力点：利用 SPSS 绘制常用统计图；利用 SPSS 生成和输出统计表。

7-1 统计图表制作与生成

主要内容：常用统计图表的绘制与生成，主要包括：条形图、饼图、线图、直方图、散点图；统计表基本操作。

基本要求：熟悉利用 SPSS 绘制常用统计图的操作过程；了解 SPSS 制作统计表的过程。

第 8 单元：专业或行业数据统计应用案例

知识点：根据专业特点和具体项目需求，搜集相关调查案例，设计数据统计方案；整理统计数据，选定数据统计方法，运用 SPSS 进行应用案例数据分析；制作生成数据统计报表和图表；撰写案例数据分析报告。

能力点：根据专业特点和具体项目需求，搜集相关调查案例，设计数据统计方案；整理统计数据，运用 SPSS 进行应用案例数据分析；选定数据统计方法；制作生成数据统计报表和图表；撰写案例数据分析报告。

8-1 专业或行业数据统计综合案例

主要内容：根据专业特点和具体项目需求，搜集相关调查案例，设计数据统计方案；整理统计数据，运用 SPSS 进行应用案例数据分析；选定数据统计方法；制作生成数据统计报表和图表；撰写案例数据分析报告。

基本要求：根据案例的专业特点和具体项目需求，自行设计数据统计方案，整理统计数据；选定数据统计方法，运用 SPSS 进行应用案例数据分析，制作生成相关数据统计报表和图表；进行数据分析结果的判读，撰写案例数据分析报告。

四、课程实施建议

1. 学时建议

建议总学时为 36，其中授课 20 学时，实践 16 学时。

2. 教学方法建议

（1）学前准备和学习方法的建议

① 社会调查是一门综合性学科，学生应阅读一些社会学、管理学、心理学等相关学科的书籍以具备必要的背景知识；

② 社会调查是一门实践性学科，学生应该理论联系实际，尤其要将理论知识与社会现实生活联系起来，尝试运用所学理论和方法去分析社会现象、社会问题；

③ 深入思考，认真分析，及时消化各阶段学习内容。

（2）教学要求的建议

① 以各种统计分析方法的基本理论为基础，深刻体会各种统计分析方法的基本思想，并以统计软件 SPSS 作为一种实现手段，熟悉各种统计分析方法在其中的操作步骤，指导学生完成统计分析和统计计算过程；

② 建立一个实践与理论相结合，着重培养学生实际动手能力为主的实验教学课程体系；

③ 在进行基本理论教学的基础上，切实培养提高学生实践操作能力，注重实践教学。在实践教学中不断培养学生独立思考、综合分析、推理判断的能力、科学思维能力和创新意识，培养学生的自学能力，锻炼学生的学习方法及相互协作的团队精神。

（3）教学方法的建议

① 教学内容的安排要根据不同专业和行业的实际情况和特点，制定调查与分析项目内容和要素，涉及问卷和数据类型；

② 教学由浅入深，基于行业调查和数据分析的特点，以工作过程为指导，从 SPSS 的重要作用及其基本操作出发，培养学生的学习兴趣，调动其积极性；

③ 强调学生学习前的预备知识学习，以及实践教学前的准备工作；教师在理论讲授的基础上，布置实践教学的基本内容，给学生充分的准备时间；

④ 课堂讲授中对理论和实践教学的难点进行重点讲授和演示；

⑤ 在实践教学中对学生提出明确任务、操作要求和成果形式，并对学生进行指导，启发学生手脑并用，培养学生通过实验独立获取知识和操作技能的能力，注重随堂考查，点评学生实验作品和实验报告，不断强化学生的动手能力；

⑥ 指导学生利用各种途径学习查阅资料，综合利用所学知识和技能，对现实中碰到的问题进行统计分析；勇于探索和实践，发扬团队精神，培养学生的创新意识。

五、考核方式

考核以实际操作和实践为主，以应用案例为基础，采取开放式考核。考核分为基础知识测试、学习单元操作测试和综合应用测试 3 个部分：

① 基础知识测试主要以调查的主要方法、数据分析的主要方法等内容为主。

② 学习单元操作测试主要以个学习单元的主要知识点和能力要求，结合 SPSS 的机本操作作为主要考核内容。

③ 综合应用测试以专业调查案例为基础，制订数据分析方案，独立完成以 SPSS 为基础应用环境的数据分析，撰写调查数据分析报告。

附录 A　数据统计分析与 SPSS 的应用课程实践教学方案

综合实践一（4 学时）

教学目的与要求：通过第一次上机实习，学生通过独立操作，掌握 SPSS 数据文件的建立、编辑和整理过程，掌握对具体资料进行基本描述统计的操作过程以及对分析结果的判读，了解 SPSS 的正态性检验过程。

教学内容：数据文件的建立与管理，数据文件的编辑和整理，基本描述统计。

综合实践二（4 学时）

教学目的与要求：通过第二次上机实习，学生通过独立操作，掌握 SPSS 获取外部数据文件的方法，掌握 SPSS 对具体资料进行常用 t 检验的操作过程以及对分析结果的判读，掌握 SPSS 对具体资料进行单因素方差分析的操作过程以及对分析结果的判读，熟悉 SPSS 按统计分析要求重新编码建立新变量的方法。

教学内容：t 检验和方差分析。

综合实践三（4 学时）

教学目的与要求：通过第三次上机实习，学生通过独立操作，掌握 SPSS 对具体资料进行常用 χ^2 检验和常用秩和检验的操作过程以及对分析结果的判读。

教学内容：χ^2 检验和秩和检验。

综合实践四（4 学时）

教学目的与要求：通过第四次上机实习，学生通过独立操作，掌握 SPSS 对具体资料进行直线相关与回归分析的操作过程以及对分析结果的判读，熟悉使用 SPSS 绘制常用统计图的操作过程。

教学内容：相关与回归和统计图表。

附录 B　数据统计分析与 SPSS 的应用课程课堂实践教学参考方案

实验一 SPSS 的数据管理

[目的要求]熟悉 SPSS 的菜单和窗口界面及 SPSS 的数据管理功能。

[实验内容]数据文件的建立与数据录入，数据文件的编辑整理。

[实验步骤]定义变量，建立数据文件；输入数据（直接输入，数据库查询导入，文本向导导入）；数据的增删；变量重新赋值；数据的运算与新变量的生成；数据排序；数据的行列互换。

[实验软件]SPSS for Windows。

实验二 描述性统计分析

[目的要求]利用 SPSS 进行描述性统计分析。

[实验内容]频数分析（Frequencies 过程）；描述性分析（Descriptives 过程）；探索分析（Explore 过程）；交叉列联表分析（Crosstabs 过程）。

[实验步骤]

① 定义变量，建立数据文件并输入数据。

② 选择菜单“Analyze→Descriptive Statistics→Frequencies”，选择分析变量、要输出的统计量以及要绘制的统计图，即完成了频数分析。

③ 在①的基础上，选择菜单“Analyze→Descriptive Statistics→Descriptives”，选择分析变量即完成了描述性分析。

④ 在①的基础上，选择菜单“Analyze→Descriptive Statistics→Explore”，选择 Dependent 变量和 Factor 变量、要输出的统计量以及要绘制的统计图，即完成了探索分析。

⑤ 在①的基础上，首先对频数变量的值进行加权处理，再选择菜单“Analyze→Descriptive Statistics→Crosstabs”，选择分组变量和分析变量，然后选择卡方检验，定义列联表单元格中需要计算的指标，即完成了交叉列联表分析。

[实验软件]SPSS for Windows。

实验三 均值检验

[目的要求]利用SPSS进行单样本、两独立样本以及成对样本的均值检验。

[实验内容]描述统计（Means过程）。单样本t检验（One-sample T Test过程）；两独立样本t检验（Independent-samples T Test过程；成对样本t检验（Paired-Samples T Test过程）。

[实验步骤]

① 定义变量，建立数据文件并输入数据。

② 选择菜单“Analyze→Compare Means→Means”，选择Dependent变量和Independent变量，设置输出的描述统计量，即完成了描述统计。

③ 在①的基础上，选择菜单“Analyze→Compare Means→One-sample T Test”，选择Test 变量并输入已知的均值，即完成了单样本t检验。

④ 在①的基础上，选择菜单“Analyze→Compare Means→Independent-samples T Test”，选择Test变量和分组变量，即完成了两独立样本t检验。

⑤ 在①的基础上，选择菜单“Analyze→Compare Means→Paired-samples T Test”，选择分析变量，即完成了成对样本t检验。

[实验软件]SPSS for Windows。

实验四 方差分析

[目的要求]利用SPSS进行单因素方差分析、多因素方差分析和协方差分析。

[实验内容]单因素方差分析（One-way ANOVA过程）；因素方差分析（Univariate过程）；协方差分析（Univariate过程）。

[实验步骤]

① 定义变量，建立数据文件并输入数据。

② 选择菜单“Analyze→Compare Means→One-way ANOVA”，选择Dependent变量和Factor 变量，选择进行各组间两两比较的方法，然后定义相关统计选项以及缺失值处理方法，即完成了单因素方差分析。

③ 在①的基础上，选择菜单“Analyze→General Linear Model→Univariate”，选择Dependent 变量和Fixed Factor(s)，然后选择建立多因素方差分析的模型，并设置多因素变量的各组差异比较，设置以图形方式展现多因素之间是否存在交互作用，设置均值多重比较类型，设置输出到结果窗口的选项，即完成了多因素方差分析。

④ 在①的基础上，选择菜单“Analyze→General Linear Model→Univariate”，选择进行协方差分析的变量以及建立多因素方差分析的模型，并设置多因素变量的各组差异比较，设置以图形方式展现多因素之间是否存在交互作用，设置均值多重比较类型，设置输出到结果窗口的选项，即完成了协方差分析。

[实验软件]SPSS for Windows。

实验五 聚类分析和判别分析

[目的要求]利用 SPSS 进行聚类分析和判别分析。

[实验内容]系统聚类法（Hierarchical Cluster 过程）；快速聚类法（K-means Cluster 过程）；判别分析（Discriminant 过程）。

[实验步骤]

① 定义变量，建立数据文件并输入数据。

② 选择菜单“Analyze→Classify→Hierarchical Cluster”，选择聚类变量和聚类类型，然后选择聚类方法，并选择输出距离矩阵和饼状图，即完成了系统聚类。

③ 在①的基础上，选择菜单“Analyze→Classify→K-means Cluster”，选择聚类变量及类的个数，然后选择聚类方法并保存各类成员，即完成了快速聚类法。

④ 在①的基础上，选择菜单“Analyze→Classify→Discriminant”，选择分组变量并定义取值范围，然后选择作为判别分析的基础数据变量，并选中保存为新的变量，将回代判别的结果存入原始数据库中，即完成了判别分析。

[实验软件]SPSS for Windows。

实验六 因子分析和主成分分析

[目的要求]利用 SPSS 进行因子分析和主成分分析。

[实验内容]因子分析（Factor 过程）；主成分分析（Factor 过程）。

[实验步骤]

① 定义变量，建立数据文件并输入数据。

② 选择菜单“Analyze→Data Reduction→Factor”，选择进行分析的变量，然后选择输出相关系数矩阵和 KMO and Bartlett 球形检验，并选择主成分法为提取因子的方法，然后对因子进行正交旋转，输出回归系数，即完成了因子分析。

③ 主成分分析的操作步骤与因子分析类似，只是不需要进行正交旋转。

[实验软件]SPSS for Windows。

实验七 相关分析和回归分析

[目的要求]利用 SPSS 进行相关分析、偏相关分析、距离分析、线性回归分析和曲线回归。

[实验内容]两变量的相关分析（Bivariate 过程）；偏相关分析（Partial 过程）；距离分析（Distances 过程）；线性回归分析（Linear 过程）；曲线回归（Curve Estimation 过程）。

[实验步骤]

① 定义变量，建立数据文件并输入数据。

② 选择菜单“Analyze→Correlate→Bivariate”，选择要进行相关分析的两个变量，并选择 Pearson 相关系数（r），然后选择对相关系数进行双侧检验，选择要输出的统计量，即完成了两变量的相关分析。

③ 在①的基础上，选择菜单“Analyze→Correlate→Partial”，选择控制变量以及要进行相关分析的两个变量，然后选择对相关系数进行双侧检验，选择要输出的统计量，即完成了偏相关分析。

④ 在①的基础上，选择菜单“Analyze→Correlate→Distance”，选择进行距离分析的变量，在“Compute Distances”框中选择“Between variables”，作变量之间的距离相关分析。在“Measure”栏中选择“Similarities”相似性测距。单击“Measure”按钮，选择“Pearson correlation”为测量距离，即完成了距离分析。

⑤ 在①的基础上，选择菜单“Analyze→Regression→Linear”，分别选择自变量、因变量及 Enter 方法，然后选择是否作变量的描述性统计、回归方程应变量的可信区间估计等分析，即完成了线性回归分析。

⑥ 在①的基础上，选择菜单“Analyze→Regression→Curve Estimation”，分别选择自变量和因变量，并选择要拟合的模型，选中“Plot models”复选框以输出曲线拟合图，选中“Predicted value”复选框，在原始数据文件中保存根据对数方程求出的预测值，即完成了曲线回归分析。

[实验软件]SPSS for Windows。

实验八 非参数检验

[目的要求]利用 SPSS 进行非参数检验。

[实验内容]卡方检验（Chi-Square 过程）；二项分布检验（Binomial 过程）；游程检验（Runs 过程）；单样本 Kolmogorov-Smirnov 检验（1-sample K-S 过程）；两独立样本比较（2 Independent Samples 过程）；K 独立样本比较（K Independent Samples 过程）；2 相关样本比较（2 Related Samples 过程）；K 相关样本比较（K Related Samples 过程）。

[实验步骤]

① 定义变量，建立数据文件并输入数据。

② 选择菜单“Data→Weight Cases”，选择变量进入“Frequency Variable”框，然后选择菜单“Analyze→Nonparametric Tests→Chi-Square”，选择变量进入“Test Variable List”框，即完成了卡方检验。

③ 在①的基础上，选择菜单“Analyze→Nonparametric Tests→Binomial Test”，选择变量进入“Test Variable List”框，在“Test Proportion”框中输入 0.50，即完成了二项分布检验。

④ 在①的基础上，选择菜单“Analyze→Nonparametric Tests→Runs Test”，然后选择变量进入“Test Variable List”框，并输入临界割点，即完成了游程检验。

⑤ 在①的基础上，选择菜单“Analyze→Nonparametric Tests→1-Sample K-S”，选择变量进入“Test Variable List”框，并在“Test Distribution”框中选择“Normal”项，即完成了单样本 Kolmogorov-Smirnov 检验。

⑥ 在①的基础上，选择菜单“Analyze→Nonparametric Tests→2 Independent

Samples”，选择变量进入“Test Variable List”框，然后选择分组变量并定义范围，在“Test Type”框中选择“Mann-Whitney U”检验方法，即完成了两独立样本比较。

⑦ 在①的基础上，选择菜单“Analyze→Nonparametric Tests→k Independent Samples”，选择变量进入“Test Variable List”框，然后选择分组变量并定义范围，在“Test Type”框中选择“Kruskal-Wallis H”检验方法，即完成了K独立样本比较。

⑧ 在①的基础上，选择菜单“Analyze→Nonparametric Tests→2 Related Samples”，选择两个变量使之分别出现在“Current Selections”栏的“Variable 1”和“Variable 2”，然后使它们进入“Test Pair(s) List”框。在“Test Type”框中选择“Wilcoxon”和“Sign”两项，并选择输出的统计量，即完成了两相关样本比较。

⑨ 在①的基础上，选择菜单“Analyze→Nonparametric Tests→k Related Samples”，选择变量进入“Test Variables”框，然后在“Test Type”框中选择“Friedman”和“Kendall's W”两种检验方法，并选择输出的统计量，即完成了K相关样本比较。

[实验软件]SPSS for Windows。

实验九 绘制统计图

[目的要求]利用SPSS绘制各种统计图。

[实验内容]直条图（Bar过程）；线图（Line过程）；区域图（Area过程；构成图（Pie过程）；高低区域图（High-Low过程）；直条构成线图（Pareto过程）；质量控制图（Control过程）；箱图（Boxplot过程）；均值相关区间图（Error Bar过程）；散点图（Scatter过程）；直方图（Histogram过程）；正态概率分布图（Normal P-P过程）；正态概率单位分布图（Normal Q-Q过程）。

[实验步骤]

① 定义变量，建立数据文件并输入数据。

② 选择菜单“Graphs→Bar”，选择复式直条图“Clustered”，然后选择变量1，使之进入“Bars Represent”栏中“Other summary function”选项下的“Variable”框；选择变量2，使之进入“Category Axis”框；选择变量3进入“Define Clusters by”框，然后在“Titles”栏输入图表标题，即完成了绘制直条图。

③ 在①的基础上，选择菜单“Graphs→Line”，选择“Multiple”绘制多条线图，然后选择变量1，使之进入“Lines Represent”栏中“Other summary function”选项下的“Variable”框；选择变量2，使之进入“Category Axis”框；选择变量3，使之进入“Define Lines by”框，最后在“Titles”栏输入图表标题，即完成了绘制线图。

④ 在①的基础上，选择菜单“Graphs→Area”，选择堆积区域图“Stacked”，然后选择变量1，使之进入“Areas Represent”栏的“Other summary function”选项的“Variable”框；选择变量2，使之进入“Category Axis”框；选择变量3，使之进入“Define Areas by”框，最后在“Titles”栏输入图表标题，即完成了绘制区域图。

⑤ 在①的基础上，选择菜单“Graphs→Pie”，选择变量 1，使之进入“Slices Represent”栏的“Other summary function”选项下的“Variable”框；选择变量 2，使之进入“Define Slices by”框，最后在“Titles”栏输入图表标题，即完成了绘制构成图。

⑥ 在①的基础上，选择菜单“Graphs→High-Low”，选择“Simple High-Low-Close”，然后选择变量 1 进入“Bars Represent”栏中“Other summary function”选项下的“Variable”框；选择变量 2 进入“Category Axis”框，选择变量 3 进入“Define High-Low-Close by”框，最后在“Titles”栏输入图表标题，即完成了绘制高低图。

⑦ 在①的基础上，选择菜单“Graphs→Pareto”，选择“Simple”，然后选择变量 1 进入“Sums of variable”框，选择变量 2 进入“Category Axis”框，最后在“Titles”栏输入图表标题，即完成了绘制直条构成线图。

⑧ 在①的基础上，选择菜单“Graphs→Control”，选择“X-Bar, R, s”控制图，然后选择变量 1，使之进入“Process Measurement”框，选择变量 2，使之进入“Subgroups Defined by”框，并在“Charts”栏中选择“X-Bar and range”项，输出均数控制图和极差控制图，最后在“Titles”栏输入图表标题，即完成了绘制控制图。

⑨ 在①的基础上，选择菜单“Graphs→Boxplot”，选择简单箱图“Simple”，然后选择变量 1 使之进入“Variable”框，选择变量 2 使之进入“Category Axis”框，即完成了绘制箱图。

⑩ 在①的基础上，选择菜单“Graphs→Error Bar”，选择“Clustered”（复式均值相关区间图），然后选择变量 1 使之进入“Variable”框，选择变量 2 使之进入“Category Axis”框，选择变量 3 使之进入“Define Clusters by”框，并在“Bar Represent”栏中选择“Confidence interval for mean”（绘出总体均值的可信区间），输入区间的百分数，即完成了绘制箱图，最后在“Titles”栏输入图表标题，即完成了绘制均值相关区间图。

⑪ 在①的基础上，选择菜单“Graphs→Scatter”，选择单层散点图“Simple”，然后选择变量 1 使之进入“Y Axis”框，选择变量 2 使之进入“X Axis”框，选择变量 3 使之进入“Set Markers by”框（指定变量 3 为散点标志），最后在“Titles”栏输入图表标题，即完成了绘制散点图。

⑫ 在①的基础上，选择菜单“Data→Weight Cases”，选择变量 1 使之进入“Frequency Variable”框，选择菜单“Graphs→Histogram”，选择变量 2 使之进入“Variable”框，最后在“Titles”栏输入图表标题，即完成了绘制直方图。

⑬ 在①的基础上，选择菜单“Graphs→Normal P-P”，选择变量 1，使之进入“Variable”框，然后选择“Blom”方法计算预期正态概率值，即完成了绘制正态概率分布图。

“数据库应用技术（Access 版）”课程参考方案

邢台职业技术学院　　胡利平　褚建立　孙永道

一、指导思想

本课程是高职测绘、水利、自动化、财务会计、市场营销、公共服务、广播影视、公安管理、司法技术等大类专业中，数据应用密集型专业学生必修的一门技术型基础课程。本课程以培养数据库技术的应用能力为主线，着力提升学生主动使用成熟数据库技术解决以数据为核心的实际应用问题的意识和信息素养，为其后续专业学习或工作中可能遇到的数据管理、加工、表达、呈现和应用类问题的处理奠定必要的知识、技能、方法和经验基础。

二、课程目标设计

1. 课程目标

本课程以培养、提升高职学生的数据信息管理与应用能力和素养为基本目标。通过本课程的学习，使学生了解和掌握数据库、数据库管理系统、数据库应用系统等有关概念、理论和使用方法与技能；具备以数据库技术为工具和手段，进行数据信息的获取、组织、管理、加工、表达、呈现和应用的能力；能够熟练使用某种主流或专业数据库管理系统，解决数据处理或信息管理类实际应用问题；逐步建立主动使用成熟数据库技术处理日常工作、生活、学习中实际问题的意识和习惯，积累数据库技术的应用技巧和经验。

2. 基本能力与任务

（1）能力目标

通过本课程的学习与训练，学生应该具备在某种实用数据库管理系统软件平台的支撑下，进行基础数据的组织与建构、数据的加工与管理、数据的查询与分析、数据的可视化呈现与表达、小型数据库应用系统的构建能力。主要如下：

① 认知和了解数据库及其应用技术的相关概念、理论和方法。

② 了解关系数据库的有关概念、术语、约定及其使用。

③ 较熟练地使用简单结构化查询语言（SQL）进行操作。

④ 能根据应用需要，熟练地规划、设计、建立、使用和维护数据库及其表。

⑤ 能根据应用需要，熟练地设计、建立、使用和优化数据查询。

⑥ 掌握数据库的管理操作（如复制、备份、导入、导出、拆分、加密、压缩等）。

⑦ 掌握以数据库为基础的数据信息的呈现和表达方法（如窗体、报表、数据访问页等）。

⑧ 能根据应用需要，以可视化开发方法为主构建小型的数据库应用系统。

⑨ 培养和建立正确、主动的数据库技术应用观与素养。

（2）课程的任务

为了达到课程的目标，本课程将通过数据库基础知识、数据库和表的创建与使用、结构化查询语言、查询的应用、数据的访问与表达界面、应用系统开发基础的学习和训练，使学生能够综合使用上述知识和技术完成小型数据库应用系统的建设工作，为今后的专业学习和职业工作铺垫知识、技术、技能、方法和经验基础。

三、课程内容

第 1 单元：数据库基础知识（3 学时）

知识点：数据库的有关概念和常识；数据库管理系统的地位、作用及其主流产品；关系型数据库的基础知识。

能力点：了解信息、数据、数据库、数据库管理系统、数据库系统、数据库应用系统、数据库技术等概念和相互关系；了解用数据库方式进行数据管理的优越性和特点；了解数据库管理系统（DBMS）在数据库系统中的核心地位和作用；了解关系模型和 E–R 图的内涵，掌握设计数据库概念模型的方法，掌握从 E–R 图导出关系模型的方法；初步掌握关系模式规范化的基本方法，体验数据规范化的重要性。

1–1 对数据库及其应用技术的认知

主要内容：信息、数据、数据管理、数据库、数据库管理系统、数据库系统、数据库应用系统、数据库技术等概念及其相互关系；数据库发展的三个阶段及特点；数据库系统的体系结构、数据库系统的功能结构、数据库系统的三级模式结构；三种数据模型（层次模型、网状模型、关系模型）。

基本要求：通过多媒体教学环境中的实例演示，使学生了解信息、数据、数据管理、数据库、数据库管理系统、数据库系统、数据库应用系统、数据库技术等概念和相互关系；了解数据库发展的三个阶段及特点；知道数据库系统的组成；了解用数据库方式进行数据管理的优越性和特点；了解主流数据库管理系统软件的简单特点和适用领域；对三种数据模型的优缺点有初步认识。

1–2 对关系型数据库的基本认知

主要内容：关系模型及其术语；关系的特点；关系的运算；关系的类型和联系；关系的完整性；关系模式规范化的基本方法。

基本要求：通过多媒体教学环境中的实例演示，使学生了解关系、关系模型、元组、属性、字段、域、值、主关键字等概念及其联系；掌握关系的基本性质和特点；掌握关系的基本运算（集合运算：并、交、差、广义笛卡尔集；关系运算：选择运算、投影运算、连接运算）；掌握关系的类型和 E-R 模型的使用；了解关系的完整性概念及其约束条件；初步掌握关系模式规范化的基本方法，体验数据规范化的重要性。

第 2 单元：数据库和表的创建与使用（8 学时）

知识点：数据库的创建；表的建立和使用；表间关系的建立与修改；数据库管理与维护。

能力点：能根据数据库或其应用系统的使用和设计需求，熟练地设计数据库及其表；熟练地建立数据库及其表；熟练地建立、修改表间关系；熟练地进行表的操作和使用维护；熟练地对数据库进行管理和维护。

2-1 案例 1：数据库和表的设计与建立

主要内容：创建数据库；表的建立和修改；表数据的输入。

基本要求：以某实际数据库和表（如学生选课系统数据库和表）的设计与创建任务为载体，通过多媒体教学和实训环境中的实例演示与演练，使学生加深了解和掌握数据库、表结构的有关概念和术语及其操作；根据使用和设计需要，熟练地设计数据库和表、创建空数据库或使用向导创建数据库；熟练地使用向导、表设计器、数据表建立表结构并设置字段属性；熟练地通过直接方式或获取外部数据方式向表中输入数据。

2-2 案例 2：表的完善、维护和使用

主要内容：表间关系的建立与修改；表结构及其数据的维护；表的杂项操作。

基本要求：以某实际数据表（如学生选课系统数据表）的完善、维护和使用任务为载体，通过多媒体教学和实训环境中的实例演示与演练，使学生进一步了解表间关系的概念；根据使用和设计需要，能熟练建立表间关系、设置参照完整性，对表结构和数据进行维护和修改；能熟练地对表数据进行查找、替换、排序、筛选等操作。

2-3 案例 3：数据库的管理与维护

主要内容：数据库的加密和解密；数据库的备份；数据库的压缩；数据库的复制；数据库的拆分。

基本要求：以某实际数据库（如学生选课系统数据库）的管理维护任务为载体，通过多媒体教学和实训环境中的实例演示与演练，使学生了解数据库管理和维护的有关知识和概念；根据设计和使用需要，会对数据库进行加密、解密、备份、压缩、复制、拆分等操作。

第 3 单元：结构化查询语言-SQL（8 学时）

知识点：SQL 语言的功能和特点；表的定义、修改、删除语句；索引的定义、修改、删除语句；查询视图的定义、修改、删除语句；Select 语句的语法和使用；数据更新。

能力点：了解 SQL 语言的功能和特点；能根据数据库或其应用系统的使用和设计需求，熟练地使用表定义和操纵语句对表进行处理；熟练地使用索引定义和操纵语句对表进行索引操作；熟练地使用查询视图定义和操纵语句进行查询视图操作；熟练地使用 Select 语句完成查询任务；熟练地使用数据更新语句对表数据进行更新操作。

3-1 了解 SQL 语言的功能和特点

主要内容：SQL 语言的特点、类型、主要功能； SQL 语言的语句格式；常用 SQL 语句及其使用。

基本要求：以对某实际数据库和表（如学生选课系统数据库和表）的操作使用任务为载体，通过多媒体教学和实训环境中的实例演示与演练，使学生了解 SQL 语言的主要功能、用途和类型；熟知 SQL 语句的语法及格式；知道常用 SQL 语句及其用途。

3-2 案例 4：表和索引的定义与操作

主要内容：表的定义、修改、删除语句及其使用；索引的定义、修改、删除语句及使用。

基本要求：以对某实际数据库中表（如学生选课系统数据库和表）的操作使用任务为载体，通过多媒体教学和实训环境中的实例演示与演练，使学生了解表的约束条件、索引的作用和特点；根据使用和设计需要，能够熟练完成表的定义、修改、删除操作；熟练完成索引的定义、修改、删除操作。

3-3 案例 5：查询视图和 Select 语句的使用

主要内容：查询视图的概念与优点；查询视图的定义、修改、删除语句及使用；Select 语句的使用。

基本要求：以对某实际数据库中表（如学生选课系统数据库和表）数据进行查询任务为载体，通过多媒体教学和实训环境中的实例演示与演练，使学生了解查询视图的概念与优点；根据使用和设计需要，能够熟练完成查询视图的定义、修改、删除操作；能够熟练使用 Select 语句实现简单查询、连接查询、嵌套查询等操作和功能。

3-4 案例 6：数据更新语句的使用

主要内容：表数据更新的概念和方式；表数据的插入、修改和删除。

基本要求：以对某实际数据库中表（如学生选课系统数据库和表）数据的更新操作任务为载体，通过多媒体教学和实训环境中的实例演示与演练，使学生了解表数据更新的概念和方式；根据使用和设计需要，能够熟练使用数据更新语句实现表数据的插入、修改和删除操作和功能。

第 4 单元：查询的应用（5 学时）

知识点：查询的用途和类型；查询准则的建立；查询的建立；对查询的操作。

能力点：了解查询的用途和类型；能根据数据库或其应用系统的使用和设计需求，熟练地使用各种查询规则、选用适合的查询类建立所需查询；熟练地对查询进行所需操作。

4-1 了解查询的用途和类型

主要内容：查询的用途和特点；查询的类型。

基本要求：以对某实际数据库（如学生选课系统数据库）中查询对象的使用任务为载体，通过多媒体教学和实训环境中的实例演示与演练，使学生了解查询的用途和特点；了解选择查询、参数查询、交叉表查询、操作查询、SQL查询。

4-2 案例 7：查询的建立和操作

主要内容：查询准则的建立；查询的建立；对查询的操作。

基本要求：以对某实际数据库（如学生选课系统数据库）中查询对象的建立和操作任务为载体，通过多媒体教学和实训环境中的实例演示与演练，使学生进一步了解查询建立的方法和约定；能根据使用和设计需要，熟练地用不同准则建立所需的查询，熟练地对查询进行如下操作：运行已创建的查询、编辑查询中的字段、编辑查询中的数据源、排序查询的结果。

第 5 单元：数据的访问与表达界面（10 学时）

知识点：窗体的概念和使用；报表的用途和处理；数据访问页的概念和运用。

能力点：了解窗体、报表、数据访问页的概念、特点和用途；能根据使用和设计需求，熟练地设计和创建各种窗体对象；熟练地设计和建立所需的报表对象；熟练地设计和创建不同的数据访问页对象。

5-1 案例 8：窗体的使用

主要内容：窗体的作用、特点和类型；窗体的创建和使用。

基本要求：以某实际数据库应用系统（如学生选课系统）功能窗体的实现任务为载体，通过多媒体教学和实训环境中的实例演示与演练，使学生了解窗体的作用、特点和类型；根据使用和设计需要，熟练地使用不同类型窗体，完成所需功能窗体的设计、布局、控件属性的设置，熟练地完成所需子窗体的创建，用窗体访问和处理数据。

5-2 案例 9：报表的使用

主要内容：报表的作用、特点和类型；报表的创建和测试。

基本要求：以某实际数据库应用系统（如学生选课系统）报表的实现任务为载体，通过多媒体教学和实训环境中的实例演示与演练，使学生了解报表的作用、特点和类型；根据使用和设计需要，熟练使用不同类型报表，完成所需功能报表的设计、布局、控件属性的设置，数据源的设置等操作，熟练地完成所需子报表的创建，熟练地对报表进行测试和打印输出。

5-3 案例 10：数据访问页的使用

主要内容：数据访问页的作用、特点和类型；数据访问页的创建、测试和发布。

基本要求：以某实际数据库应用系统（如学生选课系统）数据访问页的实现任务为载体，通过多媒体教学和实训环境中的实例演示与演练，使学生了解数据访问页的作用、特点和类型；根据设计和使用需要，熟练地使用不同类型数据访问页，完成所需功能数据访问页的设计、布局、控件属性的设置，数据源的设置等操作，熟练地对数据访问页进行测试和发布。

第 6 单元：应用系统开发基础（12 学时）

知识点：面向对象的基本概念；模块基本概念和分类；VBA 编程基础；编写事件过程。

能力点：了解面向对象的基本概念，模块的概念、作用和分类；熟悉 VBA 编程语言和方法；能够按照简单数据库应用系统的需求和设计，编写所需功能模块的代码。

6-1 模块和面向对象的基本概念

主要内容：面向对象的基本概念；模块的基本概念和分类。

基本要求：以实际数据库应用系统（如学生选课系统）的简单软件模块案例或编程子任务为载体，通过多媒体教学和实训环境中的实例演示与演练，使学生初步了解面向对象的基本概念、模块的基本概念和分类；模块的结构、组成和用途。

6-2 案例 11：VBA 编程基础与事件过程代码编写

主要内容：面向对象的机制；VBA 编程基础；事件过程代码的编写。

基本要求：以实际数据库应用系统（如学生选课系统）的简单软件模块案例或编程子任务为载体，通过多媒体教学和实训环境中的实例演示与演练，使学生掌握 VBA 编程环境、VBA 编程基础、VBA 程序流程和程序结构；学会事件过程代码的编写和程序的调试。

第 7 单元：小型数据库应用系统的设计和实现（20 学时）

知识点：系统的分析和设计；数据库和表的创建和设计；查询的设计；窗体的设计；报表的设计；界面的设计；数据访问页的设计；安全机制的设置；通用代码模块的设计；系统的运行与测试。

能力点：通过本部分的学习和训练，使学生学会简单数据库应用系统的设计、开发流程、方法和技巧，进一步强化对数据库技术及其应用的理解，初步建立软件工程的概念和思想，提高数据库技术的应用能力。

工作描述：以完整的数据库应用系统软件的开发过程为载体，以可视化开发方法为主，学习和掌握系统分析设计的方法、流程，数据库和表的设计与创建，查询的设计与实现；应用程序界面的设计与实现，安全机制的设置与实现，简单代码模块的设计与实现，系统的运行与测试方法；从而具备小型数据库应用系统的设计和实现能力。

基本要求：通过一个或多个实际数据库应用系统软件案例的使用、设计、实现过程的演示和训练，如学生选课系统、教务管理系统、图书管理系统、进销存管理系统、账务管理系统、人事管理系统、考勤管理系统、工资管理系统、仓库管理系统、公司办公自动化系统等，学生应学会系统的分析和设计的方法与流程，简单应用系统实现的技巧和经验，进一步熟练与实际应用需求相关的数据库和表的设计与创建方法，界面的设计与实现方法和技巧，数据库和应用程序安全机制的设置和实现方法；简单代码模块的设计与实现；系统运行与测试的流程、方法和技巧，同时积累数据库技术及其应用系统的使用、设计和实现经验。

四、教学实施建议

1. 学时建议

建议总学时为66，授课34学时，实验32学时。

2. 教学方法建议

根据高职学生和本课程的特点，教学中应遵循从实践到理论的认知规律，结合数据库技术应用的特点，按照“分析问题→建立数据库→使用数据库→开发数据库应用系统”的线索组织教学。本课程各单元内容按照其特点可归并为四类主题：数据库基础知识（第1单元）、数据库的建立、使用与维护（第2～5单元）、应用系统开发基础（第3、6单元）、小型数据库应用系统的设计和实现（第7单元）。不同主题的内容应采用其适合的教学方式和方法。

① 对于“数据库基础知识”部分，应使用尽可能贴近学生生活、学习实际的典型数据库技术应用案例，来帮助学生理解基本概念，做到“先有事实，后有概念”。

② 对于“数据库的建立、使用与维护”部分，应通过分析典型应用实例（以与专业联系紧密的为佳）和操作实践，帮助学生理解理论性较强的内容和掌握各种操作。

③ 对于“应用系统开发基础”部分，应使用实际应用系统的模块案例来辅助讲解可视化开发方法及其技巧。

④ 对于“小型数据库应用系统的设计和实现”部分，应以2～3个应用系统实例的展示做直观导入，围绕一个完整数据库应用系统的开发来展开教学内容。可以小组合作、自定主题的方式来完成一个小规模数据库应用系统的开发任务，以达到技能训练的目的。

其中后三类内容，最好在理论与实践一体化的教学环境中进行，建议以项目分解、任务驱动的模式组织教学，这样可以做到“做中教、做中学”。

五、考核方式

本课程的教学内容实践性、操作性较强，培养目标以技能技巧的获取、素养的养成和经验的积累为主，因此，不建议采用偏重理论化的终结性考核方式。推荐采用以过程性考核为主、综合性项目开发成果的质量评定为辅的加权考核评价策略。其中，过程性考核与综合性项目开发考核的权重比分配建议为7：3。

过程性考核的评价依据应以各单元实训任务的完成情况做综合评判为宜，如任务的前期准备质量、完成质量、训练态度、合作精神等。各单元实训任务在整个考核结果中所占权重的比例分配以其重要性和难易度作为评价依据。

综合性项目开发考核应以小组方式开展，既可采用命题方式也可采用自选题方式，其起止时间要与课程进度做合理协调，既不能过早（学生尚不具开发基础和能力），也不能过晚（课程已经结束或接近结束）。考核质量的评价方法可采用小组成果展示、答辩和个体考量等方式，通过综合比对确定优劣等级。

“网络技术”课程参考方案

北京联合大学应用科技学院　王　辉　王廷梅　曹　莹

一、指导思想

本课程是高职计算机网络技术、网络系统管理、通信技术、计算机通信、通信网络与设备等专业的一门专业支撑平台课程。本课程主要培养学生构建和管理典型企业内部网的能力，提升学生网络管理的素养。通过本课程的学习与实践，使学生掌握计算机网络应用和管理的基本知识，熟练掌握基于 TCP/IP 协议的网络运维技能。本课程的先修课程包括：计算机构成与配置管理、计算机网络技术、局域网配置与维护、网络操作系统应用与管理等课程。同时，本课程是接入网技术、IT 运维技术、IT 系统服务与管理等课程的先修课程。

二、课程目标设计

1. 课程目标

本课程的目标是面向中小型企业培养网络运维管理员。通过本课程的学习，使学生达到下列基本要求： 进一步理解计算机网络的常规体系结构；加强对 TCP/IP 协议的理解与应用；掌握 IP 编址技术；掌握网络地址转换技术的设计和应用；理解网络互连的基本概念；掌握访问控制列表的设计和应用；掌握 VLAN 的划分、VTP 配置和 VLAN 间的路由。

2. 基本能力与任务

（1）能力目标

通过本课程的学习与训练，学生应掌握以下基本技能：根据网络设计规划文档，完成设备选型；掌握常用交换机的基本配置和调试；掌握路由器（如：锐捷、Cisco）的基本配置和调试；掌握静态路由和动态路由的配置和调试；根据总体设计文档，完成服务器操作系统的常规安装。

（2）课程的任务

本课程是一门技能训练为主的课程。培养学生的实践技能，以构建现代企业运行的基础网络环境——Intranet 环境为基础，同时兼顾广域网的要求，通过项目训练，使学生在掌握计算机网络技术的基础上，熟练利用相关网络设备构建和维护中小型企业网络，以适应现代企业对从业者的职业素养需要。

本课程的重点是企业内部网（Intranet）的体系、Intranet 服务设置技术，以及 Intranet 管理技术。本课程的难点是 Intranet 服务设置技术。

三、课程内容

本课程以构建企业网为案例，从网络互连设备的配置开始，通过三个模块的实践，掌握企业网的建设的基本技能;并以此网络体系为依托,重点实现网络服务体系的配置和管理。

第一模块：中小型（单核心）网络的互联设备配置

【案例说明】典型的企业网的网络互连部分完成企业内部网与 Internet 的互连互通。目前，典型的应用模式有单核心和双核心两大类，而路由器和三层交换机作为核心设备，对网络构建起到了关键作用；因此，这一部分重点是路由器和三层交换机的配置。

要求学生在网络体系总体设计书（实训指导书）的指导下，根据用户需求完成：路由器和三层交换机的选型；绘制单核心网络接入层的拓扑结构；在项目经理（教师）的指导下，完成网络测试方案的设计；完成路由器、三层交换机的配置；针对网络构建所涉及的传输介质，查阅资料，完成网络连接，并评价方案选型特色；了解网络传输介质及综合布线的常识。

知识点：掌握企业网接入层的典型体系结构、基本原理。

能力点：掌握企业级网络核心设备（路由器、交换机）的基本配置。

第一单元　企业网规划与设计

主要教学内容：企业网定义及基本架构；企业网络规划的核心内容及设备选型；

实训内容：设备选型与工程预算：针对“校园网建设规划书”的建设需求，完成核心设备的选型、方案评价及经费预算等任务，填写项目文档。

第二单元　交换机与路由器基础

主要教学内容：交换机的作用，交换机启动过程与配置；路由器的配置界面、基本配置命令的讲解和演示。

实训内容：交换机的基本配置着重于交换机的端口设置；路由器的基本配置要完成路由器基本配置命令的训练；路由与交换的综合训练中“单臂路由配置”是实践的核心内容，以实验教学的形式，介绍路由器和交换机的不同应用途径。

第三单元　综合布线工程概述

主要教学内容：网络工程基本流程；网络传输介质和综合布线常识。

综合实训案例背景：作为网络管理员，根据校园网建设的总体规划，依据网络拓扑结构，完成设备选型，完成网络连接，配置网络，完成文档编写。

第二模块：网络互连技术

案例说明：网络建设是为应用而服务。根据典型网络体系，完成基本服务建设是现代网络建设的关键，更是网络应用的基础。典型的企业网接入层的网络服务建设是本阶段学习的目的。这一阶段的重点是对网络应用的规划。

知识点：掌握 IP 地址编址原则，网络接入层的功能规划与部署。

能力点：掌握 Internet 服务的规划与服务器配置。

第一单元：网络服务规划与设计

主要教学内容：网络服务器的基本功能及部署；综合业务功能分析及部署，重点是网络功能分析。

实训内容：服务器功能设计与安装着重在企业综合业务分析及服务器选型，并掌握常用网络操作系统——Linux 的安装。

第二单元：接入 Internet

主要教学内容：Internet 接入类型；企业网络的接入层规划与部署选型。

第三单元：企业业务网的构建与配置策略

主要教学内容：企业网服务器群的功能与部署；IP 地址编址原则；企业网络拓扑结构及网络设备的作用。

综合实训：综合业务网的构建与检测重点是常规服务器的调试，主要包括域名服务的申请流程、DNS 服务、DHCP 服务、IP 地址编址与分层寻址。网际互连要完成校园网接入层的设计，绘制出网络拓扑图/网络连接图及配置表，完成接入层施工文档及自检报告。

第三模块：综合训练

本模块是课程教学的关键环节，是多项技能的综合训练。作为课程教学的实训部分，选择的案例是“校园网的构建与管理”；在案例选择方面主要考虑校园网是多项业务的综合，涉及服务功能比较全面；校园网的网络架构相对比较简单，目前多数高等院校均选择了扁平式架构，核心部分构建容易实现，且具有较强的扩展性；同时，其他业务均能模块化建设，可拓展性强。

在综合训练的设计方面，将整体教学粗略划分成为三个阶段，各个阶段的核心任务如下：

在路由器的配置与管理任务中，根据项目组的设计，重新调整在前两个模块教学过程中构建的接入层各设备，尤其是路由器的策略表；并检测接入层工作状态。校园网的构建与管理策略：根据项目任务书，形成网络实施的总体设计，绘制出网络拓扑图，与用户（实训教师）交流，确定网络体系方案，并设计出项目执行流程；按项目计划分阶段执行。重点是根据业务需求进行 IP 地址规划及设备配置；设计、编写路由策略；常规服务器的部署；交换设备与桌面用户的连接；校园网整网联调。

在校园网设备管理与监控任务中，对核心网络设备、关键服务器的运行状态进行检测，形成运行检测报告；对服务器、网络设备配置进行备份，并仿真故障，了解恢复工作的基本流程。

在实训阶段，组织成为两个项目组，由实训教师担任项目经理和用户；按照网络工程实施、检测及运维等阶段，由学生担任项目技术人员。每阶段按照项目任务书及项目组的整体进程规划完成任务，并填写工程进度文档。

四、教学实施建议

“网络技术”课程是高职通信技术、计算机网络技术等专业的职业技能核心课程。从专业培养定位分析，高职通信技术、计算机网络技术专业培养定位是培养适应现代通信网络运行与维护所需的网络运维工程师、网络监测工程师以及网络系统运维工程师。

在整体课程体系中，本课程处于职业岗位技能训练的关键环节；建议此课程开设于第二学年的第一学期。

课程总学时 108，授课 24 学时，实验 6 学时，实训 78 学时。学时设计如表 1 所示。

序　号	课　　题	课 时 分 配		
		讲授	实验	实训
1	企业网规划与设计	2		
2	设备选型及工程预算			4
3	交换机与路由器基础	2	6	8
4	综合布线工程概述	2		
5	网络服务规划与设计	2		4
6	接入 Internet	2		4
7	企业业务网的构建与配置策略	4		8
8	路由器的配置与管理			10
9	应用案例 1——校园网的构建与管理策略			20
10	应用案例 2——校园网设备管理与监控			20
11	答辩	10		
小计		24	6	78
合计		108		

此前需要开设的课程及核心教学内容为：

“计算机构成与配置管理”：着重于介绍计算机的系统结构，通过课程实验使学生掌握桌面操作系统的配置与管理；核心是计算机网络配置，使学生初步掌握网线的制作与测试以及网络配置所涉及的内容。

本课程涉及的理论知识包括：TCP/IP 协议常识和 IP 寻址。

“局域网配置与维护”：介绍计算机网络技术的基础知识，路由选择、IP 寻址、路由选择协议和排除网络故障等几个方面的经验和技能；并设计有办公网络、住宅区网络建设与配置等实训，使学生掌握基于以太网技术构建局域网的技术。

本课程涉及的理论知识包括：以太网技术和以太网交换、路由选择基础和子网、常用设备应用等。

“网络操作系统应用与管理”：着重介绍 Linux 操作系统的使用及网络应用服务的配置与管理，使学生掌握 DNS、DHCP、Web、FTP、网关等服务的设置、脚本编辑及日常检测等技术。这是一门以技能训练为核心的课程。

五、考核方式

本课程是以培养学生的技能为核心目标，建议采取过程考核，并以项目组为考核对象。观测点可以设置在网络的规划部分。项目组在完成网络设备选型后，以答辩的方式阐述本组对项目的理解，及人员分工；网络接入层的配置，关注对网络设备的规划及配置策略的设计；网络服务的设计及配置。

“Internet 信息检索”课程参考方案

南京工业职业技术学院　　周　源　杨立力

一、指导思想

本课程是高职高专二年级各专业学生的专业必选课。本课程是信息素质教育中重要的组成部分。在网络环境下，利用计算机与因特网获取、开发与利用信息资源的能力已成为当代大学生的必备素质，是实现“终身学习”的需要，也是提高社会信息化水平的需要。

本课程培养学生的信息素质，增强学生的信息意识，掌握获取、利用、开发 Internet 信息资源的技能，对促进学生不断地吸收新知识，改善知识结构，提高自学能力、研究能力和适应能力，发挥创造才能都具有重要而深远的意义。

二、课程目标设计

1. 课程目标

本课程的主要目标是培养学生的信息意识和信息检索与利用能力。通过本课程的学习，使学生了解世界网络各类信息资源分布，掌握 Internet 信息检索的基本概念、理论；具备正确选择数据库、合理使用搜索引擎、科学制定检索策略、通过多种有效途径迅速准确地检索所需信息的能力；能够分析信息检索结果，得出信息检索结论；利用有关软件有效地管理、组织与交流所检索的信息，合理、合法、有效地利用信息来完成一项具体的任务，能够提供某种形式的信息产品（例如，综述报告、专业论文、项目申请、项目汇报等）。同时进一步开拓学生的创新能力，并为学生日后毕业论文写作中检索相关信息打下良好基础。

2. 基本能力与任务

（1）能力目标

通过本课程的学习与训练，学生应该具备熟练的 Internet 信息检索与利用的能力。具体的知识、能力为：

① 能熟练应用相关软件：掌握 Internet 的接入方式；熟练使用 Internet 浏览器；熟练使用网络下载软件；熟练使用电子文献阅读软件；能够使用一种参考文献管理软件。

② 具有强烈的信息意识：了解信息在学习、科技、工作、生活各方面产生的重要作用；认识到寻求信息是解决问题的重要途径之一；了解信息素质是一种综合能力（信息素质是个体知道何时需要信息，并能够有效地获取、评价、利用信息的综合能力）；了解这种能力是成为终身学习者必备的能力。

③ 能够确定所需信息的性质与范围：熟悉所在领域的主要网络信息源；能分析信息需求，确定所需信息的范围、时间跨度；能用明确的语言表达信息需求，并能够归纳描述信息需求的关键词。

④ 能够有效地获取所需要的信息：能够使用最恰当的信息检索系统，组织与实施有效的检索策略；能选择适合的用户检索界面（例如：数据库的基本检索、高级检索、专业检索等）；能正确使用所选择的信息检索系统提供的检索功能（例如：布尔算符、截词符等）；能够根据需求评价检索结果、检索策略，确定是否需要修改检索策略。

⑤ 能够有效地管理、组织与交流信息：能够从所搜集的信息中提取、概括主要观点与思想；能利用某种电子信息管理系统管理所需信息；能够按照要求的格式（例如：文后参考文献著录规则等），正确书写参考文献；能够利用多种信息技术手段和信息技术产品进行信息交流。

⑥ 能够有效地利用信息来完成一项具体的任务：能够制定一个独立或与他人合作完成具体任务的计划；能够确定完成任务所需要的信息；能够通过讨论、交流等方式，将获得的信息应用到解决任务的过程中；能够提供某种形式的信息产品（例如：综述报告、专业论文、项目申请、项目汇报等）。

⑦ 合理、合法地检索和利用信息：了解知识产权与版权的基础知识；遵循在获得、存储、交流、利用信息过程中的法律和道德规范；尊重他人的学术成果，不剽窃；在应用与交流时，能够正确引用他人的思想与成果。

（2）课程的任务

本课程通过完成如下 6 个任务，达到上述能力目标。主要有：① 搜索引擎高级检索应用；② 文献阅读与管理软件检索、下载与应用；③ 网上学习信息检索与应用；④ 网上文献信息检索与应用；⑤ 网上专利与标准检索及应用；⑥ 网上交通与生活信息检索及应用。

三、课程内容

第 1 单元：提升信息意识

知识点：信息素养和信息意识、知识产权与创新、网络信息、主要搜索引擎。

能力点：搜索引擎应用。

1-1 技能训练/任务 1：搜索引擎高级检索应用

主要内容：应用搜索引擎中的高级检索，查找信息素养的的定义、下载与保存 2005 年国家标准——文后参考文献著录国家标准。

基本要求：能够熟练应用搜索引擎中的高级检索的各项功能；学习应用文后参考文献国家标准，著录各类网络文献。

1-2 技能训练/任务 2：国家知识产权局网站浏览

主要内容：学习网站的主要内容、了解知识产权的定义与种类。

基本要求：能够记住网站域名，画出网站地图，增强知识产权意识。

第 2 单元：下载与应用软件

知识点：电子文献格式、文献阅读软件、参考文献管理软件。

能力点：能够检索到文献阅读软件；能够检索到参考文献管理软件；能够下载、安装与应用相关软件。

2-1 技能训练/任务 1：查找、下载并安装文献阅读软件

主要内容：CAJ 文献阅读软件下载与应用、PDF 文献阅读软件下载与应用。

基本要求：能够检索到有关软件，能下载并正确安装有关软件。

2-2 技能训练/任务 2：查找、下载、安装参考文献阅读软件

主要内容：Endnote 参考文献管理软件下载、安装与应用。

基本要求：能够检索到有关软件，能下载并正确安装有关软件。

第 3 单元：网上学习信息检索与利用

知识点：教学网站、信息检索精品课程网站、国内外信息素养网站。

能力点：能够查找相关网站；能够进入相关网站学习；能够填写英国大学入学申请。

3-1 技能训练/任务 1：查找与比较分析国内外信息检索课程网站

主要内容：用 SWOT 方法分析比较国内外信息检索课程网站。

基本要求：能够检索到 10 个以上相关网站，写出分析小论文，文中应包括各个网站的首页截图。

3-2 技能训练/任务 2：下载填写英国大学入学申请

主要内容：英国 Sunderland 大学网上入学申请、留学英国网上签证。

基本要求：能够检索到入学申请表、学生签证表，下载并正确填写。

第 4 单元：网上文献信息检索与利用

知识点：国内著名数据库、国际著名数据库。

能力点：高级检索、查全率、查准率。

4-1 技能训练/任务 1：查找国内网上文献信息

主要内容：用万方、CNKI、国家科技图书馆查找文献。

基本要求：能够检索相关文献，能够下载相关文献，能够用文献管理软件管理下载文献。

4-2 技能训练/任务 2：查找国外网上文献信息

主要内容：用国家科技图书馆、Google 搜索学术、BUBL 查找国外网上文献信息。

基本要求：能够检索相关文献，能够下载相关文献，能够用文献管理软件管理下载文献。

第 5 单元：网上专利与标准检索与利用

知识点：专利制度、国际专利分类表、网上专利文献、标准分类、网上标准文献。

能力点：网上专利检索、网上标准检索。

5-1 技能训练/任务 1：查找网上专利文献

主要内容：用关键词、专利分类号在国家知识产权网站中用高级检索查找中国专利。

基本要求：能够检索相关专利，能够下载专用阅读器，能够下载 5 份“节水水池”的专利说明书全文。

5-2 技能训练/任务 2：查找标准文献信息

主要内容：标准文献的分类、标准文献网站、标准文献检索。

基本要求：能够在标准文献网站中检索相关标准，能够下载 5 份有关奶粉质量检测的国家标准。

第 6 单元：网上交通与生活信息检索与利用

知识点：Google Earth、Google Map、Baidu Map。

能力点：Google Earth 应用、Google Map 应用、Baidu Map 应用。

6-1 技能训练/任务 1：查找网上学校

主要内容：用 Google Earth 查找网上学校。

基本要求：能够下载安装 Google Earth，能够应用 Google Earth 查找到自己就读的学校。

6-2 技能训练/任务 2：查找交通路线

主要内容：用 Google Map、Baidu Map 查找本校到汽车站的交通路线。

基本要求：能够查找到本校到汽车站的交通路线，并将交通路线图用 MSN 传送给自己的同学。

四、教学实施建议

1. 学时建议

总学时为 32，授课 16 学时，实验 16 学时。

2. 教学方法建议

本课程是一门实用性很强的课程，应当采用多媒体教学与网络实时演示相结合的教学方式，指导学生按照教师课堂讲授的网络信息检索工具及检索方法进行实践操作，熟悉并掌握重要检索工具与数据库的使用方法。

建议在网络教室上课，每位学生有一台上网计算机。鼓励同学分组讨论，将检索结果制成 PPT 汇报与交流课题研究收获。

五、考核方式

本课程考试采用分散考查的形式，成绩采用百分制，主要来自于两份大的作业。一份是所有的检索报告装订成一份大报告，占成绩的 60%，另一份是 2～3 位同学合作撰写的文献综述，占成绩的 40%。

综述选题与人员分工安排应事先征得老师同意。综述应包括分析课题内容、编制检索策略。选择中外著名网络数据库，选择相应的检索模式与检索途径，根据试检结果调整检索策略，填写检索报告，分析检索结果，在此基础上筛选参考文献，选择文献内容，列出写作提纲，围绕检索课题内容撰写文献综述。要求课题知识背景叙述清楚，资料详实，论据充分，结论正确，综述性强，不少于 4 000 字，格式规范，按照国家标准，正确列出参考文献。一般要求学生在课程结束即第 18 周提交以上作业，必要时可以答辩形式给出考核成绩。